高等院校信息技术系列教材

Python网络程序设计
（微课版）

董付国　著

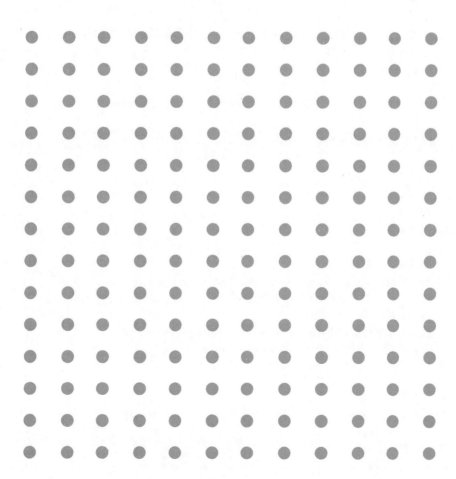

清华大学出版社
北京

内容简介

本书分为5章，主要内容如下：第1章快速介绍Python开发环境搭建、Python编码规范、常用数据类型、运算符、内置函数、程序控制结构、函数定义和类定义等基础语法知识；第2章讲解多线程编程模块threading和多进程编程multiprocessing、subprocess在不同领域的应用，以及扩展库psutil在进程管理方面的应用；第3章讲解基于TCP/UDP/SSL等网络协议的套接字编程以及端口扫描器、嗅探器与网络抓包、网络管理等内容；第4章讲解使用标准库urllib、re和扩展库requests、bs4、scrapy、selenium、MechanicalSoup编写网络爬虫程序的有关内容和实战案例；第5章讲解email、smtplib、poplib、imaplib等标准库在构造/解析、发送、接收和处理电子邮件方面的应用。

本书可以作为计算机科学与技术、网络工程、软件工程以及相关专业研究生、本科生、专科生的教材（专科生可以根据学时情况和培养目标选讲一部分内容），也可以作为网络应用开发工程师、网络运维工程师和爱好者的自学用书，第5章内容尤其对于办公文秘人员也大有裨益。

本书封面贴有清华大学出版社防伪标签，无标签者不得销售。
版权所有，侵权必究。举报：010-62782989，beiqinquan@tup.tsinghua.edu.cn。

图书在版编目（CIP）数据

Python 网络程序设计：微课版 / 董付国著.—北京：清华大学出版社，2021.7（2025.1重印）
高等院校信息技术系列教材
ISBN 978-7-302-58312-7

Ⅰ. ①P⋯ Ⅱ. ①董⋯ Ⅲ. ①软件工具－程序设计－高等学校－教材 Ⅳ. ①TP311.561

中国版本图书馆 CIP 数据核字（2021）第 107316 号

责任编辑：白立军
封面设计：常雪影
责任校对：时翠兰
责任印制：丛怀宇

出版发行：清华大学出版社
网　　址：https://www.tup.com.cn, https://www.wqxuetang.com
地　　址：北京清华大学学研大厦A座　　　　邮　编：100084
社 总 机：010-83470000　　　　　　　　　　邮　购：010-62786544
投稿与读者服务：010-62776969, c-service@tup.tsinghua.edu.cn
质量反馈：010-62772015, zhiliang@tup.tsinghua.edu.cn
课件下载：https://www.tup.com.cn, 010-83470236
印 装 者：三河市龙大印装有限公司
经　　销：全国新华书店
开　　本：185mm×260mm　　　印　张：20.75　　　字　数：477 千字
版　　次：2021 年 8 月第 1 版　　　　　　　　　印　次：2025 年 1 月第 4 次印刷
定　　价：59.80 元

产品编号：089451-01

前　言

本书内容以网络应用程序开发为主，重点介绍多线程/多进程编程、基于TCP/UDP/SSL等网络协议的套接字编程、端口扫描与数据包嗅探、网络爬虫开发和电子邮件客户端编程，没有详细讲解Python语言的基础语法，只是在第1章简单介绍了一下，然后通过后面4章的大量例题演示了它们的应用。

在阅读和学习时需要注意以下几点。

（1）至少把书从头到尾认真阅读三遍以上，重点章节要超过五遍甚至更多，不要以为把书买回来或发到手以后写上自己的名字就学会了。

（2）至少把书中的演示性代码和例题代码亲自输入一遍，然后修改、调试、运行三遍以上，一定要自己对着书敲代码，即使有源码文件也不要拿来直接运行，避免一看就会一写就错。

（3）有意识地练习技术拆分和集成的能力，多思考每个案例的知识点能解决什么问题，不同案例中的技术组合之后能够解决什么问题，理解和熟练掌握书中代码之后，尝试做一些修改、集成和二次开发实现实际生活和工作中的更多功能，这样会提高得更快。

（4）学习书中案例和代码时遇到不懂的地方要多查阅官方文档，多进行验证，做一些必要的笔记作为补充，直接记在书中空白处即可，没必要用专门的笔记本。

（5）如果学习或开发过程中遇到确实无法解决的问题而不得不求助于别人时，一定要准确描述问题并提供代码、数据和完整的出错界面截图，避免只使用文字描述问题，不要简单地说一句"我的程序运行出错了，怎么办啊？"，更不要给别人出简答题，要懂得尊重别人的时间。一定要记住，你提供的信息越详细、越准确，获得有效帮助并快速解决问题的可能性就越大。举手之劳很少有人会拒绝，但是如果需要花费大量时间猜你到底问的是什么，需要为了解决这个问题专门搭建环境安装扩展库，需要照着你的代码截图自己敲一遍，需要花大量时间设计测试数据，并且根据你提供的几行代码片段甚至压缩到不能再少的几行出错提示推测代码是什么样子以及为什么出错和怎么修改，说实话，难！

（6）任何语言都是实现某个算法或解决某个问题的工具，工具固然很重要，但解决问题的方法和相关理论等专业知识才是根本。尽管书中对每个案例用到的理论知识都做了必要的解释，但仍以Python语言的实现为主，并且假设读者对操作系统、计算机网络的内容有一定程度的了解。如果您阅读本书时感觉吃力，很大可能是对相关的理论、协议不够了解，这时应该找几本专业书籍阅读，而不是再去多读几本Python语言基础的书。

（7）学会学习比学习知识更重要。本书开始动笔时刚刚有Python 3.8.0，写完时已经更新到了3.8.7，Python 3.9.1已经发行了一段时间，并且已经发布了Python 3.10.0a5，估计大家看到这本书的时候最新版本至少是Python 3.10.0了，几乎所有扩展库也会保持同样的更新速度。虽然Python语言的版本更新速度很快，但好处在于向下兼容（本书只考虑Python 3.x），本书所涉及的基础语法和标准库的内容完全可以在新版本中使用（但不建议过于追求使用最新版本，升级之前一定要慎重考虑和充分调研）。扩展库就不一定了，在版本升级时很多用法会发生改变，使用低版本扩展库编写的代码在升级扩展库之后无法运行是很常见的事情。所以，学习书中的知识是一方面，更重要的是体会和理解这些知识，掌握学习方法和调试代码的方法，升级到新版本后能够以最短的时间熟悉并运用新特性。

  本书为任课教师提供教学大纲、课件、源码、习题答案、考试系统等教学资源，部分知识点和案例还提供了相应的微课视频，可以直接扫描二维码观看。任课教师可以通过清华大学出版社官方渠道获取这些资源，也可以通过图书封底所写的作者的微信公众号直接联系作者反馈问题和交流，还可以通过公众号阅读超过1200篇原创技术文章作为本书的扩展和补充。

董付国
2021年2月

目 录

第1章 Python 语言极速入门 ·· 001
本章学习目标 ··· 001
1.1 Python 开发环境搭建与使用 ··· 002
1.1.1 安装 Python 解释器 ·· 002
1.1.2 IDLE 简单使用与 Python 程序运行方式 ·················· 004
1.1.3 安装扩展库 ·· 008
1.1.4 导入与使用标准库、扩展库对象 ·························· 010
1.2 Python 编码规范 ··· 011
1.3 常用数据类型 ··· 013
1.3.1 整数、实数和复数 ·· 015
1.3.2 列表、元组、字典和集合 ··································· 017
1.3.3 字符串 ·· 019
1.4 运算符语法与功能 ··· 021
1.5 内置函数语法与功能 ·· 023
1.6 程序控制结构 ··· 031
1.6.1 选择结构 ··· 031
1.6.2 循环结构 ··· 033
1.6.3 异常处理结构 ··· 035
1.7 定义与使用函数 ·· 037
1.7.1 基本语法 ··· 037
1.7.2 递归函数定义与调用 ·· 039
1.7.3 函数参数 ··· 040
1.7.4 变量作用域 ·· 043
1.8 面向对象程序设计基础 ··· 044
1.8.1 类的定义与使用 ·· 045
1.8.2 数据成员、成员方法、特殊方法和属性 ·················· 045
1.8.3 私有成员与公有成员 ·· 049
本章知识要点 ··· 050
习题 ··· 052

第 2 章　多线程与多进程编程 · 054

　本章学习目标 · 054
　2.1　多线程编程 · 055
　　2.1.1　标准库 threading · 056
　　2.1.2　启动线程与调用函数的区别 · 057
　　2.1.3　线程创建与启动 · 058
　　2.1.4　线程对象常用方法与属性 · 060
　　2.1.5　线程调度 · 065
　　2.1.6　线程同步技术案例实战 · 066
　2.2　多进程编程 · 077
　　2.2.1　进程创建与启动 · 078
　　2.2.2　进程同步案例实战 · 079
　　2.2.3　进程池对象应用案例实战 · 082
　　2.2.4　进程间数据交换案例实战 · 086
　　2.2.5　标准库 subprocess 应用实战 · 095
　　2.2.6　使用扩展库 psutil 查杀进程实战 · 098
　本章知识要点 · 100
　习题 · 100

第 3 章　套接字编程 · 103

　本章学习目标 · 103
　3.1　计算机网络基础知识 · 104
　3.2　socket 模块简介 · 106
　　3.2.1　socket 模块常用函数 · 106
　　3.2.2　套接字对象常用方法 · 111
　3.3　TCP 协议编程案例实战 · 113
　3.4　UDP 协议编程案例实战 · 162
　3.5　嗅探器与网络抓包案例实战 · 185
　　3.5.1　使用标准库 socket 编写网络嗅探器程序 · 185
　　3.5.2　使用扩展库 Scapy 嗅探网络流量 · 190
　3.6　SSL/TLS 协议编程案例实战 · 194
　3.7　端口扫描器案例实战 · 196
　　3.7.1　使用标准库 socket 进行 TCP 端口扫描 · 196
　　3.7.2　使用扩展库 Scapy 进行 TCP 端口扫描 · 198

  3.7.3 使用扩展库 Scapy 进行 UDP 端口扫描 ················ 198
 3.8 扩展库 psutil 应用案例实战 ························· 199
 本章知识要点 ······································· 204
 习题 ··· 206

第 4 章 网络爬虫 ································· 210

 本章学习目标 ······································· 210
 4.1 HTML 基础 ···································· 211
  4.1.1 常见 HTML 标签语法与功能 ················· 211
  4.1.2 动态网页参数提交方式 ···················· 217
 4.2 使用标准库 urllib 和正则表达式编写网络爬虫程序 ········ 219
  4.2.1 标准库 urllib 主要用法 ···················· 219
  4.2.2 正则表达式语法与 re 模块函数应用 ············ 226
  4.2.3 urllib+re 爬虫案例实战 ···················· 231
 4.3 使用扩展库 Requests 和 bs4 编写网络爬虫程序 ·········· 246
  4.3.1 扩展库 Requests 简单使用 ·················· 246
  4.3.2 扩展库 bs4 简单使用 ······················ 249
  4.3.3 Requests+bs4 爬虫案例实战 ················· 255
 4.4 使用扩展库 Scrapy 编写网络爬虫程序 ················ 258
  4.4.1 XPath 选择器与 CSS 选择器语法及应用 ·········· 258
  4.4.2 Scrapy 爬虫案例实战 ····················· 264
 4.5 使用扩展库 Selenium 和 MechanicalSoup 编写网络爬虫程序 ······ 273
 本章知识要点 ······································· 279
 习题 ··· 280

第 5 章 电子邮件客户端编程 ························ 285

 本章学习目标 ······································· 285
 5.1 构造和解析电子邮件实战 ························· 286
  5.1.1 标准库 email 常用函数 ···················· 286
  5.1.2 电子邮件对象常用方法和属性 ················ 286
  5.1.3 构造与解析电子邮件 ····················· 289
 5.2 SMTP 发送电子邮件实战 ························· 294
  5.2.1 smtplib.SMTP 对象常用方法 ················ 295
  5.2.2 设置电子邮箱开启 SMTP 服务 ··············· 295

5.2.3　群发电子邮件案例实战 ·· 297
5.3　接收与处理电子邮件实战 ··· 299
　　5.3.1　使用 POP3 协议接收与处理电子邮件 ························· 299
　　5.3.2　使用 IMAP4 协议接收与处理电子邮件 ······················· 308
本章知识要点 ··· 315
习题 ··· 316

参考文献 ··· 320

第 1 章

Python语言极速入门

▲ 本章学习目标

（1）熟练掌握 Python 解释器的安装方法。
（2）熟练掌握 Python 扩展库的安装方法。
（3）熟练使用 IDLE 编写和运行 Python 程序。
（4）熟练掌握在命令提示符和 PowerShell 环境中运行 Python 程序的方法。
（5）熟练掌握导入与使用标准库、扩展库对象的方法。
（6）理解 Python 编码规范。
（7）了解常用数据类型。
（8）熟练掌握列表、元组、字典、集合、字符串的概念与常用方法。
（9）熟练掌握常用内置函数的语法和功能。
（10）熟练掌握常用运算符的语法和功能。
（11）理解选择结构、循环结构、异常处理结构的语法和执行流程。
（12）掌握函数定义与使用的语法。
（13）理解函数参数与变量作用域的概念。
（14）掌握定义与使用类的语法。
（15）理解数据成员、成员方法、属性的概念。
（16）理解私有成员与公有成员的概念。

1.1 Python开发环境搭建与使用

本书全部代码和案例都使用官方安装包自带的 `IDLE` 进行讲解和演示，全部代码也适用于 `Jupyter Notebook`、`Spyder`、`PyCharm`、`VS Code`、`WingIDE`、`Eclipse` 等其他开发环境，只需要安装相应的扩展库即可。

1.1.1 安装Python解释器

本书以 64 位 `Windows 10` 和 64 位 `Python 3.8.5`（本书编写完成时本系列最新版本是 `3.8.7`）为例进行介绍，同样适用于 `Python 3.9.x`、`Python 3.10.x` 和更高版本，绝大部分代码也适用于 `Python 3.7.x`、`Python 3.6.x` 和 `Python 3.x` 系列的更低版本。首先从 `Python` 官方网站（`https://www.python.org/`）下载适合 `Windows` 操作系统的 64 位安装包，如图 1-1 中箭头所示。如果使用 32 位操作系统，可以选择下载 x86 版的安装包。如果使用 `Windows XP` 或者没有安装 `SP1` 的 `Windows 7` 操作系统，无法安装 `Python 3.5` 及以上的版本，可以下载和安装 `Python 3.4`，与下面的过程类似。如果使用苹果机 `macOS` 系统，可以在官方网站下载相应版本进行安装，使用其他操作系统请自行查阅资料进行安装。

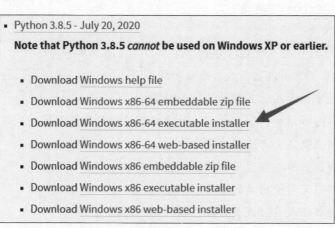

图 1-1 从官方网站下载 Python 3.8.5 64 位安装包

在资源管理器中双击下载的安装包文件，启动安装过程。如果计算机上已经安装了 `Python 3.8.x` 系列的低版本解释器，可以选择将其升级为 `Python 3.8.5`，不会影响已经安装好的扩展库。如果计算机上安装了 `Python 3.6.x` 或 `Python 3.7.x`，可以保留那些版本，把 `Python 3.8.5` 安装到另外的路径，不同版本之间不会冲突，配置好系统变量 `Path` 就可以。建议在安装界面对话框中选择同时安装 `pip`（用来管理扩展库的工具）、`IDLE`（`Python` 自带的开发环境），最好也同时勾选 `py launcher` 复选框，如图 1-2 所示。

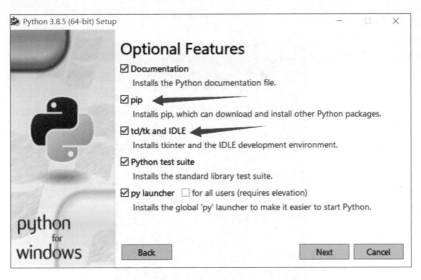

图 1-2　Python 3.8.5 安装过程截图

单击 Next 按钮，在接下来的界面中，勾选 Install for all users、Associate files with Python 以及 Add Python to environment variables 复选框。修改默认安装路径，一般不建议安装到太深的路径中，也不建议安装路径中含有中文。否则在进行后面的操作时不方便，图 1-3 显示作者计算机上 Python 安装路径为 C:\Python38。

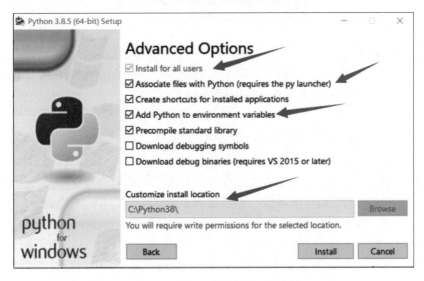

图 1-3　配置安装路径和环境变量

如果安装时没有勾选 Add Python to environment variables 复选框，可以在安装之后再配置系统环境变量，确保 Path 变量中包含 Python 安装路径以及 scripts 子文件夹。如果不清楚 Python 的安装路径，可以在开始菜单中找到 Python 3.8→IDLE(Python 3.8 64-bit)，如图 1-4 所示，右击弹出快捷菜单并选择"打开文件位置"，在弹出的资源管理器窗口中选择快捷方式 IDLE (Python 3.8 64-bit)，右击弹出菜单并选择"打开文件所在的位置",即可进入 Python 安装文件夹。

图 1-4　在开始菜单打开 IDLE

1.1.2　IDLE简单使用与Python程序运行方式

成功安装之后,在开始菜单找到 Python 3.8→IDLE(Python 3.8 64-bit),如图 1-4 所示,单击打开 IDLE 交互式开发界面。IDLE 是 Python 官方安装包自带的开发环境,虽然界面简陋了一些,也缺乏大型软件开发所需要的项目管理功能,但用于学习是非常不错的选择,也能满足编写简单程序和开发中小型软件的需求。

在使用之前,最好简单配置一下 IDLE,可以单击菜单 Options→Configure IDLE 打开配置界面,在 Fonts/Tabs 选项卡中设置字体(推荐使用 Consolas 字体)、字号以及代码缩进的单位(推荐使用 4 个空格),在 General 选项卡中勾选复选框 Show line numbers in new windows 设置在程序文件中显示行号,其他设置可以暂时不用修改。

启动 IDLE 时默认进入交互模式,在交互模式下,每次只能执行一条语句,输入完成后按下回车键(选择结构、循环结构、异常处理结构、函数定义、类定义、with 语句以及类似的场合需要在输入结束时按两次回车键)执行语句,必须等这条语句执行完成、提示符再次出现才能继续输入下一条语句,如图 1-5 所示,图中三个大于号和一个空格">>> "表示提示符,不用输入。

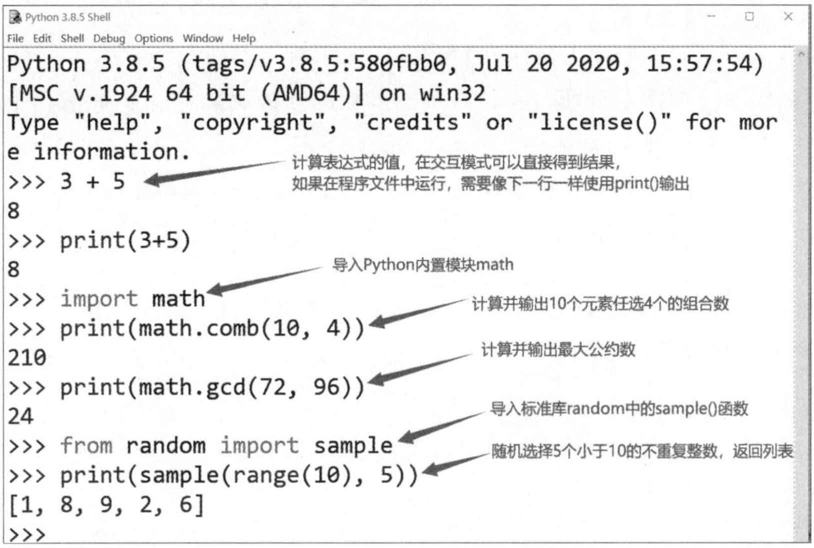

```
Python 3.8.5 (tags/v3.8.5:580fbb0, Jul 20 2020, 15:57:54)
[MSC v.1924 64 bit (AMD64)] on win32
Type "help", "copyright", "credits" or "license()" for mor
e information.
>>> 3 + 5              ← 计算表达式的值,在交互模式可以直接得到结果,
                          如果在程序文件中运行,需要像下一行一样使用print()输出
8
>>> print(3+5)
8
>>> import math        ← 导入Python内置模块math
>>> print(math.comb(10, 4))   ← 计算并输出10个元素任选4个的组合数
210
>>> print(math.gcd(72, 96))   ← 计算并输出最大公约数
24
>>> from random import sample ← 导入标准库random中的sample()函数
>>> print(sample(range(10), 5)) ← 随机选择5个小于10的不重复整数,返回列表
[1, 8, 9, 2, 6]
>>>
```

图 1-5　IDLE 交互模式开发界面

如果需要再次执行前面执行过的语句,可以按组合键 Alt+P 和 Alt+N 翻看上一条或下一条语句,也可以把鼠标放在前面执行过的某条语句上然后按回车键把整条语句或整个选择结构、循环结构、异常处理结构、函数定义、类定义或 with 块复制到当前输入位置,或者使用鼠标选中其中一部分代码然后按回车键把选中的代码复制到当前输入位置。IDLE 开发环境的快捷键如表 1-1 所示,除此之外还支持 Ctrl+C、Ctrl+X、Ctrl+V 等快捷键。

表 1-1　IDLE 常用快捷键

快捷键	功　能　说　明
Alt+P	查看上一条执行过的语句
Alt+N	查看下一条执行过的语句
Ctrl+F6	重启 Shell,之前定义的对象和导入的模块全部失效
F1	打开 Python 帮助文档
Alt+/	自动补全前面曾经出现过的单词,如果之前有多个单词具有相同前缀,则在多个单词中循环选择
Ctrl+]	缩进代码块
Ctrl+[	取消代码块缩进
Alt+3	注释代码块
Alt+4	取消代码块注释
Tab	代码补全或代码块缩进

在交互模式中运行代码可以清楚地观察执行过程,适合用来查看或验证某个特定的语法或用法,但不方便保存和修改。如果需要保存和反复修改、运行代码,可以通过菜单 File→New File 命令创建文件并保存为扩展名为 py 或 pyw 的文件,其中扩展名 pyw 一般用于带有菜单、按钮、单选钮、复选框、组合框或其他元素的(图形用户界面 Graphic

User Interface，GUI）程序。

在本书中，演示某个知识点语法和简单函数用法时，会使用交互模式，完整例题和大段演示性代码则通过程序文件执行。自己编写的程序文件名不要和Python内置模块、标准库模块和已安装的扩展库模块一样，否则会影响运行。如果自己编写的程序文件有可能会作为模块导入，文件名不要以数字开头，并且不要包含减号或其他标点符号。

创建程序文件"排序数字.py"，输入下面的代码，代码含义参考其中的注释。

"排序数字"
代码解释

```python
# 从标准库random中导入函数shuffle()，导入时不要加括号
from random import shuffle

# 创建列表，range(10)等价于range(0,10,1)
# 返回左闭右开区间[0,10)中以1为步长的整数组成的范围对象
data = list(range(10))
# 输出列表的值
print(data)
# 随机打乱列表中元素的顺序
shuffle(data)
print(data)
# 调用列表的sort()方法，把列表中的元素从小到大升序排序
data.sort()
print(data)
```

按快捷键Ctrl+S或菜单File→Save保存文件内容，然后通过菜单Run→Run Module或者快捷键F5运行程序，输出结果显示在IDLE交互式界面，如图1-6所示。细心的读者已经注意到了，在图1-5所示的交互模式中，直接运行一个语句或者表达式可以立刻得到结果，但在图1-6所示的这段代码中，明确使用内置函数print()输出data的值。这在自己编写程序时一定要特别注意，在程序文件中必须这样才能得到输出，只写一个表达式作为语句是不会有输出结果的，这一点并不是IDLE特有的，同样适用于所有Python开发环境，除非开启了特殊设置（例如Jupyter Notebook可以设置显示cell中所有表达式的值，但不建议这样做）。

有些程序可能需要在运行时接收命令行参数，这时可以使用IDLE运行程序并输入命令行参数。例如下面的程序"问候.py"。

```python
import sys

# 接收多个命令行参数，相邻参数之间使用空格分隔
names = sys.argv[1:]
# 循环结构，处理每个参数
for name in names:
    print(f'你好，{name}')
```

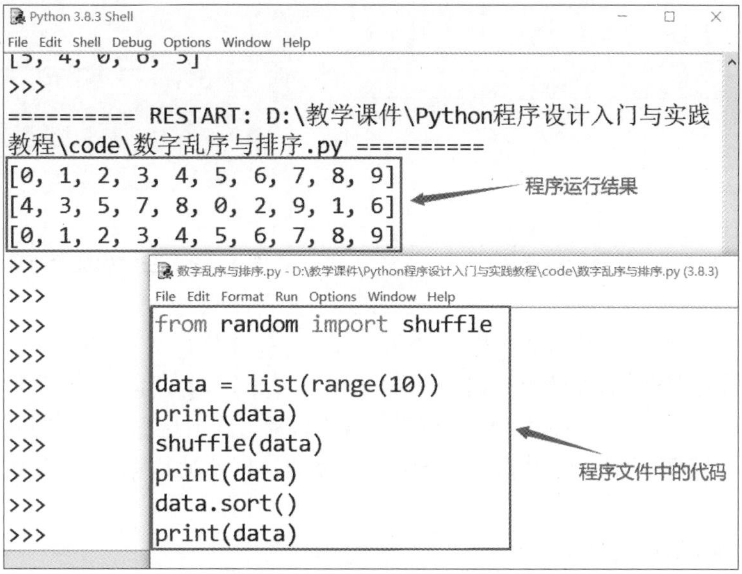

图 1-6 在 IDLE 中运行程序

内置模块 sys 中提供了很多系统管理常用的常量和函数，例如，sys.exec_prefix 表示 Python 解释器主程序所在文件夹，sys.executable 表示 Python 解释器主程序文件的路径，sys.int_info 和 sys.float_info 可以查看整数和实数的表示方式，sys.platform 表示正在使用的操作系统（Windows 平台一律返回字符串 'win32'），sys.modules 是包含当前所有可用模块信息的字典，sys.builtin_module_names 是包含全部内置模块的名字的元组，sys.byteorder 表示字节顺序，sys.getdefaultencoding() 返回默认编码格式，sys.getrefcount() 返回一个对象的引用次数，sys.getsizeof() 返回一个对象占用的字节数，sys.getallocatedblocks() 返回当前分配的内存块数量，sys._getframe() 返回给定编号的栈帧信息。在上面的程序中 sys.argv 用来接收命令行参数并返回一个列表，其中下标 0 的元素是程序本身的名字，从下标 1 开始往后是实际的命令行参数。在 IDLE 中单击菜单 Run → Run... Customized 命令，如图 1-7 所示。然后在弹出的窗口中输入多个命令行参数，相邻参数之间使用空格分隔，如图 1-8 所示。单击"确定"按钮运行程序，输出结果如图 1-9 所示。

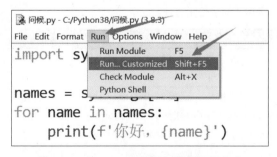

图 1-7 在 IDLE 中自定义程序运行方式

图 1-8 输入命令行参数

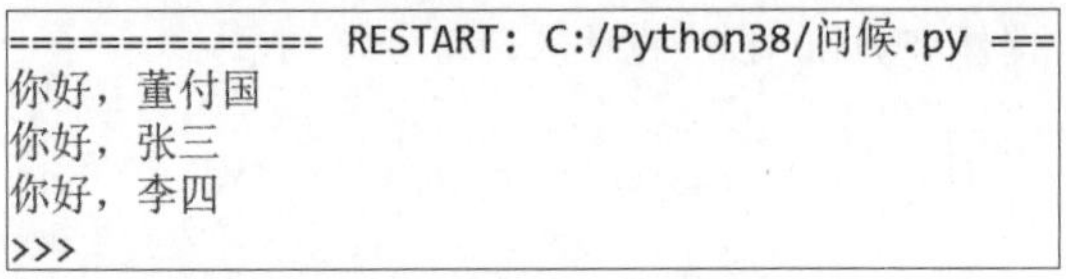

```
=============== RESTART: C:/Python38/问候.py ===
你好，董付国
你好，张三
你好，李四
>>>
```

图1-9　程序运行结果

```
C:\Python38>python 问候.py 董付国 张三
你好，董付国
你好，张三

C:\Python38>问候.py 董付国 张三
你好，董付国
你好，张三

C:\Python38>
```

图1-10　在命令提示符环境执行程序

除了在IDLE或其他Python开发环境中直接运行程序，也可以在命令提示符或PowerShell环境中使用Python解释器执行程序。图1-10在命令提示符环境演示了两种方式：第一种是明确指定使用Python解释器执行程序；第二种是不指定Python解释器，这时系统会根据扩展名自动调用Python解释器，推荐使用第一种形式。

1.1.3　安装扩展库

Python官方提供的安装包只包含了内置模块（built-in module，使用C语言编写，封装在Python解释器主程序和动态链接库文件中，没有对应的Python程序文件，可以通过sys.builtin_module_names查看所有内置模块的名字）和模块（module，对应的Python程序文件在Python安装路径中的Lib文件夹中），统称为标准库（standard library）。Python官方安装包没有包含任何扩展库（packages），可以根据实际需要再安装和使用合适的扩展库，成功安装之后扩展库文件默认存放于Python安装路径的Lib\site-packages文件夹中。

安装Python时一起安装的pip命令（见图1-2）是管理扩展库的主要方式，支持Python扩展库的安装、升级和卸载等操作。pip命令需要在命令提示符环境cmd或PowerShell中（强烈建议先使用cd命令或其他方式切换至Python安装文件夹的scripts文件夹中）执行，在线安装扩展库的话需要计算机保持联网状态，离线安装需要提前下载扩展库源码或编译好的轮子文件，该命令一部分常见用法如表1-2所示（方括号表示其中的内容可有可无），可以在cmd或Powershell中执行命令"pip -h"查看完整用法。

表1-2　pip常用子命令使用方法

pip子命令示例	说　　明
pip freeze [>requirements.txt]	列出已安装扩展库及其版本号，可以使用重定向功能把信息写入文本文件
pip install SomePackage[==version]	在线安装扩展库，必要时可以指定版本，不指定时默认安装最新版本，使用时把SomePackage替换为实际的扩展名名称，例如jieba、pillow、pypinyin
pip install -r requirements.txt	从文本文件（由当前表格第一行的freeze子命令创建）中读取扩展库信息并安装扩展库

续表

pip 子命令示例	说明
pip install SomePackage.whl	通过 whl 文件离线安装扩展库
pip install --upgrade SomePackage	升级 SomePackage 模块到最新版本
pip uninstall SomePackage	卸载 SomePackage 模块

如果在线安装扩展库失败，一定要仔细阅读错误信息，这对于解决问题是至关重要的。只有准确地知道发生了什么错误，才有可能找到正确的解决方法。除了拼写错误之外，常见的原因有三个：①网络不好导致下载失败；②需要本地安装有正确版本的 VC++ 编译环境；③扩展库暂时还不支持自己使用的 Python 版本。

如果由于网速问题导致在线安装速度过慢，pip 命令支持指定国内的站点来提高速度，下面的命令用来从阿里云服务器下载安装扩展库 jieba，其他服务器地址可以自行查阅。

```
pip install jieba -i http://mirrors.aliyun.com/pypi/simple --trusted-host mirrors.aliyun.com
```

如果固定使用阿里云服务器镜像，可以在当前登录用户的 `AppData\Roaming` 文件夹中创建文件夹 pip，在 pip 文件夹中创建文件 pip.ini，输入下面的内容，以后再执行 pip 命令安装和升级扩展库时就不用每次都指定服务器地址了。

```
[global]
index-url = http://mirrors.aliyun.com/pypi/simple

[install]
trusted-host = mirrors.aliyun.com
```

如果扩展库暂时不支持自己使用的 Python 版本或者需要，可以从 http://www.lfd.uci.edu/~gohlke/pythonlibs/ 下载大量第三方编译好的轮子文件（.whl 格式的扩展库二进制安装文件）然后离线安装。此处要注意，一定要选择正确版本（文件名中有 cp38 表示适用于 Python 3.8，有 cp37 表示适用于 Python 3.7，以此类推；文件名中有 win32 表示适用于 32 位 Python，有 win_amd64 表示适用于 64 位 Python），并且一定不要修改下载的文件名。然后在命令提示符环境中使用 pip 命令进行离线安装，指定文件的完整路径和扩展名，例如：

```
pip install psutil-5.6.7-cp38-cp38-win_amd64.whl
```

在 PowerShell 环境中，如果要执行当前目录下的程序，需要在前面加一个圆点和一个斜线，例如在 Python 安装路径中 Scripts 文件夹中执行上面的命令需要改成下面的格式：

```
./pip install psutil-5.6.7-cp38-cp38-win_amd64.whl
```

如果遇到类似于"拒绝访问"的出错提示，可以使用管理员权限启动命令提示符，或者执行 pip 命令时增加选项"--user"。如果遇到提示安装成功但在使用时却提示不存在的情况，检查扩展库是否安装到了正确的 Python 环境中，同一台计算机上不同 Python 环境的扩展库要分别进行安装。

1.1.4 导入与使用标准库、扩展库对象

Python 所有内置对象都可以直接使用，但内置模块、标准库和扩展库中的对象必须先导入才能使用。在编写代码时，一般建议先导入内置模块和标准库对象再导入扩展库对象，最后导入自己编写的模块。并且，建议在程序中只导入确实需要使用的对象，确定用不到的不要导入，尤其要尽量避免导入整个模块，这样可以适当提高代码加载和运行速度，还可以适当减小打包后的可执行文件体积。导入标准库与扩展库对象主要有三种方式。

（1）使用"import 模块名 [as 别名]"的方式将模块导入，使用其中的对象时需要在对象之前加上模块名作为前缀，以"模块名.对象名"的形式进行访问。如果模块名字很长，可以为导入的模块设置一个别名，然后使用"别名.对象名"的方式调用其中的对象。

```
>>> import math
>>> print(math.factorial(36))              # 计算36的阶乘
371993326789901217467999448150835200000000
```

（2）使用"from 模块名/库名 import 对象名/模块名 [as 别名]"的方式仅导入明确指定的对象，使用对象时不需要使用模块名作为前缀，可以减少程序员需要输入的代码量。使用这种形式既可以导入库中的模块，也可以导入模块中的对象。

```
>>> from random import sample
>>> print(sample(range(100), 10))          # 从[0,100)区间选择10个不重复的数
[55, 8, 86, 95, 20, 37, 13, 41, 17, 75]
```

（3）使用"from 模块名 import *"的方式可以一次导入模块中的所有对象或者特殊成员 __all__ 列表中明确指定的对象，使用模块中的对象时不需要使用模块名作为前缀。一般并不建议这样使用，除非是程序中用到了某个库中的大部分对象。

```
>>> from time import *
>>> print(localtime())                     # 查看当前的日期时间
time.struct_time(tm_year=2021, tm_mon=2, tm_mday=8, tm_hour=10, tm_min=27, tm_sec=23, tm_wday=0, tm_yday=39, tm_isdst=0)
```

1.2 Python编码规范

一个好的Python代码不仅应该是正确的，还应该是漂亮的、优雅的，应该具有非常强的可读性和可维护性，读起来赏心悦目。代码布局和排版在很大程度上决定了可读性的好坏，常量名、变量名、函数名、类名等标识符名称也会有一定的影响，编写优雅代码需要熟悉编码规范和语法之后经过长期的练习才能具备相应的功底和能力。

1. 缩进

在函数定义、类定义、选择结构、循环结构、异常处理结构和with语句等结构中，对应的函数体或语句块都必须有相应的缩进。当某一行代码与上一行代码不在同样的缩进层次上，并且与之前某行代码的缩进层次相同，表示上一行代码所在的语句块结束。具有相同缩进量的连续多行代码是顺序结构，从上往下执行每行代码。

Python对代码缩进是硬性要求，严格使用缩进来体现代码的逻辑从属关系，错误的缩进将会导致代码无法运行（语法错误）或者可以运行但是结果不对（逻辑错误）。一般以4个空格为一个缩进单位，并且相同级别的代码块应具有相同的缩进量。在编写程序时还需要注意，代码缩进时要么全部使用空格，要么全部使用Tab键，不能二者混合使用，推荐全部使用空格。

2. 空格与空行

作为一般建议，最好在每个类和函数的定义或一段完整的功能代码之后增加一个空行，在运算符（表示成员访问的圆点、表示函数定义与调用的圆括号以及表示下标、切片的方括号除外）两侧各增加一个空格，逗号和字典元素中"键"与"值"之间的冒号后面增加一个空格，让代码适当松散一点，不要过于密集。为了提高代码可读性，可以灵活运用这个规则，例如表达式"3*5 + 2*3"的可读性会比"3 * 5 + 2 * 3"要好一些。

3. 标识符命名

常量（constant）名、变量（variable）名、函数（function）名、类（class）名、成员方法（method）名、属性（property）名统称为标识符（identifier），其中变量用来表示初始结果、中间结果和最终结果的数据及其支持的操作，函数用来表示一段封装了某种功能的代码，类是具有相似特征和共同行为的对象的抽象。在为标识符起名字时，至少应该做到"见名知义"，优先考虑使用英文单词或单词的组合作为标识符名字。

如果使用单词组合，有两种常用形式：一种是使用单个下画线连接小写单词（例如str_name），另一种是标识符名首字母小写而后面几个单词的首字母大写（例如strName）。变量名和函数名可以使用任意一种形式，类名一般使用第二种形式并且首字母大写（例如ThreadWorker），常量名一般使用单下画线连接的大写单词（例如BUFFER_SIZE）。

例如，使用age表示年龄、number表示数量、radius表示圆或球的半径、price表示价格、area表示面积、volume表示体积、row表示行、column表示列、length表示长度、width表示宽度、height表示高度、line表示直线、curve表示曲线、getArea或get_area表示用来计算面积的函数，setRadius或set_radius表示修改半径的函数，这是保证与提高代码可读性和可维护性的基本要求。除非是用来临时演示或测试个别知识点的代码片段，否则不建议使用x、y、z或者a1、a2、a3这样的变量名，实在想不出来英语单词，使用汉语拼音也是可以的。

除"见名知义"这个基本要求之外，在Python中定义标识符时，还应该遵守下面的规范。

（1）必须以英文字母、汉字或下画线开头。

（2）中间位置可以包含汉字、英文字母、数字和下画线，不能有空格或任何标点符号。

（3）不能使用关键字，例如yield、lambda、def、else、for、break、if、while、try、return都是不能用作标识符名称的。可以导入模块keyword之后使用print(keyword.kwlist)查看所有关键字。

（4）对英文字母的大小写敏感，例如student和Student是不同的标识符名称。

（5）不建议使用系统内置的模块名、类型名或函数名以及已导入的模块名及其成员名作变量名或者自定义函数名、类名，例如type、max、min、len、list这样的变量名都是不建议使用的，也不建议使用math、random、datetime、re或其他内置模块和标准库的名字作为变量名或者自定义函数名、类名。

4. 续行符

尽量不要写过长的语句，应尽量保证一行代码不超过屏幕宽度（正常显示的情况下不超过79个英文半角字符）以提高可读性。如果语句确实太长，超过屏幕宽度，最好在行尾使用续行符（continuation character）"\"表示下一行代码仍属于本条语句，或者使用圆括号把多行代码括起来表示是一条语句，这两种形式属于显式续行。另外列表、元组、字典、集合中的元素过多时可以直接在某个元素后逗号后面进行换行，这属于隐式续行的用法。

```
expression1 = 1 + 2 + 3\             # 使用反斜线作为续行符
              + 4 + 5
expression2 = (1 + 2 + 3              # 把多行表达式放在圆括号中表示是一条语句
              + 4 + 5)
data = [80, 90, 100,                  # 隐式续行
        60, 70, 80]
```

5. 注释

在Python中有两种常用的注释（comment）形式：井号和三引号。井号用于单行注释，表示本行中#之后的内容不作为代码运行，一般建议在表示注释的#后面增加一个空格再写注释内容，并且同一段代码中行内注释的井号尽量垂直对齐；一对三引号（三单引号或三双引号都可以）常用于大段说明性文本的注释，也可以用于表示包含多行的字符串。

6. 圆括号

圆括号（parenthesis）除了在函数定义与调用时用来包含参数、定义元组或生成器

表达式以及用来表示多行代码为一条语句，还常用来修改表达式计算顺序或者增加代码可读性。建议在复杂表达式中适当的位置增加括号，明确说明运算顺序避免歧义，尽最大可能减少人类阅读时可能的困扰，除非运算符优先级与大多数人所具备的常识高度一致。

7. 定界符、分隔符、运算符

在编写Python程序时，所有定界符、分隔符（delimiter）和运算符（operator）都应使用英文半角字符，例如可迭代对象中元素之间或函数多个参数之间的逗号、表示列表的方括号、表示元组/生成器表达式/函数定义或调用的圆括号、表示字典和集合的花括号、表示字符串和字节串的引号、字典的"键"和"值"之间的冒号、选择结构/循环结构/异常处理结构/with块/函数定义/lambda表达式/类定义/类的成员方法定义时的冒号以及所有运算符，这些都应该使用英文半角输入法，不能是全角字符。

1.3 常用数据类型

一个对象所属的数据类型决定了这个对象的取值范围和支持的操作。在Python语言中所有的一切都可以称作对象，常见的对象类型有整数、实数、复数、字符串、列表、元组、字典、集合和zip对象、map对象、enumerate对象、range对象、filter对象、生成器对象等内置对象，以及大量标准库对象和扩展库对象，函数和类也可以称作对象。

内置对象在启动Python后就可以直接使用，可以使用print(dir(__builtins__))查看所有内置对象清单，Python常用内置类型如表1-3所示，内置函数将在1.5节专门讲解。

表1-3 Python常用内置类型

对象类型	类型名称	示　　例	简　要　说　明
数字	int float complex	666, 0o777, 0b1111, 0x4ed8 2.718281828459045, 1.2e-3 3+4j, 5J	数字大小没有限制，0o开头表示八进制数，0b开头表示二进制数，0x开头表示十六进制数；1.2e-3表示1.2乘以10的-3次方；复数中j或J表示虚部
字符串	str	'Readability counts.' "What's your name?" '''Tom said, "let's go."''' r'C:\Windows\notepad.exe' f'My name is {name}' rf'{directory}\{fn}' ''	使用单引号、双引号、三引号作为定界符，不同定界符之间可以互相嵌套，三引号内可以包含多行字符串； 引号前面加字母r或R表示原始字符串，任何字符都不进行转义；前面加字母f或F表示对字符串中花括号内的变量名占位符进行替换，对字符串进行格式化；可以在引号前面同时加字母r和f，且不区分大小写； 一对空的单引号、双引号或三引号都表示空字符串

续表

对象类型	类型名称	示 例	简 要 说 明
字节串	bytes	b'\xe8\x91\xa3\xe4\xbb\x98\xe5\x9b\xbd' b'Python\xb6\xad\xb8\xb6\xb9\xfa'	以字母 b 引导，可以使用单引号、双引号、三引号作为定界符，可以使用字节串方法 decode() 解码为字符串或者 pickle、struct 等模块反序列化并还原为 Python 对象。同一个字符串使用不同编码格式编码得到的字节串可能会不一样，字节串解码为字符串时也需要指定相应的解码格式。同一个 Python 对象使用不同的序列化规则得到的字节串也不一样，反序列化时需要使用正确的规则才能准确还原为原来的对象
列表	list	['red', 'green', 'blue'] ['a', {3}, (1,2), ['c', 2], {65:'A'}] []	所有元素放在一对方括号中，元素之间使用逗号分隔，其中的元素可以是任意类型，一对空的方括号表示空列表
元组	tuple	(0, 0, 255) (0,) ()	所有元素放在一对圆括号中，元素之间使用逗号分隔，元组中只有一个元素时后面的逗号不能省略，一对空的圆括号表示空元组
字典	dict	{'red': (1,0,0), 'green': (0,1,0), 'blue': (0,0,1)} {}	所有元素放在一对花括号中，元素之间使用逗号分隔，元素形式为"键：值"，其中"键"不允许重复并且必须为不可变类型（或者说必须是可哈希类型，例如整数、实数、字符串、元组），"值"可以是任意类型的数据，一对空的花括号表示空字典
集合	set	{'red', 'green', 'blue'} set()	所有元素放在一对花括号中，元素之间使用逗号分隔，元素不允许重复且必须为不可变类型的对象。set() 表示空集合，不能使用一对空的花括号 {} 表示空集合
布尔型	bool	True, False	逻辑值，首字母必须大写
空类型	NoneType	None	空值，首字母必须大写
异常	NameError ValueError TypeError KeyError ...		Python 内置异常类
文件		fp = open('data.txt', 'w', encoding='utf8')	Python 内置函数 open() 使用指定的模式打开文件，返回文件对象

续表

对象类型	类型名称	示　例	简　要　说　明
迭代器		生成器对象、zip 对象、enumerate 对象、map 对象、filter 对象、reversed 对象等	具有惰性求值的特点，空间占用小，适合大数据处理；只能从前向后逐个访问其中的元素，并且每个元素只能使用一次

在编写程序时，必然要使用到若干变量来保存初始数据、中间结果或最终计算结果。Python 程序中的变量可以理解为表示某种类型对象的标签。

在 Python 中，不需要事先声明变量名及其类型，使用赋值语句可以直接创建任意类型的变量，变量的类型取决于等号右侧表达式计算结果的类型，Python 解释器会自动推断和确定变量类型。赋值语句的执行过程是：首先把等号右侧表达式的值计算出来，然后在内存中寻找一块合适的空间（可以使用内置函数 id() 查看这个空间的起始地址）把值存放进去，最后创建变量并指向或引用这个内存地址（或者说给这个内存地址贴上以变量名为名的标签）。对于不再使用的变量，可以使用 del 语句将其删除（可以理解为撕掉标签）。

下面的代码在 IDLE 交互模式中演示了变量的创建、使用与删除。

```
>>> data = 3 + 5                        # 创建整型变量
>>> type(data)                          # 查看变量类型
<class 'int'>
>>> print(data*3)                       # 使用变量的值
24
>>> data = 3.14                         # 创建实型变量
>>> type(data)
<class 'float'>
>>> del data
>>> data                                # 变量已被删除，再访问会出错
Traceback (most recent call last):
  File "<pyshell#31>", line 1, in <module>
    data
NameError: name 'data' is not defined
```

1.3.1　整数、实数和复数

Python 内置的数字类型有整数、实数和复数。其中，整数类型除了常见的十进制整数，还有下面几种。

（1）二进制：以 0b 开头，每位只能是 0 或 1，例如 0b10011100。

（2）八进制：以 0o 开头，每位只能是 0、1、2、3、4、5、6、7 这 8 个数字之一，例如 0o777。

（3）十六进制：以 0x 开头，每位只能是 0、1、2、3、4、5、6、7、8、9、a、b、c、

d、e、f之一，其中 a（不区分大小写）表示 10，b 表示 11，以此类推，例如 0xa8b9。

Python 支持任意大的数字。另外，由于精度的问题，实数之间的算术运算可能会有误差，应尽量避免在实数之间直接进行相等性测试，应该使用标准库 math 中的函数 isclose() 测试两个实数是否足够接近。最后，Python 内置支持复数类型及其运算。

```
>>> import math
>>> print(math.factorial(72))                    # 计算72的阶乘
61234458376886086861524070385274672740778091784697328983823014963978384987221689274204160000000000000000
>>> print(0.4 - 0.3)                             # 实数运算可能会有误差
0.10000000000000003
>>> print(0.4-0.3 == 0.1)                        # 直接比较实数是否相等，可能得到错误结果
False
>>> print(math.isclose(0.4-0.3, 0.1))            # 测试两个实数是否足够接近
True
>>> c = 3 + 4j
>>> print(abs(c))                                # 计算复数的模
5.0
```

Python 内置类型 float 的精度有限，如果需要高精度实数，可以使用 Python 标准库 decimal 中的 Decimal 类，下面的代码演示了这个类的用法。

```
>>> import decimal
>>> value = decimal.Decimal('3.14')              # 创建精确的高精度实数
>>> value
Decimal('3.14')
>>> value * 3
Decimal('9.42')
>>> decimal.Decimal(1/3)                         # 使用实数创建，有误差
Decimal('0.333333333333333314829616256247390992939472198486328125')
>>> decimal.Decimal(1) / decimal.Decimal(3)      # 高精度实数除法
Decimal('0.3333333333333333333333333333')
>>> decimal.getcontext()                         # 查看当前上下文
Context(prec=28, rounding=ROUND_HALF_EVEN, Emin=-999999, Emax=999999, capitals=1, clamp=0, flags=[Inexact, Rounded], traps=[InvalidOperation, DivisionByZero, Overflow])
>>> decimal.getcontext().prec = 100              # 设置小数位数
>>> decimal.Decimal(1) / decimal.Decimal(3)
Decimal('0.3333333333333333333333333333333333333333333333333333333333333333333333333333333333333333333333333333')
```

1.3.2 列表、元组、字典和集合

列表、元组、字典、集合是 Python 内置的可迭代对象（iterable），其中包含多个元素，可以使用 for 循环直接遍历其中的每个元素。这几种数据类型的特点如表 1-4 所示。

表 1-4 列表、元组、字典、集合基本特点

比 较 项	列 表	元 组	字 典	集 合
类型名称	list	tuple	dict	set
定界符	方括号 []	圆括号 ()	花括号 {}	花括号 {}
是否可变	是	否	是	是
是否有序	是	是	否	否
是否支持下标	使用序号作下标	使用序号作下标	使用"键"作下标	否
元素分隔符	逗号	逗号	逗号	逗号
对元素形式的要求	无	无	键:值	必须可哈希
对元素值的要求	无	无	"键"必须可哈希	必须可哈希
元素是否可重复	是	是	"键"不允许重复，"值"可以重复	否
元素查找速度	很慢	很慢	非常快	非常快
新增和删除元素速度	尾部操作快，其他位置慢	不允许	快	快

列表对象常用方法（method，需要通过对象进行调用）如表 1-5 所示，元组对象只支持 count() 和 index() 方法（功能与列表的同名方法类似），字典对象常用方法如表 1-6 所示，Python 集合对象常用方法如表 1-7 所示。

列表常用方法

表 1-5 列表对象常用方法

方 法	功 能 描 述
append(object, /)	将 object 追加至当前列表的尾部，不影响列表中已有的元素下标，也不影响列表在内存中的起始地址，没有返回值（或者说返回空值 None，见 1.7.1 节）。斜线表示该位置前面的参数必须以位置参数的形式进行传递，斜线本身不是参数，见 1.7.3 节
count(value, /)	返回 value 在当前列表中的出现次数
extend(iterable, /)	将可迭代对象 iterable 中所有元素追加至当前列表的尾部，不影响列表中已有的元素位置和列表在内存中的起始地址
insert(index, object, /)	在当前列表的 index 位置前面插入对象 object，该位置及后面所有元素自动向后移动，索引加 1
index(value, start=0, stop=9223372036854775807, /)	返回当前列表指定范围中第一个值为 value 的元素的索引，若不存在值为 value 的元素则抛出异常 ValueError，可以使用参数 start 和 stop 指定要搜索的下标范围，start 默认为 0 表示从头开始，stop 默认值为最大允许的下标值（默认值由 sys.maxsize 定义，在 64 位操作系统中对应 8 字节能表示的最大整数）

续表

方　　法	功　能　描　述
pop(index=-1, /)	删除并返回当前列表中下标为 index 的元素，该位置后面的所有元素自动向前移动，索引减 1。index 默认为 -1，表示删除并返回列表中最后一个元素。列表为空或者参数 index 指定的位置不存在时会引发异常 IndexError
remove(value, /)	在当前列表中删除第一个值为 value 的元素，被删除元素所在位置之后的所有元素自动向前移动，索引减 1；如果列表中不存在值为 value 的元素则抛出异常 ValueError
reverse()	对当前列表中的所有元素进行原地翻转，首尾交换
sort(*, key=None, reverse=False)	对当前列表中的元素进行原地排序，是稳定排序（在指定规则下相等的元素保持原来的相对顺序）。参数 key 用来指定排序规则，可以为任意可调用对象；参数 reverse 为 False 表示升序，为 True 表示降序；* 表示该位置之后的所有参数必须使用关键参数形式进行传递，也就是调用时必须指定参数名称，见 1.7.3 节

表 1-6　字典对象常用方法

字典常用方法

方　　法	功　能　描　述
clear()	不接收参数，删除当前字典对象中的所有元素，没有返回值
fromkeys(iterable, value=None, /)	以参数 iterable 中的元素为"键"、以参数 value 为"值"创建并返回字典对象。字典中所有元素的"值"都一样，要么是 None，要么是参数 value 指定的值
get(key, default=None, /)	返回当前字典对象中以参数 key 为"键"对应的元素的"值"，如果当前字典对象中没有以 key 为"键"的元素，返回 default 的值
items()	不接收参数，返回包含当前字典对象中所有元素的 dict_items 对象，其中每个元素形式为元组 (key,value)，dict_items 对象可以和集合进行并集、交集、差集等运算
keys()	不接收参数，返回当前字典对象中所有的"键"，结果为 dict_keys 类型的可迭代对象，可以直接和集合进行并集、交集、差集等运算
pop(k[,d])	删除以 k 为"键"的元素，返回对应元素的"值"，如果当前字典中没有以 k 为"键"的元素，返回参数 d，此时如果没有指定参数 d，抛出 KeyError 异常
popitem()	不接收参数，删除并按后进先出（Last In First Out，LIFO）的顺序返回一个元组 (key, value)，如果当前字典为空则抛出 KeyError 异常
update([E,]**F)	使用 E 和 F 中的数据更新当前字典对象，** 表示参数 F 只能接收字典或关键参数，该方法没有返回值
values()	不接收参数，返回包含当前字典对象中所有的"值"的 dict_values 对象，不能和集合之间进行任何运算

集合常用方法

表 1-7 Python 集合对象常用方法

方　　法	功　能　描　述
add(...)	往当前集合中增加一个可哈希元素，如果集合中已经存在该元素，直接忽略该操作，如果参数不可哈希，抛出 TypeError 异常并提示参数不可哈希。该方法直接修改当前集合，没有返回值
clear()	删除当前集合对象中的所有元素，没有返回值
difference(...)	接收一个或多个集合（或其他可迭代对象），返回当前集合对象与所有参数对象的差集，不对当前集合做任何修改，功能类似于差集运算符"-"
difference_update(...)	接收一个或多个集合（或其他可迭代对象），从当前集合中删除所有参数对象中的元素，对当前集合进行更新，该方法没有返回值，功能类似于运算符"-="
discard(...)	接收一个可哈希对象作为参数，从当前集合中删除该元素，如果参数元素不在当前集合中则直接忽略该操作。该方法直接修改当前集合，没有返回值
intersection(...)	接收一个或多个集合对象（或其他可迭代对象），返回当前集合与所有参数对象的交集，不对当前集合做任何修改，功能类似于运算符"&"
intersection_update(...)	接收一个或多个集合（或其他可迭代对象），使用当前集合与所有参数对象的交集更新当前集合对象，没有返回值，功能类似于运算符"&="
pop()	不接收参数，删除并返回当前集合中的任意一个元素，如果当前集合为空则抛出 KeyError 异常
remove(...)	从当前集合中删除参数指定的元素，如果参数指定的元素不在集合中就抛出 KeyError 异常，该方法直接修改当前集合，没有返回值
union(...)	接收一个或多个集合（或其他可迭代对象），返回当前集合与所有参数对象的并集，不对当前集合做任何修改，功能类似于并集运算符"|"
update(...)	接收一个或多个集合（或其他可迭代对象），把参数对象中所有元素添加到当前集合对象中，没有返回值，功能类似于运算符"|="

1.3.3　字符串

字符串是包含若干字符的容器对象，其中可以包含汉字、英文字母、数字和标点符号等任意字符。

字符串使用单引号、双引号、三单引号或三双引号作为界定符，其中三引号中的字符串可以换行，并且不同的界定符之间可以互相嵌套。

如果字符串中含有反斜线（backslash）"\"，反斜线和后面紧邻的字符可能会组合成转义字符（escape character），这样的组合就会变成其他的含义而不再表示原来的字面意思，例如 '\n' 表示换行符，'\r' 表示回车键，'\b' 表示退格键，'\f' 表示换页符，'\t' 表示水平制表符，'\ooo' 表示最多 3 位八进制数对应 ASCII 码的字符（例如 '\64' 表示字符 '4'），'\xhh' 表示 2 位十六进制数对应 ASCII 码的字符（例如 '\x41' 表示字符 'A'），'\uhhhh' 表示 4 位十六进制数对应 Unicode 编码的字符（例如 '\u8463' 表示字符 '董'、'\u4ed8' 表示字符 '付'、'\u56fd' 表示字符 '国'），'\UXXXXXXXX' 表示 8 位十六进制数对应 Unicode 编码的字符（有效编码范围为 '\U00010000' 至 '\U0001FFFD'）。

如果不想反斜线和后面紧邻的字符组合成为转义字符，可以在字符串前面直接加上字母 r 或 R 使用原始字符串。在字符串前面加上英文字母 r 或 R 表示原始字符串，其中的每个字符都表示字面含义，不会进行转义。不管是普通字符串还是原始字符串，都不能以单个反斜线结束，如果最后一个字符是反斜线的话需要再多写一个反斜线。另外，在字符串前面加字母 f 或 F 表示对字符串进行格式化（俗称 f-字符串），把其中的变量名占位符替换为具体的值。原始字符串和 f-字符串可以同时使用，也就是在字符串前可以同时加字母 f 和 r（不区分大小写）。

Python 字符串对象常用方法如表 1-8 所示，这些方法返回新字符串、字节串或其他结果，不会修改原字符串。

字符串常用方法

表 1-8 Python 字符串对象常用方法

方法	功能描述
center(width, fillchar=' ', /) ljust(width, fillchar=' ', /) rjust(width, fillchar=' ', /)	返回指定长度的新字符串，当前字符串在新字符串中居中 / 居左 / 居右，如果参数 width 指定的新字符串长度大于当前字符串长度就在两侧 / 右侧 / 左侧使用参数 fillchar 指定的字符（默认为空格）进行填充；如果参数 width 指定的长度小于或等于当前字符串的长度，直接返回当前字符串，不会进行截断
count(sub[, start[, end]])	返回字符串 sub 在当前字符串下标范围 [start,end) 内不重叠出现的次数，参数 start 默认值为 0，参数 end 默认值为字符串长度。例如，'abababab'.count('aba') 的值为 2
encode(encoding='utf-8', errors='strict')	返回当前字符串使用参数 encoding 指定的编码格式编码后的字节串。对于非 ASCII 字符，UTF-8 编码得到的字节串较长，网络传输时占用带宽较大，保存为文件时占用空间较大；GBK 编码得到的字节串更短一些，但有些字符不在 GBK 字符集中，无法使用 GBK 编码
endswith(suffix[, start[, end]]) startswith(prefix[, start[, end]])	如果当前字符串下标范围 [start,end) 的子串以某个字符串 suffix/prefix 或元组 suffix/prefix 指定的几个字符串之一结束 / 开始则返回 True，否则返回 False
find(sub[, start[, end]]) rfind(sub[, start[, end]])	返回字符串 sub 在当前字符串下标范围 [start,end) 内出现的最小 / 最大下标，不存在时返回 -1
format(*args, **kwargs)	返回对当前字符串进行格式化（格式化是指把字符串中花括号以及内部变量或编号指定的占位符替换为实际值并以指定的格式呈现）后的新字符串，其中 args 表示位置参数，kwargs 表示关键参数，见 1.7.3 节

续表

方　法	功 能 描 述
index(sub[, start[, end]]) rindex(sub[, start[, end]])	返回字符串 sub 在当前字符串下标范围 [start,end] 内出现的最小 / 最大下标，不存在时抛出 ValueError 异常并提示子串不存在
join(iterable, /)	使用当前字符串作为连接符把参数 iterable 中的所有字符串连接成为一个长字符串并返回连接之后的长字符串，要求参数 iterable 指定的可迭代对象中所有元素全部为字符串
lower() upper()	返回当前字符串中所有字母都变为小写 / 大写之后的新字符串，非字母字符保持不变
lstrip(chars=None, /) rstrip(chars=None, /) strip(chars=None, /)	返回当前字符串删除左侧 / 右侧 / 两侧的空白字符或参数 chars 中所有字符之后的新字符串
maketrans(...)	根据参数给定的字典或者两个等长字符串对应位置的字符，构造并返回字符映射表（形式上是字典，"键"和"值"都是字符的 Unicode 编码），如果指定了第三个参数（必须为字符串）则该参数中所有字符都被映射为空值 None。该方法是字符串类 str 的静态方法，可以通过任意字符串进行调用，也可以直接通过字符串类 str 进行调用
replace(old, new, count=-1, /)	返回当前字符串中所有子串 old 都被替换为子串 new 之后的新字符串，参数 count 用来指定最大替换次数，-1 表示全部替换
rsplit(sep=None, maxsplit=-1) split(sep=None, maxsplit=-1)	使用参数 sep 指定的字符串对当前字符串从后向前 / 从前向后进行切分，返回包含切分后所有子串的列表。参数 sep=None 表示使用所有空白字符作为分隔符并丢弃切分结果中的所有空字符串，参数 maxsplit 表示最大切分次数，-1 表示没有限制
splitlines(keepends=False)	使用换行符切分字符串，返回列表
translate(table, /)	根据参数 table 指定的映射表对当前字符串中的字符进行替换并返回替换后的新字符串，不影响原字符串，参数 table 一般为字符串方法 maketrans() 创建的映射表，其中映射为空值 None 的字符将会被删除而不出现在新字符串中

1.4　运算符语法与功能

　　运算符（operator）用来表示特定类型的对象所支持的行为以及对象之间的操作，运算符的功能与对象类型密切相关，不同类型的对象支持的运算符不同，同一个运算符作用于不同类型的对象时功能也会有所区别。例如，数字之间允许相加则支持运算符"+"；日期时间对象不支持相加但支持减法运算符"-"得到时间差对象；整数与数字相乘表示算术乘法，与字符串相乘时表示对原字符串进行重复并得到新字符串；减号作用于整数、实数、复数时表示算术减法，作用于集合时表示差集。常用的 Python 运算符（严格来说，其中一部分属于 Python 关键字或者分隔符，在 Python 官方文档中并不认为是运算符，但这不影响使用）如表 1-9 所示，大致按照优先级从低到高的顺序排列，左侧一列中每个单元格内运算符的优先级相同。在计算表达式时，会先计算高优先级的运算符再计算低优先级的运算符，相同优先级的运算符从左向右依次进行计算（幂运算符 ** 除外）。

表 1-9　常用的 Python 运算符

运　算　符	功　能　说　明
:=	赋值运算符，Python 3.8 新增，俗称海象运算符
lambda [parameter]: expression	用来定义 lambda 表达式，功能相当于函数，parameter 相当于函数参数，可以没有，如果有多个则使用逗号分隔；expression 表达式的值相当于函数返回值
value1 if condition else value2	用来表示一个二选一的表达式，其中 value1、condition、value2 都为表达式，如果 condition 的值等价于 True 则整个表达式的值为 value1 的值，否则整个表达式的值为 value2 的值
or	"逻辑或"运算，表示"或者"的意思，具有惰性求值特点。以 exp1 or exp2 为例，如果 exp1 的值等价于 True 则返回 exp1 的值，否则返回 exp2 的值
and	"逻辑与"运算，表示"并且"的意思，具有惰性求值特点。以 exp1 and exp2 为例，如果 exp1 的值等价于 False 则返回 exp1 的值，否则返回 exp2 的值
not	"逻辑非"运算，对于表达式 not x，如果 x 的值等价于 True 则返回 False，否则返回 True
in、not in	成员测试，表达式 x in y 的值当且仅当 y 中包含元素 x 时才会为 True；
is、is not	同一性测试，测试两个对象是否为同一个对象的引用。如果两个对象是同一个对象的引用，那么它们的内存地址相同；
<、<=、>、>=、==、!=	关系运算符，用于比较大小，作用于集合时表示测试集合的包含关系
|	"按位或"运算符，集合并集
^	"按位异或"运算符，集合对称差集
&	"按位与"运算符，集合交集
<<、>>	左移位、右移位运算符，书写时是两个英文半角的小于号或大于号，不是中文书名号
+ -	算术加法，列表、元组、字符串合并与连接； 算术减法，集合差集
* @ / // %	算术乘法，序列重复； 矩阵乘法； 真除法，结果为实数； 整除法，结果为整数； 求余数，字符串格式化

续表

运 算 符	功 能 说 明
+x	正号
-x	负号，相反数
~x	按位求反
**	幂运算，指数可以为小数，例如 3**0.5 表示计算 3 的平方根；具有右结合性特点，表达式 3**3**3 等价于 3**(3**3)
[]	下标，切片；
.	属性访问，成员访问；
()	函数定义或调用时用来包含参数，修改表达式计算顺序，声明多行代码为一个语句
[]、()、{}	定义列表、元组、字典、集合、列表推导式（或解析式）、生成器表达式、字典推导式、集合推导式

虽然 Python 运算符有一套严格的优先级规则（precedence），但并不建议编写程序时过于依赖运算符自身的优先级和结合性，而是应该在编写复杂表达式时使用圆括号来明确其中的逻辑和计算顺序来提高代码可读性。不建议花费太多精力记忆运算符的优先级和结合性，所有这些在圆括号面前都是浮云。本节不详细讲解运算符用法，会在后面章节中用到时再适当介绍。另外，Python 中 =、+=、*=、/=、&=、<<= 以及类似的符号不属于运算符，属于分隔符（delimiter），其中等于号用于把右侧表达式的值赋值给左侧的变量（包括使用圆点访问的属性和方括号访问的下标）。由于篇幅限制，本书没有详细解释 Python 编程的一些基本概念，可以关注微信公众号"Python 小屋"并发送消息"基本概念"了解和学习。

1.5 内置函数语法与功能

内置函数（built-in function）在 Python 交互模式和程序中任何位置都可以直接使用。使用语句 print(dir(__builtins__)) 可以查看包括内置函数在内的所有内置对象，注意 builtins 两侧各有两个下画线。Python 常用的内置函数及其功能简要说明如表 1-10 所示，方括号表示里面的参数可以省略，单个斜线做参数表示该位置之前的所有参数必须以位置参数的形式进行传递，单个星号做参数表示该位置之后的所有参数必须以关键参数的形式进行传递，单个斜线或星号并不是真正的参数，只是一个标记，见 1.7.3 节。

表 1-10 Python 常用的内置函数及其功能

函 数	功能简要说明
abs(x, /)	返回数字 x 的绝对值或复数 x 的模，斜线表示该位置之前的所有参数必须为位置参数。例如，只能使用 abs(-3) 这样的形式调用，不能使用 abs(x=-3) 这样的形式进行调用

续表

函　　数	功能简要说明
all(iterable, /)	可迭代对象 iterable 中所有元素都等价于 True 时返回 True，否则返回 False，可迭代对象为空时返回 True
any(iterable, /)	可迭代对象 iterable 中存在等价于 True 的元素时返回 True，否则返回 False，可迭代对象为空时返回 False
bin(number, /)	返回整数 number 的二进制形式的字符串，例如表达式 bin(3) 的值是 '0b11'
bool(x)	参数 x 的值等价于 True 时返回 True，否则返回 False
bytes(iterable_of_ints) bytes(string, 　　　encoding[, errors]) bytes(bytes_or_buffer) bytes(int) bytes()	创建指定长度的字节串或把其他类型数据转换为字节串，不带参数时创建空字节串。例如： （1）bytes(5) 表示创建包含 5 个 0 的字节串 b'\x00\x00\x00\x00\x00'。 （2）bytes((97, 98, 99)) 表示把若干介于 [0,255] 区间的整数转换为字节串 b'abc'。 （3）bytes((97,)) 可用于把一个介于 [0,255] 区间的整数 97 转换为字节串 b'a'。 （4）bytes('董付国', 'utf8') 使用 UTF-8 编码格式把字符串 '董付国' 转换为字节串 b'\xe8\x91\xa3\xe4\xbb\x98\xe5\x9b\xbd'，bytes('董付国', 'gbk')，使用 GBK 编码格式把字符串 '董付国' 转换为字节串 b'\xb6\xad\xb8\xb6\xb9\xfa'
callable(obj, /)	参数 obj 为可调用对象时返回 True，否则返回 False。Python 中的可调用对象包括函数、lambda 表达式、类、类的方法、对象的方法、包含特殊方法 __call__() 的类的对象
complex(real=0, imag=0)	返回复数，其中 real 是实部，imag 是虚部。参数 real 和 image 的默认值为 0，调用函数时如果不传递参数，会使用默认值并返回虚数 0j
chr(i, /)	返回 Unicode 编码为 i 的字符，其中 0 <= i <= 0x10ffff（可以通过 sys.maxunicode 查看这个最大 Unicode 编码对应的数字，十进制为 1114111）
dir(obj)	返回指定对象或模块 obj 的成员列表，不带参数时返回包含当前作用域内所有可用对象名字的列表
divmod(x, y, /)	计算整商和余数，返回元组 (x//y, x%y)
enumerate(iterable, 　　　　start=0)	枚举可迭代对象 iterable 中的元素，返回包含元素形式为 (start, iterable[0])，(start+1, iterable[1])，(start+2, iterable[2]) 等的迭代器对象，start 表示编号的起始值，默认为 0

续表

函　　数	功能简要说明
eval(source, 　　globals=None, 　　locals=None, /)	计算并返回字符串 source 中表达式的值，参数 globals 和 locals 用来指定字符串 source 中变量的值，如果二者有冲突，以 locals 为准。如果参数 globals 和 locals 都没有指定，就按 LEGB 顺序搜索字符串 source 中的变量并进行替换。该函数可以计算任意合法表达式，有安全隐患，慎用
filter(function or None, 　　iterable)	使用参数 function 指定的可调用对象描述的规则对可迭代对象 iterable 中的元素进行过滤，返回 filter 对象（属于迭代器对象类型之一），其中包含可迭代对象 iterable 中能够使得参数 function 返回值等价于 True 的那些元素，第一个参数为 None 时返回的 filter 对象中包含 iterable 中所有等价于 True 的元素
float(x=0, /)	把整数或字符串 x 转换为浮点数，不加参数时返回实数 0.0
hash(obj, /)	计算参数 obj 的哈希值，obj 不可哈希时抛出异常 TypeError 并提示对象为不可哈希类型（unhashable type）。该函数常用来测试一个对象是否可哈希，一般并不需要关心具体的哈希值。在 Python 中，可哈希与不可变是一个意思，不可哈希与可变是一个意思。另外，hash() 函数计算字符串和字节串的哈希值时会加随机盐值，同一个进程中使用的随机数一样，不同进程中计算同一个字符串或字节串得到不同的哈希值是正常的
help(obj)	返回对象 obj 的帮助信息，例如 help(sum) 可以查看内置函数 sum() 的使用说明，help('') 可以查看字符串对象的使用说明。直接调用 help() 函数不加参数时进入交互式帮助会话，输入字母 q 退出
hex(number, /)	返回整数 number 的十六进制形式的字符串
input(prompt=None, /)	输出参数 prompt 的内容作为提示信息，接收键盘输入的内容，以字符串形式返回。输入时按 Enter 键表示结束，返回的内容中不包含最后的回车符
int([x]) int(x, base=10)	返回实数 x 的整数部分，或把字符串 x 看作 base 进制数并转换为十进制，base 默认为十进制。直接调用 int() 不加参数时会返回整数 0
isinstance(obj, 　　　　class_or_tuple, /)	测试对象 obj 是否属于指定类型（如果有多个类型需要放到元组中）的实例
iter(iterable) iter(callable, sentinel)	获取可迭代对象的迭代器； 或者持续调用参数 callable 指定的可调用对象，直到返回参数 sentinel 指定的值时停止迭代，见例 2-20

续表

函　　数	功能简要说明
len(obj, /)	返回可迭代对象 obj 包含的元素个数，适用于列表、元组、集合、字典、字符串以及 range 对象，不适用于具有惰性求值特点的生成器对象和 map、zip 等迭代器对象
list(iterable=(), /) tuple(iterable=(), /) dict()、dict(mapping)、dict(iterable)、 dict(**kwargs) set()、set(iterable)	把对象 iterable 转换为列表、元组或字典、集合并返回，或不加参数时返回空列表、空元组、空字典、空集合。左侧单元格中 dict() 和 set() 都有多种用法，不同用法之间使用顿号进行分隔。参数名前面加两个星号表示可以接收多个关键参数，也就是调用函数时以 name=value 这样形式传递的参数，详见 1.7.3 节
map(func, *iterables)	返回包含若干函数值的 map 对象，可调用对象 func 的参数分别来自于 iterables 指定的一个或多个可迭代对象。形参前面加一个星号表示可以接收任意多个按位置传递的实参，详见 1.7.3 节关于可变长度参数的介绍。具体使用时，参数 iterables 接收的可迭代对象数量必须与可调用对象 func 的形参数量一致
max(iterable, 　　*[, default=obj, 　　key=func]) max(arg1, arg2, *args, 　　*[, key=func])	返回可迭代对象 iterable 或多个位置参数中最大的元素，允许使用参数 key（值必须为可调用对象）指定排序规则，使用参数 default 指定 iterable 为空时返回的默认值
min(iterable, 　　*[, default=obj, 　　key=func]) min(arg1, arg2, *args, 　　*[, key=func])	返回可迭代对象 iterable 或多个位置参数中最小的元素，允许使用参数 key（值必须为可调用对象）指定排序规则，参数 default 用来指定 iterable 为空时返回的默认值
next(iterator[, default])	返回迭代器对象 iterator 中的下一个元素，如果 iterator 为空则返回参数 default 的值，iterable 为空且不指定 default 参数时会抛出 StopIteration 异常
oct(number, /)	返回整数参数 number 的八进制形式的字符串，例如 oct(511) 返回 '0o777'
open(file, mode='r', 　　buffering=-1, 　　encoding=None, 　　errors=None, 　　newline=None, 　　closefd=True, 　　opener=None)	以参数 mode 指定的方式打开参数 file 指定的文件并返回文件对象。参数 file 表示要打开或创建的文件路径，建议使用原始字符串；操作文本文件时必须使用参数 encoding 指定正确的编码格式（默认为 UTF-8），操作二进制文件时不能指定 encoding 参数。具体应用参考第 2~5 章的例题
ord(c, /)	返回一个字符 c 的 Unicode 编码

续表

函　数	功能简要说明
print(value, ..., sep=' ', 　　　end='\n', 　　　file=sys.stdout, 　　　flush=False)	基本输出函数，可以输出一个或多个值，sep 参数表示相邻数据之间的分隔符（默认为空格），end 参数用来指定输出完所有值后的结束符（默认为换行符）
range(stop) range(start, stop[, step])	返回具有惰性求值特点的 range 对象，其中包含左闭右开区间 [start,stop) 内以 step 为步长的整数，其中 start 默认为 0，step 默认为 1
reduce(function, sequence 　　　[, initial])	将双参数函数 function 以迭代的方式从左到右依次应用至可迭代对象 sequence 的每个元素，并把中间计算结果作为下一次调用函数 function 时的第一个参数，最终返回单个值作为结果。例如，add(a,b) 是接收两个参数并返回它们的和的函数，那么 reduce(add, range(1,5)) 的计算过程为 ((1+2)+3)+4。在 Python 3.x 中 reduce() 不是内置函数，需要从标准库 functools 中导入再使用
reversed(sequence, /)	返回可迭代对象 sequence（不能是迭代器对象）中所有元素逆序后组成的迭代器对象
round(number, ndigits=None)	对实数 number 进行四舍五入，若不指定小数位数 ndigits 则返回整数，参数 ndigits 可以为负数。最终结果最多保留 ndigits 位小数，参数 number 的实际小数位数少于 ndigits 时直接返回。例如，round(3.1, 3) 的结果为 3.1，round(3.1) 返回 3
sorted(iterable, /, *, 　　　key=None, 　　　reverse=False)	返回可迭代对象 iterable 中所有元素排序后组成的列表，其中参数 iterable 表示要排序的可迭代对象并且必须以位置参数的形式传递，参数 key 用来指定排序规则或依据，参数 reverse 用来指定升序或降序（默认值 False 表示升序），使用参数 key 和 reverse 时必须以关键参数的形式传递
str(object='') str(bytes_or_buffer 　　　[, encoding[, errors]])	创建字符串对象或者把字节串使用参数 encoding 指定的编码格式转换为字符串，直接调用 str() 不加参数时返回空字符串 ''
sum(iterable, /, start=0)	返回可迭代对象 iterable 中所有元素之和再加上 start 的结果，参数 start 默认值为 0
type(object)	查看对象类型
zip(*iterables)	组合多个可迭代对象中对应位置上的元素，返回 zip 对象（属于迭代器对象），其中每个元素为 (seq1[i], seq2[i], ...) 形式的元组（其中 seq1、seq2 表示参数 iterables 中的每个可迭代对象），最终结果中包含的元素个数取决于参数 iterables 中所有可迭代对象中最短的那个

内置函数数量众多且功能强大，本书不逐个详细介绍，只重点介绍基本输入函数input()、基本输出函数print()以及学习Python时使用较多的函数dir()、help()，其他内置函数会分散到后面章节中结合具体案例进行介绍，需要时可以使用dir()和help()这两个函数辅助学习或者查阅官方文档了解详细用法。

（1）内置函数input(prompt=None, /)用来在屏幕上输出参数prompt指定的提示信息，然后接收用户的键盘输入，用户输入以回车键表示结束。不论用户输入什么内容，input()一律返回字符串（不包含最后的回车键），必要时可以使用内置函数int()、float()或eval()对用户输入的内容进行类型转换。使用内置函数eval()对用户提交的字符串进行求值之前必须检查并确认字符串是安全的，或者改用标准库函数ast.literal_eval()。

```
# 直接把input()函数的返回值作为int()函数的参数转换为整数
# 如果输入的内容无法转换为整数，代码会抛出异常
num = int(input('请输入一个大于2的自然数:'))
# 对2的余数为1的整数为奇数，能被2整除的整数为偶数
if num%2 == 1:
    print('这是个奇数。')
else:
    print('这是个偶数。')
# 使用input()函数接收列表、元组、字典、集合等类型的数据时
# 需要使用eval()函数进行转换，不能使用list()、tuple()、dict()、set()
lst = eval(input('请输入一个包含若干大于2的自然数的列表:'))
print('列表中所有元素之和为:', sum(lst))
```

input()函数

运行结果为

```
请输入一个大于2的自然数:89
这是个奇数
请输入一个包含若干大于2的自然数的列表:[23, 34, 88]
列表中所有元素之和为: 145
```

在实际开发中，要考虑用户可能在输入过程中会按下组合键Ctrl+C终止输入，如果不进行专门的处理，input()函数会抛出异常。为了保证代码的健壮性，可以把input()函数调用放在异常处理结构（见1.6.3节）中。下面的代码在IDLE交互模式下演示了这个用法，IDLE交互模式下使用Tab键表示缩进，每个Tab键占8个空格的位置，但在程序文件中使用4个空格作为缩进的基本单位。为了统一，本书中IDLE交互代码也使用4个空格作为缩进单位（Python 3.10的IDLE也开始这样做了）。另外，在IDLE交互模式中，提示符不占用逻辑上的缩进位置。也就是说，下面第二段代码中的try和except虽然在视觉上没有对齐，但逻辑上是对齐的，忽略前面的提示符后try在逻辑上是顶格的。语句"x = input()"在视觉上和上一行的try是对齐的，但在逻辑上相对于try有

4个空格的缩进。本书后面的 IDLE 交互模式代码都遵守这里描述的规范。

```
>>> x = input()                    # 这里什么也没有输入，直接按下组合键Ctrl+C
Traceback (most recent call last):
  File "<pyshell#5>", line 1, in <module>
    x = input()
KeyboardInterrupt
>>> try:
    x = input()                    # 输入1234后按下组合键Ctrl+C
except KeyboardInterrupt:
    print('Ctrl+C')


1234
Ctrl+C
```

（2）内置函数 print() 用于以指定的格式输出信息，完整语法为

```
print(value, ..., sep=' ', end='\n', file=sys.stdout, flush=False)
```

其中，sep 参数之前为准备输出的表达式（可以有任意多个，必须以位置参数的形式传递）；sep 参数用于指定相邻数据之间的分隔符，默认为空格；end 参数表示输出完所有数据之后的结束符，默认为换行符；file 参数用来指定输出的去向，默认为标准控制台；flush 参数用来指定是否立刻输出内容而不是先暂存到缓冲区。使用时，sep 及后面的参数必须以关键参数的形式传递。

创建程序文件，输入并运行下面的代码：

print() 函数

```
import datetime

print(1, 2, 3, 4, 5)               # 默认情况，使用空格作为分隔符
print(1, 2, 3, 4, 5, sep=',')      # 指定使用逗号作为分隔符
print(3, 5, 7, end=' ')            # 输出完所有数据之后，以空格结束，不换行
print(9, 11, 13)                   # 在同一行继续输出
width = 20
height = 10
# 在字符串前面加字母f表示格式化，把花括号内的变量或表达式替换为具体的值
# 注意，下面的用法只适用于Python 3.8之后的新版本
# 如果使用较低版本的Python，可以把花括号内的等于号删除
print(f'{width=},{height=},area={width*height}')
# 获取今天的日期
today = datetime.date.today()
# 查看日期所在的年份
```

```
print(f'{today.year=}')
data = {'a':97, 'b':98, 'c':99}
# 查看字典中指定"键"对应的值
print(f'{data["a"]=}')
# 在可迭代对象前面加一个星号，表示把其中所有元素取出来作为函数的位置参数
# 这属于星号表达式的语法，也是序列解包的语法
print(*data.items(), sep=',')
```

运行结果为

```
1 2 3 4 5
1,2,3,4,5
3 5 7 9 11 13
width=20,height=10,area=200
today.year=2021
data["a"]=97
('a', 97),('b', 98),('c', 99)
```

（3）dir() 和 help()。

内置函数 dir() 和 help() 对于学习和使用 Python 非常重要，一定要善于使用。其中 dir([object]) 函数不带参数时可以列出当前作用域中的所有标识符，带参数时可以用于查看指定模块或对象中的成员。help([obj]) 函数带参数时用于查看对象的帮助文档，不带参数时进入交互式帮助环境，按字母 q 退出。下面的代码在 IDLE 交互模式演示了这两个函数的用法，为节约篇幅略去了输出结果，请自行运行和查看。

```
>>> dir()                                    # 当前作用域内所有标识符
>>> import math
>>> dir(math)                                # 查看标准库math中的所有成员
>>> dir('')                                  # 查看字符串对象的所有成员
>>> help(math.factorial)                     # 查看标准库函数的帮助文档
>>> import random
>>> help(random.sample)                      # 查看标准库函数的帮助文档
>>> help(''.replace)                         # 查看字符串方法的帮助文档
>>> help(''.strip)                           # 查看字符串方法的帮助文档
>>> help('if')                               # 查看关键字if的帮助文档
>>> import secrets
>>> rndGenerater = secrets.SystemRandom()
                                             # 创建对象，用来生成安全随机数
>>> dir(rndGenerater)                        # 查看对象方法列表
>>> help(rndGenerater.choices)               # 查看对象方法的帮助文档
```

1.6　程序控制结构

程序控制结构包括顺序结构、选择结构、循环结构和异常处理结构。在正常情况下，程序中的代码是从上往下逐条语句执行的，也就是按先后顺序执行程序中的每行代码。如果程序中有选择结构，可以根据不同的条件来决定执行哪些代码和不执行哪些代码。如果程序中有循环结构，可以根据相应的条件是否满足来决定需要重复执行哪些代码。如果有异常处理结构，可以根据是否发生错误以及是否发生特定类型的错误来决定应该如何处理。选择结构、循环结构、异常处理结构都是临时改变程序流程的方式。从宏观上讲，如果把每个选择结构、循环结构或异常处理结构的多行代码看作一个大的语句块，整个程序仍是顺序执行的。从微观上讲，选择结构、循环结构、异常处理结构内部的多行简单语句之间仍是顺序结构。

在Python中，几乎所有合法表达式都可以作为条件表达式，包括单个常量或变量，以及使用各种运算符和函数调用连接起来的表达式。条件表达式的值等价于True时表示条件成立，等价于False时表示条件不成立。条件表达式的值只要不是False、0（或0.0、0j）、空值None、空列表、空元组、空集合、空字典、空字符串、空range对象，Python解释器均认为与True等价。

1.6.1　选择结构

选择结构（decision/branch structure）包括单分支选择结构、双分支选择结构和不同形式的嵌套的选择结构。

1．单分支选择结构

单分支选择结构语法如下所示，其中条件表达式后面的冒号":"不可缺少，表示将要开始一个语句块，并且语句块必须做相应地缩进，一般是以4个空格为缩进单位。

```
if 条件表达式:
    语句块
```

当条件表达式的值为True或其他与True等价的值时，表示条件满足，语句块被执行，否则该语句块不被执行，而是继续执行后面的代码（如果有的话）。

2．双分支选择结构

双分支选择结构的语法形式为

```
if 条件表达式:
    语句块1
```

```
else:
    语句块2
```

双分支选择结构可以用来实现二选一的业务逻辑，当条件表达式值为 True 或其他等价的值时执行语句块 1，否则执行语句块 2。语句块 1 或语句块 2 总有一个会执行（不会都执行也不会都不执行），然后再执行后面的代码（如果有的话）。

3．嵌套的选择结构

嵌套的选择结构用来表示更加复杂的业务逻辑，有两种形式，第一种语法形式为

```
if 条件表达式1:
    语句块1
elif 条件表达式2:
    语句块2
[elif 条件表达式3:
    语句块3
...
else:
    语句块n]
```

其中，关键字 elif 是 else if 的缩写，方括号内的代码是可选的，不是必须有的。在上面的语法示例中，如果条件表达式 1 成立就执行语句块 1；如果条件表达式 1 不成立但是条件表达式 2 成立就执行语句块 2；如果条件表达式 1 和条件表达式 2 都不成立但是条件表达式 3 成立就执行语句块 3，以此类推；如果所有条件都不成立就执行语句块 n。

另一种嵌套的选择结构的语法形式为

```
if 条件表达式1:
    语句块1
    if 条件表达式2:
        语句块2
    [else:
        语句块3]
else:
    if 条件表达式4:
        语句块4
    [elif 条件表达式5:
        语句块5
    else:
        语句块6]
```

在上面的语法示例中，如果条件表达式 1 成立，先执行语句块 1，执行完后如果条件表达式 2 成立就执行语句块 2，否则执行语句块 3；如果条件表达式 1 不成立，但是条件

表达式 4 成立就执行语句块 4；如果条件表达式 1 不成立并且条件表达式 4 也不成立，但是条件表达式 5 成立就执行语句块 5；如果条件表达式 1、4、5 都不成立就执行语句块 6。

1.6.2 循环结构

Python 支持 for 循环和 while 循环两种形式的循环结构（loop structure），在循环体内可以使用 break 和 continue 语句临时改变程序执行流程。

1. for 循环结构语法与应用

Python 语言中的 for 循环非常适合用来遍历可迭代对象（列表、元组、字典、集合、字符串、range 对象以及 map、zip 等迭代器对象）中的元素，语法形式为

```
for 循环变量 in 可迭代对象:
    循环体
[else:
    else子句代码块]
```

其中，方括号内的 else 子句可有可无，根据要解决的问题来确定。for 循环结构的执行过程：对于可迭代对象中的每个元素（使用循环变量引用），都执行一次循环体中的代码。在循环体中可以使用循环变量，也可以不使用循环变量（此时可以使用单个下画线作为循环变量）。for 循环结束后仍可访问循环变量的值，也就是循环结束时该变量的值。

如果 for 循环结构带有 else 子句，其执行过程为：如果循环因为遍历完可迭代对象中的全部元素而自然结束则继续执行 else 结构中的语句，如果是因为执行了 break 语句提前结束循环则不会执行 else 中的语句，即使是最后一次循环的最后一条语句执行了 break，也不会执行 else 子句中的代码。

2. while 循环

Python 语言中的 while 循环结构主要适用于无法提前确定循环次数的场合，一般不用于循环次数可以确定的场合，虽然也可以这样用。While 循环结构的语法形式为

```
while 条件表达式:
    循环体
[else:
    else子句代码块]
```

其中，方括号内的 else 子句可有可无，取决于具体要解决的问题。当条件表达式的值等价于 True 时就一直执行循环体，直到条件表达式的值等价于 False 或者循环体中执行了 break 语句。如果是因为条件表达式不成立而结束循环，就继续执行 else 中的代码块；如果是因为循环体内执行了 break 语句使得循环提前结束，则不再执行 else 中的代码块。

从 Python 3.8 开始，允许在 while 循环的条件表达式中使用赋值运算符"：="创建变量，且循环结束后可以访问该变量在循环结束时的值，下面代码演示了这个用法，低版本 Python 需要适当改写，请自行尝试。除了语法之外，还应体会其中的安全编程思想。

```
>>> while (num:=input('请输入一个整数（0表示结束）:')) != '0':
    if num.isdigit():
        print(int(num))
    else:
        print('无效输入，', end='')

请输入一个整数（0表示结束）:3
3
请输入一个整数（0表示结束）:8
8
请输入一个整数（0表示结束）:a
无效输入，请输入一个整数（0表示结束）:5
5
请输入一个整数（0表示结束）:0
>>> num
'0'
```

3. break 与 continue 语句

break 语句和 continue 语句在 while 循环和 for 循环中都可以使用，并且一般常与选择结构或异常处理结构结合使用，但不能在循环结构之外使用这两个语句。一旦 break 语句被执行，将使得 break 语句所属层次的循环结构（for 或 while 循环）提前结束；如果 break 语句所在的循环带有 else 子句，那么执行 break 之后不会执行 else 子句中的代码；continue 语句的作用是提前结束本次循环，忽略 continue 之后的所有语句，提前进入下一次循环。在实际开发中，continue 的使用率要比 break 少一些，大部分使用 continue 的代码也可以通过改写使用 break 代替，但在少数场合中合理使用 continue 可以减少代码的缩进层次，代码可读性更好一些。

例 1-1　编写程序，输出 500 以内最大的素数。所谓素数，是指除了 1 和自身之外没有其他因数的正整数，最小的素数是 2。下面的代码主要演示循环结构、选择结构和 break 语句的语法，没有使用优化的素数判断算法，可自行修改代码缩小内循环的范围至区间 $[2,\sqrt{n}\,]$。

例 1-1 讲解

```
for n in range(500, 1, -1):      # 从大到小遍历
    for i in range(2, n):        # 遍历[2, n-1]区间的自然数
        if n%i == 0:             # 如果有n的因数，n就不是素数
            break                # 提前结束内循环
```

```
        else:                    # 如果内循环自然结束，继续执行这里的代码
            print(n)             # 输出素数
            break                # 提前结束外循环
```

运行结果为

```
499
```

1.6.3 异常处理结构

异常是指代码运行时由于输入的数据不合法或者某个条件临时不满足发生的错误。例如，除法运算中除数为 0，变量名不存在或拼写错误，要打开的文件不存在、权限不足或者用法不对（例如试图写入以只读模式打开的文件），操作数据库时 SQL 语句语法不正确或指定的表名、字段名不存在，要求输入整数但实际通过内置函数 input() 输入的内容无法使用内置函数 int() 转换为整数，要访问的属性不存在，文件传输过程中网络连接突然断开，这些情况都会引发代码异常。可以关注微信公众号"Python 小屋"并发送消息"异常"了解常见异常的表现形式和代码查错、纠错思路。

一个好的程序应该能够充分考虑可能会发生的错误并进行预防和处理，要么给出友好提示信息，要么直接忽略异常继续执行，要么执行备用代码，表现出很好的鲁棒性，在一些临时出现的突发状况下能够有相对来说较为正常的表现，而不是把一堆异常信息直接暴露在终端用户眼前。异常处理结构是实现这一要求的重要方式。

异常处理结构的一般思路是先尝试运行代码，如果不出现异常就正常执行，如果引发异常就根据异常类型的不同采取相应的处理方案。

异常处理结构的完整语法形式如下，方括号中的内容可有可无，取决于要解决的问题。

```
try:
    # 可能会引发异常的代码块
except 异常类型1 as 变量1:
    # 处理异常类型1的代码块
[except 异常类型2 as 变量2:
    # 处理异常类型2的代码块
...]
[else:
    # 如果try块中的代码没有引发异常，就执行这里的代码块
]
[finally:
    # 不论try块中的代码是否引发异常，也不论异常是否被处理
    # 总是最后执行这里的代码块
]
```

在上面的语法形式中，else 和 finally 子句不是必需的，except 子句的数量也要根据具体的业务逻辑来确定，可以有一个也可以有多个，形式比较灵活。

例1-2 编写程序实现猜数游戏。计算机在指定范围内随机产生一个数，玩家有一定次数的机会猜测数字大小，每次猜测之后计算机会进行相应的提示，玩家根据系统的提示对下一次的猜测进行适当调整。如果次数用完还没猜对，游戏结束并提示正确的数字大小。除了本节介绍的 try...except...else...finally... 这种形式的异常处理结构，本例还演示了断言语句 assert 的用法。另外，本例还演示了关键字 else 在选择结构、循环结构、异常处理结构以及条件表达式 value1 if condition else value2 中的用法，应注意体会。

```python
from random import randint

# 使用循环+异常处理结构约束用户必须输入正确的数据
while True:
    try:
        # 如果不得不使用和内置函数一样的变量名，后面加下画线进行区分
        min_ = int(input('请输入猜数范围的最小数:'))
        break
    except:
        print('必须输入整数, ', end='')

while True:
    try:
        max_ = int(input('请输入猜数范围的最大数:'))
        # 断言语句，确保输入的最大值大于最小值，否则抛出异常
        assert max_ > min_
        break
    except:
        print(f'必须输入比{min_}大的整数, ', end='')

while True:
    try:
        times = int(input('请输入最大猜测次数:'))
        assert times > 0
        break
    except:
        print('必须输入大于0的整数, ', end='')

# 在指定范围内随机生成一个整数
value = randint(min_, max_)

for i in range(times):
```

```python
    prompt = ('游戏初始化完成，开始猜吧:' if i==0 else
              f'再猜一次(还有{times-i}次机会):')
    # 防止输入不是数字的情况
    try:
        x = int(input(prompt))
    except:
        print('必须输入整数。')
    else:
        # 猜对了
        if x == value:
            print('恭喜，猜对了。')
            break
        elif x > value:
            print('猜大了。')
        else:
            print('猜小了。')
else:
    # 次数用完还没猜对，游戏结束
    print('游戏结束，没有猜对，正确的数字是:', value)
```

1.7 定义与使用函数

函数（function）、类（class）、模块（module）都是封装代码实现复用的重要方式，本节重点介绍函数的定义与使用，1.8节介绍类的设计与使用。

在函数内部用到的仍然是内置函数、运算符、内置类型、选择结构、循环结构、异常处理结构以及标准库与扩展库对象，只是把这些功能代码封装起来然后提供一个接收输入和返回结果的接口。把用来解决某一类问题的功能代码封装成函数、类、模块，可以在不同的程序中重复利用这些功能，代码更加精练，更加容易维护。Python程序中允许嵌套定义函数，本书不详细介绍这一语法，只在例3-8中用了一次，可以不做深入了解。

1.7.1 基本语法

在Python中，使用关键字 def 或 lambda 表达式定义函数，前者语法形式如下：

```
def 函数名([形参列表]):
    '''注释'''
    函数体
```

定义函数时需要注意的问题主要如下。

（1）函数名和形参名建议使用"见名知义"的英文单词或单词组合，详见1.2节关于标识符命名的要求和建议。

（2）不需要说明形参类型，调用函数时Python解释器会根据实参的值自动推断和确定形参类型。

（3）不需要指定函数返回值类型，这由函数中return语句返回的值来确定，如果函数没有return语句、有return语句但是没有执行到或者有return语句也执行到了但是没有返回任何值，Python都认为返回的是空值None。

（4）方括号表示其中的参数列表可有可无，即使该函数不需要接收任何参数，也必须保留一对空的圆括号，如果需要接收多个形参应使用逗号分隔。

（5）函数头部括号后面的冒号必不可少。

（6）函数体相对于def关键字必须保持一定的空格缩进。

（7）函数体前面三引号和里面的注释可以不写，但最好写上，用简短语言描述函数功能，使得接口更加友好。

例1-3　编写函数，接收一个大于0的整数或实数r表示圆的半径，返回一个包含圆的周长与面积的元组，最多保留3位小数。然后编写程序，调用刚刚定义的函数。

```
from math import pi

def get_area(r):
    '''接收圆的半径为参数，返回包含周长和面积的元组'''
    if not isinstance(r, (int,float)):
        return '半径必须为整数或实数'
    if r <= 0:
        return '半径必须大于0 '
    return (round(2*pi*r,3), round(pi*r*r,3))

# 如果程序接收用户的输入，必须对数据进行检查和约束
r = input('请输入圆的半径:')
try:
    r = float(r)
    assert r>0
except:
    print('必须输入大于0的整数或实数')
else:
    print(get_area(r))
```

运行结果为

```
请输入圆的半径:6
(37.699, 113.097)
```

本例程序中各部分代码的说明如图 1-11 所示。

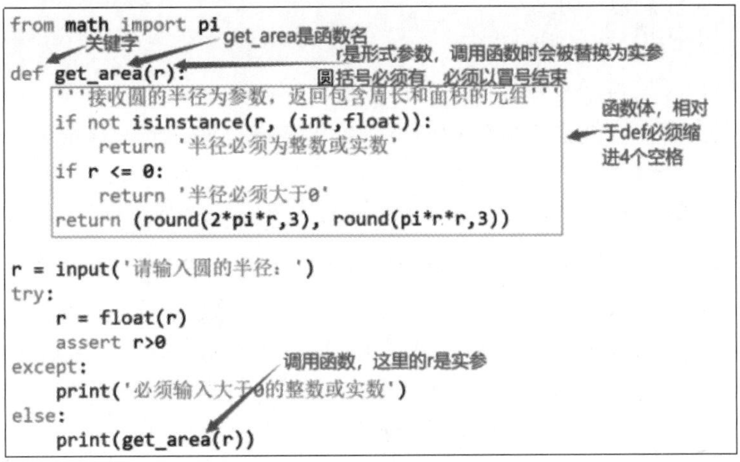

图 1-11　函数各部分说明

lambda 表达式常用来声明匿名函数，也就是没有名字的、临时使用的小函数，虽然也可以使用 lambda 表达式定义具名函数，但很少这样使用。lambda 表达式只能包含一个表达式，表达式的计算结果相当于函数的返回值。lambda 表达式的语法如下：

lambda [形参列表]: 表达式

下面代码中的函数 func() 和 lambda 表达式 func 在功能上是完全等价的。

```
def func(a, b, c):
    return sum((a,b,c))

func = lambda a, b, c: sum((a,b,c))
```

lambda 表达式常用在临时需要一个函数的功能但又不想定义函数的场合，例如内置函数 sorted(iterable, /, *, key=None, reverse=False)、max(iterable, *[,default=obj, key=func])、min(iterable, *[, default=obj, key=func]) 和列表方法 sort(*, key=None, reverse=False) 的 key 参数，内置函数 map(func,*iterables)、filter(function or None, iterable) 以及标准库函数 functools.reduce(function, sequence[, initial]) 的第一个参数。

1.7.2　递归函数定义与调用

如果一个函数在执行过程中满足特定条件时又调用了这个函数自己，叫作递归调用。递归函数（recursive function）是递归算法的实现，也可以理解为一种特殊的循环，用来把一个大型的复杂问题层层转化为一个与原来问题性质相同但规模更小、更容易解决或描述的问题，只需要很少的代码就可以描述解决问题过程中需要的大量重复计算。在编写递归函数时，应注意以下几点。

（1）每次递归应保持问题性质不变。

（2）每次递归应使得问题规模变小或使用更简单的输入。

（3）必须至少有一个能够直接处理而不需要再次进行递归的特殊情况来保证递归过程可以结束。

（4）函数的递归深度不能太大，否则会引起内存崩溃。一般可以使用sys.getrecursionlimit()查看最大递归深度，使用sys.setrecursionlimit()设置最大递归深度。

例1-4   已知正整数的阶乘计算公式为$n!=n\times(n-1)!=n\times(n-1)\times(n-2)\times\cdots\times3\times2\times1$，并且已知1的阶乘为1，也就是$1!=1$。编写递归函数，接收一个正整数$n$，计算并返回$n$的阶乘。在标准库math中已经提供了计算阶乘的函数factorial()，请自行测试。

```
def fac(n):
    # 1的阶乘为1，这是保证递归可以结束的条件
    if n == 1:
        # 如果执行到这个return语句返回1，函数直接结束，不再执行后面的代码
        return 1
    # 递归调用函数自己，但使用更小的输入，使得递归过程可以逐步收敛并最终结束
    return n * fac(n-1)

# 调用函数，计算并输出5的阶乘
print(fac(5))
```

运行结果为

```
120
```

1.7.3 函数参数

函数定义时圆括号内是使用逗号分隔开的形参（parameter）列表，函数可以有多个参数，也可以没有参数，但定义和调用时必须要有一对圆括号，表示这是一个函数。调用函数时向其传递实参（argument），将实参的引用传递给形参，在调用函数进入函数内部代码的瞬间，形参和实参引用的是同一个对象。在函数内部，形参相当于局部变量。由于Python中变量存储的是值的引用，直接使用等号或Python 3.8新增的赋值运算符":="修改形参的值实际上是修改了形参变量的引用，不会对实参造成影响。但如果传递过来的实参是列表、字典、集合或其他类型的可变对象，在函数内通过形参是有可能会影响实参的，这取决于函数内使用形参的方式。

1. 位置参数

位置参数（positional argument）是比较常用的形式，调用函数时不需要对实参进行任何说明，直接放在圆括号内即可，第一个实参传递给第一个形参，第二个实参传递给第二个形参，以此类推。实参和形参的顺序必须严格一致，并且实参和形参的数量必须相同，否则会导致逻辑错误得到不正确结果或者抛出 TypeError 异常并提示参数数量不对。

很多内置函数、标准库函数和扩展库函数的底层实现要求部分参数或者全部参数必须是位置参数。在 Python 3.8 之前的版本中，无法在自定义函数中声明参数必须使用位置参数的形式进行传递。在 Python 3.8 以及更新的版本中，允许在定义函数时设置一个斜线 "/" 作为参数，斜线 "/" 本身并不是真正的参数，仅用来说明该位置之前的所有参数必须以位置参数的形式进行传递。

2. 默认值参数

Python 支持默认值参数，在定义函数时可以为形参设置默认值。调用带有默认值参数的函数时，可以不用为设置了默认值的形参传递实参（此时函数将会直接使用函数定义时设置的默认值），也可以通过显式传递实参来替换其默认值。

在定义带有默认值参数的函数时，任何一个默认值参数右边都不能再出现没有默认值的普通位置参数，否则会抛出 SyntaxError 异常并提示 non-default argument follows default argument。带有默认值参数的函数定义语法如下：

```
def 函数名(..., 形参名=默认值):
    函数体
```

3. 关键参数

关键参数（keyword argument）是指调用函数时按参数名字进行传递的形式，明确指定哪个实参传递给哪个形参。通过这样的调用方式，实参顺序可以和形参顺序不一致，但不影响参数的传递结果，避免了用户需要牢记参数位置和顺序的麻烦，使得函数的调用和参数传递更加灵活方便。

下面的代码演示了关键参数的用法，代码适用于 Python 3.8 之后的版本，如果使用较低版本需要把 f- 字符串中花括号内的等号删除。

```python
def func(a, b, c):
    # 返回格式化后的字符串
    return f'{a=},{b=},{c=}'

print(func(a=3, c=5, b=8))
print(func(c=5, a=3, b=8))
```

运行结果为

```
a=3,b=8,c=5
a=3,b=8,c=5
```

有些内置函数和标准库函数的底层实现要求部分参数必须以关键参数的形式进行传递，查看函数帮助信息时会发现函数定义中有个参数是星号。在 Python 3.8 之前的版本中，不允许自定义函数声明某个或某些参数必须以关键参数的形式进行传递。在 Python 3.8 以及更新的版本中，允许在自定义函数中使用单个星号作为参数，但单个星号并不是真正的参数，仅用来说明该位置后面的所有参数必须以关键参数的形式进行传递。

4．可变长度参数

可变长度参数是指形参对应的实参数量不固定，一个形参可以接收多个实参。在定义函数时主要有两种形式的可变长度参数：*parameter 和 **parameter，前者用来接收任意多个位置实参并将其放在一个元组中，后者接收任意多个关键参数并将其放入字典中。

下面的代码演示了第一种形式可变长度参数的用法，无论调用该函数时传递了多少（大于或等于 3）个位置实参，都是把前 3 个按位置顺序分别传递给形参变量 a、b、c，剩余的所有位置实参按先后顺序存入元组 p 中。如果实参数量小于 3，调用失败并抛出异常；如果实参数量等于 3，形参 p 的值为空元组。

```
def demo(a, b, c, *p):
    print(a, b, c)
    print(p)

demo(1, 2, 3, 4, 5, 6)
print('='*10)
demo(1, 2, 3, 4, 5, 6, 7, 8)
```

可变长度参数

运行结果为

```
1 2 3
(4, 5, 6)
==========
1 2 3
(4, 5, 6, 7, 8)
```

下面的代码演示了第二种形式可变长度参数的用法，在调用该函数时自动将接收的多个关键参数转换为字典中的元素，每个元素的"键"是实参的名字，"值"是实参的值。

```
def demo(**p):
    for item in p.items():
        print(item)
```

```
demo(x=1, y=2, z=3)
print('='*10)
demo(a=4, b=5, c=6, d=7)
```

运行结果为

```
('x', 1)
('y', 2)
('z', 3)
==========
('a', 4)
('b', 5)
('c', 6)
('d', 7)
```

与可变长度参数相反，在调用函数并且使用可迭代对象作为实参时，在列表、元组、字符串、集合以及 map 对象、zip 对象、filter 对象或类似的实参前面加一个星号表示把可迭代对象中的元素转换为普通的位置参数；在字典前面加一个星号表示把字典中的"键"转换为普通的位置参数；在字典前加两个星号表示把其中的所有元素都转换为关键参数，元素的"键"作为实参的名字，元素的"值"作为实参的值。

1.7.4 变量作用域

变量起作用的代码范围称为变量的作用域（scope），不同作用域内变量名字可以相同，互不影响。从变量作用域和搜索顺序的角度来看，Python 有局部变量、nonlocal 变量（嵌套定义函数时，内层函数试图修改外层函数中的变量时需要声明为 nonlocal 变量）、全局变量和内置对象，本书重点介绍局部变量和全局变量。

如果在函数内只有引用某个变量值的操作而没有为其赋值的操作，该变量默认为全局变量、外层函数的变量或者内置命名空间中的成员，如果都不是则会抛出异常并提示没有定义。如果在函数内有为变量赋值的操作，该变量就被认为是局部变量，除非在函数内赋值操作之前用关键字 global 或 nonlocal 进行了声明。

在 Python 中有两种创建全局变量的方式：①在函数外部使用赋值语句创建的变量默认为全局变量，其作用域为从定义的位置开始一直到文件结束；②在函数内部使用关键字 global 声明变量为全局变量，其作用域为从调用该函数的位置开始一直到文件结束。

Python 关键字 global 有两个作用：①对于在函数外创建的全局变量，如果需要在函数内修改这个变量的值，并将这个结果反映到函数外，可以在函数内为变量赋值之前先使用关键字 global 声明要使用这个全局变量；②如果一个变量在函数外没有定义，在函数内部也可以直接将一个变量声明为全局变量，该函数执行后，将增加一个新的全局变量，但不建议这样做。下面的代码演示了这两种用法。

```
def demo():
    global x          # 声明或创建全局变量，必须在使用变量x之前执行该语句
    x = 3             # 修改全局变量的值或者为全局变量赋值
    y = 4             # 局部变量
    print(x, y)       # 使用变量x和y的值

x = 5                 # 在函数外部定义了全局变量x
demo()                # 本次调用函数修改了全局变量x的值
print(x)

try:
    print(y)
except:
    print('不存在变量y')
del x                 # 删除全局变量x
try:
    print(x)
except:
    print('不存在变量x')

demo()                # 本次调用函数创建了全局变量
print(x)
```

运行结果为

```
3 4
3
不存在变量y
不存在变量x
3 4
3
```

1.8 面向对象程序设计基础

在面向对象程序设计（Object Oriented Programming，OOP）中，把数据以及对数据的操作封装在一起，组成一个整体（对象），不同对象（object 或 instance）之间通过消息机制来通信或者同步。对于相同类型的对象进行抽象后，得出共同的特征和行为封装到一起形成类。定义类时用变量形式表示对象特征的成员称为数据成员（data member），用函数形式表示对象行为的成员称为成员方法（member method），数据成员和成员方法统称为类的成员（也称作属性，attribute）。

本节简单介绍面向对象程序设计的基础知识,不详细讲解过多的理论和高级语法,相关应用案例见本书第 2~5 章。

1.8.1 类的定义与使用

Python 使用关键字 class 来定义类,之后是一个空格,接下来是类的名字,如果派生自其他基类则需要把所有基类放到一对圆括号中并使用逗号分隔,然后是一个冒号,最后换行并定义类的内部实现。其中,类名最好与所描述的事物有关,且首字母一般要大写。例如:

```
class Car:                          # 定义一个类
    def showInfo(self):             # 定义成员方法,必须至少有一个self参数
        print('This is a car')
```

定义了类之后,就可以用来实例化对象,并通过"对象名.成员"的方式来访问其中的公有数据成员或成员方法。例如:

```
>>> car = Car()                     # 实例化对象
>>> car.showInfo()                  # 调用对象的成员方法
This is a car
```

1.8.2 数据成员、成员方法、特殊方法和属性

1. 数据成员

数据成员用来描述类或对象的某些特征或属性,可以分为属于对象的数据成员和属于类的数据成员两类。

(1)属于对象的数据成员主要在构造方法 __init__() 中定义,在实例方法中访问数据成员时以 self 作为前缀,同一个类的不同对象的数据成员之间互不影响;

(2)属于类的数据成员一般在所有成员方法之前定义,是该类所有对象共享的,不属于任何一个对象。

在主程序中或类的外部,属于对象的数据成员只能通过对象名访问,属于类的数据成员通过类名或对象名都可以访问。如果数据成员以两个下画线开始但不以两个下画线结束,属于私有数据成员(见 1.8.3 节),在类定义的外部不能通过对象名作为前缀直接访问(虽然可以通过一种特殊形式访问,但不建议那样做)。

2. 成员方法

成员方法用来定义对象的行为或支持的操作。Python 中类的成员方法大致可以分为公有方法、私有方法、静态方法和类方法。公有方法和私有方法一般是指属于对象的实例方法,其中私有方法的名字以两个下画线开始但不以两个下画线结束。公有方法可以通过

对象名直接调用，私有方法不能通过对象名直接调用，只能在其他实例方法中通过前缀 self 进行调用。

所有实例方法都必须至少有一个名为 self 的参数，并且必须是方法的第一个形参（如果有多个形参），表示当前对象。在实例方法中访问实例成员时需要以 self 为前缀，但在外部通过对象名调用对象方法时并不需要传递参数 self。通过对象调用时会把当前对象隐式绑定到参数 self，但通过类名调用属于对象的实例方法时必须显式传递一个对象给参数 self。如果类定义中一个普通的成员方法不接收任何参数，该方法退化为函数而不是成员方法，只能通过类名进行调用，不能通过对象调用。

静态方法和类方法都可以通过类名和对象名调用，但在这两种方法中不能直接访问属于对象的成员，只能访问属于类的成员。类方法一般以 cls 作为类方法的第一个参数表示该类自身，在调用类方法时不需要为该参数传递值，静态方法可以不接收任何参数。例如：

```
>>> class Root:
    __total = 0                          # 属于类的私有数据成员，所有对象共用
    def __init__(self, v):               # Python中所有类的构造方法都是__init__()
        self.__value = v                 # self为前缀的是数据成员，否则为普通变量
        Root.__total += 1                # 访问类的数据成员时以类名为前缀

    def show(self):                      # 普通实例方法，以self作为第一个参数
        print('self.__value:', self.__value)
        print('Root.__total:', Root.__total)

    @classmethod                         # 修饰器，声明类方法
    def classShowTotal(cls):             # 类方法，一般以cls作为第一个参数
        print(cls.__total)               # cls表示当前类

    @staticmethod                        # 修饰器，声明静态方法
    def staticShowTotal():               # 静态方法，可以没有参数
        print(Root.__total)

>>> r = Root(3)                          # 实例化对象，也称创建对象
>>> r.classShowTotal()                   # 通过对象调用类方法
1
>>> r.staticShowTotal()                  # 通过对象调用静态方法
1
>>> rr = Root(5)
>>> Root.classShowTotal()                # 通过类名调用类方法
2
>>> Root.staticShowTotal()               # 通过类名调用静态方法
2
>>> Root.show()                          # 试图通过类名直接调用实例方法，失败
```

```
TypeError: unbound method show() must be called with Root instance as first argument (got nothing instead)
>>> Root.show(r)                    # 可以通过这种方法来调用方法并访问实例成员
self.__value: 3
Root.__total: 2
```

3. 特殊方法

特殊方法（special method）是指分别以两个下画线开始和结束的成员方法，例如实例化对象时自动调用的构造方法 __init__() 和删除对象时自动调用的析构方法 __del__()。特殊方法一般不直接调用，主要用来实现对运算符和内置函数的支持。例如，实现了特殊方法 __add__() 的类的对象支持加号运算符，实现了特殊方法 __sub__() 的类的对象支持减号运算符。更多关于特殊方法的内容可以参考《Python 程序设计开发宝典》或关注微信公众号"Python 小屋"并发送消息"特殊方法"阅读相关文章。

```
>>> class Demo:
    def __init__(self, value):
        if isinstance(value, (int,float,complex)):
            self.__value = value
        else:
            raise Exception('必须提供整数、实数或复数。')

    def __add__(self, other):           # 支持加号运算符
        if isinstance(other, (int,float,complex)):
            return self.__value + other
        elif isinstance(other, Demo):
            return self.__value + other.__value

    def __sub__(self, other):           # 支持减号运算符
        if isinstance(other, (int,float,complex)):
            return self.__value - other
        elif isinstance(other, Demo):
            return self.__value - other.__value

    def __str__(self):                  # 支持print()函数
        return f'自定义类，值为:{self.__value}'

    __repr__ = __str__                  # 支持在交互模式直接查看对象

>>> num1 = Demo(3)
>>> num2 = Demo(5.0)
>>> num1 + 5
8
```

```
>>> 
>>> num1 + num2
8.0
>>> num1 - num2
-2.0
>>> num1
自定义类,值为:3
>>> print(num2)
自定义类,值为:5.0
>>> num1 * 2                                      # 没有实现对乘法的支持
Traceback (most recent call last):
  File "<pyshell#632>", line 1, in <module>
    num1 * 2
TypeError: unsupported operand type(s) for *: 'Demo' and 'int'
```

4. 属性

属性（property）是一种特殊形式的成员方法，综合了私有数据成员和公有成员方法二者的优点，既可以像成员方法那样对值进行必要的检查，又可以像数据成员一样灵活地访问。

```
>>> class Test:
    def __init__(self, value):               # 构造方法
        self.__value = value

    def __get(self):                         # 读取属性时调用的方法
        return self.__value                  # 实际返回的是私有数据成员的值

    def __set(self, v):                      # 修改属性时调用的方法
        self.__value = v                     # 可以增加代码检查参数v再赋值

    def __del(self):                         # 删除属性时调用的方法
        del self.__value                     # 删除对象的私有数据成员

    value = property(__get, __set, __del)
                                             # 可读、可写、可删除的属性

    def show(self):                          # 普通成员方法
        print(self.__value)

>>> t = Test(3)                              # 实例化对象
>>> t.show()                                 # 调用对象的普通方法
3
```

```
>>> t.value                              # 读取属性值
3
>>> t._Test__value                       # 直接访问私有数据成员，不建议
3
>>> t.value = 5                          # 修改属性值
>>> t.show()
5
>>> t.value
5
>>> del t.value                          # 删除属性
>>> t.value                              # 相应的私有数据成员已删除，访问失败
AttributeError: 'Test' object has no attribute '_Test__value'
>>> t.show()
AttributeError: 'Test' object has no attribute '_Test__value'
>>> t.value =1                           # 动态增加属性和对应的私有数据成员
>>> t.show()
1
>>> t.value
1
```

1.8.3 私有成员与公有成员

默认情况下，数据成员和成员方法都是公有的，可以在类的外部通过对象直接访问。如果成员名以两个下画线开头但是不以两个下画线结束则表示是私有成员，但并没有提供严格的访问控制机制。私有成员在类的外部不能直接访问，一般是在类的内部进行访问和操作，或者在类的外部通过调用对象的公有成员方法来访问。

```
>>> class Test:
    def __init__(self, value=0):         # 构造方法，创建对象时自动调用
        self.__value = value             # 创建私有数据成员

    def setValue(self, value):           # 公有成员方法，需要显式调用
        self.__value = value             # 在成员方法中可以直接访问私有成员

    def show(self):                      # 成员方法，公有成员
        print(self.__value)              # 输出私有数据成员的值

>>> t = Test()
>>> t.show()                             # 在类外部可以直接访问非私有成员
0
>>> t.setValue(5)                        # 修改私有数据成员的值
>>> t.show()
```

```
5
>>> t._Test__value          # 直接访问私有数据成员，不建议这样用
5
```

本章知识要点

（1）启动 IDLE 时默认进入交互模式，在交互模式下，每次只能执行一条语句，输入完成后按下回车键执行语句，必须等这条语句执行完成、提示符再次出现才能继续输入下一条语句。在交互模式中，选择结构、循环结构、异常处理结构、函数定义、类定义、with 块的最后一行语句输入完成后需要按两次回车键才会执行。

（2）Python 官方提供的安装包只包含了内置模块和标准库，没有包含任何扩展库，可以根据实际需要再安装合适的扩展库。

（3）Python 自带的 pip 工具是管理扩展库的主要方式，支持 Python 扩展库的安装、升级和卸载等操作。

（4）在线安装扩展库失败的常见原因有三个：①网络不好导致下载失败；②需要本地安装有正确版本的 VC++ 编译环境；③扩展库暂时还不支持自己使用的 Python 版本。

（5）一般建议先导入内置模块和标准库对象再导入扩展库对象，最后导入自己编写的模块。

（6）一段好的 Python 代码不仅应该是正确的，还应该是漂亮的、优雅的，读起来赏心悦目，具有非常强的可读性和可维护性。

（7）Python 对代码缩进是硬性要求，严格使用缩进来体现代码的逻辑从属关系，错误的缩进将会导致代码无法运行（语法错误）或者可以运行但是结果不对（逻辑错误）。

（8）在为标识符起名字时，至少应该做到"见名知义"，优先考虑使用英文单词、单词的组合或汉语拼音作为标识符名字。

（9）内置对象在启动 Python 之后就可以直接使用，不需要导入任何标准库，也不需要安装和导入任何扩展库。

（10）在 Python 中，不需要事先声明变量名及其类型，使用赋值语句可以直接创建任意类型的变量，变量的类型取决于等号右侧表达式计算结果的类型，会自动推断和确定变量类型。

（11）如果不想反斜线和后面紧邻的字符组合成为转义字符，可以在字符串前面直接加上字母 r 或 R，使用原始字符串。

（12）在字符串前面加字母 f 或 F 表示对字符串进行格式化，把其中的变量名占位符替换为变量的值。

（13）运算符用来表示特定类型的对象所支持的行为以及对象之间的操作，运算符的功能与对象类型密切相关，不同类型的对象支持的运算符不同，同一个运算符作用于不同

（14）内置函数 input(prompt=None, /) 用来在屏幕上输出参数 prompt 指定的提示信息，然后接收用户的键盘输入，用户输入以回车键表示结束。不论用户输入什么内容，input() 一律返回字符串（不包含最后的回车键），必要的时候可以使用内置函数 int()、float() 或 eval() 对用户输入的内容进行类型转换。

（15）内置函数 dir() 和 help() 对于学习和使用 Python 非常重要，其中 dir([object]) 函数不带参数时可以列出当前作用域中的所有标识符，带参数时可以用于查看指定模块或对象中的成员；help([obj]) 函数带参数时用于查看对象的帮助文档。

（16）在 Python 中，几乎所有合法表达式都可以作为条件表达式，包括单个常量或变量，以及使用各种运算符和函数调用连接起来的表达式。条件表达式的值等价于 True 时表示条件成立，等价于 False 时表示条件不成立。条件表达式的值只要不是 False、0（或 0.0、0j）、空值 None、空列表、空元组、空集合、空字典、空字符串、空 range 对象，Python 解释器均认为与 True 等价。

（17）从宏观上讲，如果把每个选择结构、循环结构或异常处理结构的多行代码看作一个大的语句块，整个程序仍是顺序执行的。从微观上讲，选择结构、循环结构、异常处理结构内部的多行简单语句之间仍是顺序结构。

（18）Python 支持 for 循环和 while 循环两种形式的循环结构，在循环体内可以使用 break 和 continue 临时改变程序执行流程。

（19）一旦 break 语句被执行，将使得 break 语句所属层次的循环结构提前结束；如果 break 语句所在的循环带有 else 子句，那么执行 break 之后不会执行 else 子句中的代码；continue 语句的作用是提前结束本次循环，忽略 continue 之后的所有语句，提前进入下一次循环。

（20）一个好的程序应该能够充分考虑可能发生的错误并进行预防和处理，要么给出友好提示信息，要么直接忽略异常继续执行，表现出很好的鲁棒性，在一些临时出现的突发状况下能够有相对来说较好的表现。

（21）异常处理结构的一般思路是先尝试运行代码，如果不出现异常就正常执行，如果引发异常就根据异常类型的不同采取相应的处理方案。

（22）把用来解决某一类问题的功能代码封装成函数类或模块，可以在不同的程序中重复利用这些功能，代码更加精练，更加容易维护。

（23）lambda 表达式常用来声明匿名函数，也就是没有名字的、临时使用的小函数，虽然也可以使用 lambda 表达式定义具名函数，但很少这样使用。lambda 表达式只能包含一个表达式，表达式的计算结果相当于函数的返回值。

（24）可变长度参数是指形参对应的实参数量不固定，一个形参可以接收多个实参。可变长度参数主要有两种形式：*parameter 和 **parameter，前者用来接收任意多个位置实参并将其放在一个元组中，后者接收任意多个关键参数并将其放入字典中。

（25）在调用函数并且使用可迭代对象作为实参时，在列表、元组、字符串、集合以及 map 对象、zip 对象、filter 对象或类似的实参前面加一个星号表示把可迭代对象中的元素转换为普通的位置参数；在字典前面加一个星号表示把字典中的"键"转换为普通的位置参数；在字典前加两个星号表示把其中的所有元素都转换为关键参数，元素的"键"作为实参的名字，元素的"值"作为实参的值。

（26）Python关键字global有两个作用：①对于在函数外创建的全局变量，如果需要在函数内修改这个变量的值，并要将这个结果反映到函数外，可以在函数内使用关键字global声明要使用这个全局变量；②如果一个变量在函数外没有定义，在函数内部也可以直接将一个变量声明为全局变量，该函数执行后，将增加一个新的全局变量。

（27）定义类时用变量形式表示对象特征的成员称为数据成员，用函数形式表示对象行为的成员称为成员方法，数据成员和成员方法统称为类的成员。

（28）定义类时，所有实例方法都必须至少有一个名为self的参数，并且必须是方法的第一个形参（如果有多个形参），代表当前对象。

（29）属性是一种特殊形式的成员方法，综合了私有数据成员和公有成员方法二者的优点，既可以像成员方法那样对值进行必要的检查，又可以像数据成员一样灵活地访问。

（30）定义类时，如果成员名以两个下画线开头但是不以两个下画线结束则表示是私有成员。私有成员在类的外部不能直接访问，一般是在类的内部进行访问和操作，或者在类的外部通过调用公有成员方法来访问。

习 题

一、选择题

1. 下面属于Python语言特点的有（　　）。
   A. 跨平台　　B. 开源　　C. 免费　　D. 扩展库丰富
2. 下面可以使用表示位置或序号的整数做下标访问其中元素的有（　　）。
   A. 列表　　B. 元组　　C. 字典　　D. 集合
   E. 字符串
3. 下面的列表方法中有返回值或者返回值不是空值None的有（　　）。
   A. sort()　　B. pop()　　C. index()　　D. reverse()
4. 下面运算符中可以用于不同类型内置对象（整数、实数、复数不做区分）之间运算的有（　　）。
   A. +　　B. -　　C. *　　D. /
5. 下面表达式中作为条件表达式时等价于True的有（　　）。
   A. 3+5　　B. []　　C. {3}　　D. -3

二、判断题

1. IDLE交互模式中每次只能执行一条语句，不能执行包含选择结构、循环结构、异常处理结构的多段代码。

2. 安装扩展库时，如果直接在线安装失败就没有办法了，只能改用别的库。

3. 编写 Python 程序时，是否缩进并不重要，不影响执行。

4. 编写程序时，推荐使用 a、b、c 或者 x、y、z、x1、x2 这样的变量名，代码更简洁。

5. 使用变量时不需要提前声明和定义，直接使用赋值语句就可以创建任意类型的变量。

三、填空题

1. Python 自带的_____命令是管理扩展库的主要方式，支持 Python 扩展库的安装、升级和卸载等操作。

2. 表达式 {1, 2, 3, 4} - {3, 4, 5, 6} 的值为_____。

3. 已知变量 value 的值为 3，那么表达式 value%2 的值为_____。

4. 已知变量 value 的值为 3，那么表达式 f'{value*3}' 的值为_____。

5. 已知变量 data 的值为 [1, 2, 3]，那么语句 print(*data, sep=',') 的输出结果为_____。

四、编程题

1. 从 Python 官方网站下载 3.8 或 3.9 或 3.10 最新版本（任选一个版本即可）的安装包，安装到自己的计算机上。

2. 安装扩展库 jieba、python-docx、openpyxl、psutil，如果下载速度较慢，可以指定使用国内源。

3. 编写函数 isPrime(n)，要求检查参数是否为大于 1 的正整数，如果是则判断是否为素数并返回 True 或 False，如果不是大于 1 的正整数就返回字符串 '参数无效'。然后编写程序，从键盘输入一个正整数，调用刚刚定义的函数判断是否为素数。

4. 编写程序，输入一个包含若干整数或实数列表，输出其中的最大值、最小值和平均值，要求平均值保留恰好 3 位小数。

5. 编写程序，输入一段英文，统计其中每个英文字母（不区分大小写）的出现次数，按从多到少的顺序输出。

五、简答题

1. 简单描述导入与使用标准库、扩展库对象的几种方式以及每种方式的特点。

2. 简单描述在定义变量名时应注意哪些问题。

3. 简单描述 break 和 continue 语句的作用。

4. 简单描述 Python 语言中 else 关键字的用法。

5. 简单描述位置参数、默认值参数、关键参数、可变长度参数的概念。

第 2 章

多线程与多进程编程

▲ **本章学习目标**

（1）理解进程与线程的概念及区别。
（2）理解调用函数和创建并启动线程的区别。
（3）理解多线程与多进程编程的必要性和应用场景。
（4）熟练掌握线程／进程的创建与启动。
（5）熟练掌握线程／进程同步的几种方法。
（6）熟练掌握进程池对象 Pool 的使用。
（7）了解进程间交换数据的几种方法。
（8）熟练掌握标准库 threading、multiprocessing 和 subprocess 的常用对象。
（9）了解扩展库 psutil 在进程管理方面的应用。

2.1 多线程编程

磁盘上的应用程序文件被加载和执行时创建一个进程（process），但进程本身并不是可执行单元，不会执行任何具体的代码，主要用作线程和相关资源的容器。要使进程中的代码真正运行起来，必须拥有至少一个能够在这个环境中运行代码的执行单元，也就是线程（thread）。

线程是操作系统调度的基本单位，是代码执行的最小单位，负责执行包含在进程地址空间中的代码并访问进程中的资源。当一个进程被创建时，操作系统会自动创建一个线程，称为主线程（main thread）。一个进程中可以包含多个线程，主线程根据需要再动态创建其他子线程（child thread），子线程中也可以再创建子线程，操作系统为每个线程保存单独的寄存器环境和单独的堆栈，但是同一个进程中的所有线程都共享进程的地址空间、对象句柄、代码、数据和其他资源。线程总是在某个进程的上下文（context）中创建、运行和结束，不可以脱离进程独立存在。一般来说，除主线程的生命周期与所属进程的生命周期一样之外，其他线程的生命周期都应小于其所属进程的生命周期。

多线程技术的引入并不仅仅是为了提高处理速度和硬件资源利用率，更重要的是可以提高系统的可扩展性（采用多线程技术编写的代码移植到多处理器平台上不需要改写就能充分利用新的硬件资源）和用户体验（这一点非常重要）。虽然对于单核 CPU 计算机而言，使用多线程并不能提高任务处理速度，但有些场合必须要使用多线程技术，采用多线程技术可以让整个系统的设计更加合理、更加人性化。

例如，在 GUI 应用程序中执行一段代码的同时还可以接收和响应用户的键盘或鼠标事件以提高用户体验；Windows 操作系统的 Windows Indexing Services 创建了一个低优先级的线程，该线程定期被唤醒并对磁盘上特定区域的文件内容进行索引以提高用户搜索速度；打开 Photoshop、3ds Max、Premiere 这样的大型软件时需要加载很多模块和动态链接库，软件启动时间会比较长，可以使用一个线程来显示一个小动画以表示当前软件正在启动，当后台线程加载完所有的模块和库之后，结束该动画的播放并打开软件主界面；字处理软件可以使用一个高优先级的线程来接收用户键盘输入，使用一些低优先级线程来进行拼写检查、语法检查、分页以及字数统计之类的功能并将结果显示在状态栏上，对于提高用户体验有重要帮助；在套接字编程时，服务器套接字接收客户端连接之后，创建子线程为其服务，然后立刻准备好接收下一个客户端的连接请求，使得服务器可以同时服务多个客户端。

图 2-1 展示了字处理软件 WPS 启动之后创建的部分线程，

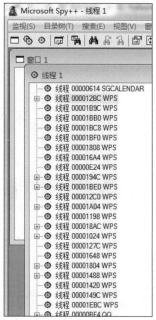

图 2-1 WPS 创建的部分线程

图 2-2 中列出了作者计算机上某个时刻部分进程拥有的线程数量（Windows 10 系统需要右击任务管理器中名称、PID、状态或者后面几个列名的任意一个，然后在弹出的快捷菜单中选择显示“线程”列）。可见在系统运行过程中会同时存在大量的线程，这些线程的调用和同步必然需要有一定的算法和相应的机制，这也正是本节要介绍的内容。

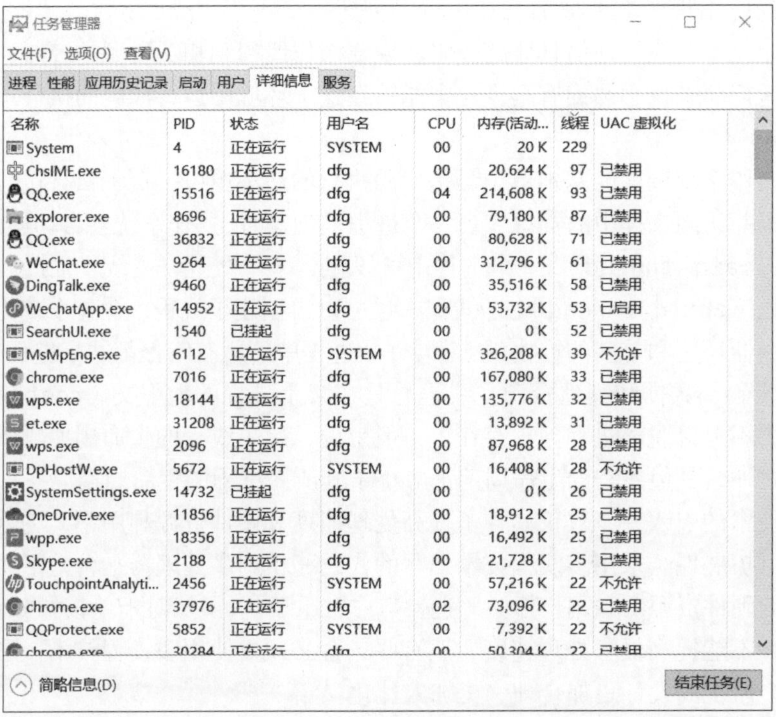

名称	PID	状态	用户名	CPU	内存(活动...	线程	UAC 虚拟化
System	4	正在运行	SYSTEM	00	20 K	229	
ChsIME.exe	16180	正在运行	dfg	00	20,624 K	97	已禁用
QQ.exe	15516	正在运行	dfg	04	214,608 K	93	已禁用
explorer.exe	8696	正在运行	dfg	00	79,180 K	87	已禁用
QQ.exe	36832	正在运行	dfg	00	80,628 K	71	已禁用
WeChat.exe	9264	正在运行	dfg	00	312,796 K	61	已禁用
DingTalk.exe	9460	正在运行	dfg	00	35,516 K	58	已禁用
WeChatApp.exe	14952	正在运行	dfg	00	53,732 K	53	已启用
SearchUI.exe	1540	已挂起	dfg	00	0 K	52	已禁用
MsMpEng.exe	6112	正在运行	SYSTEM	00	326,208 K	39	不允许
chrome.exe	7016	正在运行	dfg	00	167,080 K	33	已禁用
wps.exe	18144	正在运行	dfg	00	135,776 K	32	已禁用
et.exe	31208	正在运行	dfg	00	13,892 K	31	已禁用
wps.exe	2096	正在运行	dfg	00	87,968 K	28	已禁用
DpHostW.exe	5672	正在运行	SYSTEM	00	16,408 K	28	不允许
SystemSettings.exe	14732	已挂起	dfg	00	0 K	26	已禁用
OneDrive.exe	11856	正在运行	dfg	00	18,912 K	25	已禁用
wpp.exe	18356	正在运行	dfg	00	16,492 K	25	已禁用
Skype.exe	2188	正在运行	dfg	00	21,728 K	25	已禁用
TouchpointAnalyti...	2456	正在运行	SYSTEM	00	57,216 K	22	不允许
chrome.exe	37976	正在运行	dfg	02	73,096 K	22	已禁用
QQProtect.exe	5852	正在运行	SYSTEM	00	7,392 K	22	不允许
chrome.exe	30284	正在运行	dfg	00	50,304 K	22	已禁用

图 2-2　系统中部分进程拥有的线程数量

2.1.1　标准库threading

标准库 threading 提供了大量的函数和类来支持多线程编程，其中常用对象如表 2-1 所示。

表 2-1　标准库 threading 中的常用对象

对　　象	功 能 说 明
active_count()	返回当前处于 alive 状态的 Thread 对象数量
current_thread()	返回当前 Thread 对象
get_ident()	返回当前线程的线程标识符。线程标识符是一个非负整数，这个整数本身并没有特殊含义，只是用来唯一标识线程，可能会被循环利用
enumerate()	返回当前处于 alive 状态的所有 Thread 对象列表
local	线程局部数据类
main_thread()	返回主线程对象，即启动 Python 解释器的线程对象

续表

对　　象	功 能 说 明
stack_size([size])	返回创建线程时使用的栈的大小，如果指定 size 参数，则用来指定后续创建的线程使用的栈大小，size 必须是 0（表示使用系统默认值）或大于 32K 的正整数
setprofile(func)	设置之后每个线程启动之前都会把 func 函数传递给 sys.setprofile() 设置配置文件
settrace(func)	为 threading 模块启动的所有线程设置跟踪函数，设置之后每个线程启动之前都会把 func 函数传递给 sys.settrace()
Barrier	栅栏类，用于线程同步
Condition	条件类，用于线程同步
Event	事件类，用于线程同步
Lock、RLock	锁类，用于线程同步
Semaphore、BoundedSemaphore	信号量类，用于线程同步
Thread	线程类，用于创建线程对象或作为自定义线程类的基类
TIMEOUT_MAX	线程同步获取锁时的最大允许等待时间
Timer	用于创建一个延时启动的线程

2.1.2　启动线程与调用函数的区别

调用函数与启动线程

调用函数属于阻塞式的执行方式，必须等函数执行结束并且正常返回之后才能继续执行后续的代码，否则就一直阻塞、等待。例如，调用内置函数 input() 接收键盘输入时，必须等用户输入完成并按下回车键之后才会以字符串形式返回输入的内容并继续执行后面的代码。在程序中如果先后调用了多个函数，那么一定是前面的函数执行结束之后才会调用后面的函数，这样的程序每次执行结果都是可以预测的（不许抬杠说自己程序中使用了随机数）。例如，下面的程序先后两次调用了函数 print_numbers()：

```python
def print_numbers(start, end):
    for num in range(start, end):
        print(num)

print_numbers(1, 5)
print_numbers(11, 15)

for num in range(21, 25):
    print(num)
```

运行结果如图 2-3 所示，每次运行程序得到的结果都是固定的、可以预测和重现的。

```
D:\教学课件\Python网络程序设计\code>python 打印数字_函数.py
1
2
3
4
11
12
13
14
21
22
23
24
D:\教学课件\Python网络程序设计\code>
```

图 2-3　调用函数输出数字

如果通过创建线程的方式运行函数中的代码，多个子线程和主线程会并发执行，默认情况下并不是一个线程运行结束之后再开始下一个线程的执行。这时，如果没有进行同步控制，执行结果是不可预测、不可重现的。例如，下面的程序使用线程的方式运行函数print_numbers()中的代码，

```python
from threading import Thread

def print_numbers(start, end):
    for num in range(start, end):
        print(num)

# 创建和启动线程
# 参数target指定启动线程时执行哪个函数的代码
# 参数args指定传递给函数的参数，必须为元组
# 线程对象的start()方法用于启动线程，执行target指定的函数中的代码
# 或者执行自定义线程类对象的run()方法中的代码
# 调用线程对象的start()方法之后不会阻塞，继续执行后面的代码
Thread(target=print_numbers, args=(1,5)).start()
Thread(target=print_numbers, args=(11,15)).start()

for num in range(21, 25):
    print(num)
```

程序的两次运行结果如图 2-4 所示，可以看出，两个子线程和一个主线程的输出结果交织在一起，完全不可预测，也难以重现。

2.1.3　线程创建与启动

标准库 threading 中的 Thread 类用来创建线程对象，该类构造方法语法为

```
命令提示符
D:\教学课件\Python网络程序设计\code>python 打印数字_线程.py
1
2
11
12
13
14
3
21
22
23
24
4
D:\教学课件\Python网络程序设计\code>python 打印数字_线程.py
1
2
3
4
11
21
22
13
14
23
24
```

图 2-4　创建并执行线程输出数字

```
__init__(self, group=None, target=None, name=None, args=(),
        kwargs=None, *, daemon=None)
```

Thread 类支持使用两种方法来创建线程：①直接使用 Thread 类实例化一个线程对象，通过参数 target 指定一个可调用对象，通过参数 args 和 kwargs 指定传递给可调用对象的参数；②自定义线程类，继承 Thread 类并在派生类中重写 __init__() 和 run() 方法。

在 2.1.2 节中演示了第一种创建线程的用法，下面的程序演示了第二种创建线程的用法。

自定义线程类

```python
from threading import Thread

# 自定义线程类，必须继承自Thread类
class PrintNumbers(Thread):
    def __init__(self, start, end):
        Thread.__init__(self)
        self.s = start
        self.e = end

    # 调用线程对象的start()方法启动线程时会自动执行run()方法中的代码
```

```
        def run(self):
            for num in range(self.s, self.e):
                print(num)

# 创建线程对象,启动线程
PrintNumbers(1, 5).start()
PrintNumbers(11, 15).start()

for num in range(21, 25):
    print(num)
```

除了通过 Thread 类创建线程对象,threading 还支持使用 Timer 类来创建定时启动的线程,调用线程的 start() 方法之后,线程会在指定的时间(单位是秒)之后再调用线程函数。下面的代码在 IDLE 交互模式演示了 Timer 类的用法,最后 3 行代码建议执行两次,第一次连续执行并保证最后一条语句 t.cancel() 在执行 t.start() 执行之后 3 秒之内执行,第二次执行时等待 t.start() 执行 3 秒之后再执行 t.cancel(),体会一下两种方式的区别以及 cancel() 方法的作用。每个线程只能启动一次,如果需要再次执行,必须重新创建线程对象。

```
>>> from threading import Timer
>>> def demo(v):
        print(v)                           # 交互模式中,此处需要按两次回车键

>>> t = Timer(3, demo, args=(5,))          # 创建线程
>>> t.start()                              # 启动线程,3秒之后执行线程代码
>>> t.cancel()                             # 如果仍在等待时间到达,则取消
```

2.1.4 线程对象常用方法与属性

在 2.1.3 中已经知道,创建线程对象以后,可以调用 start() 方法来启动,该方法自动调用线程对象的 run() 方法,然后该线程处于 alive 状态,直至线程的 run() 方法运行结束。线程对象常用成员如表 2-2 所示。

表 2-2 线程对象常用成员

成员	说明
start()	自动调用 run() 方法,启动线程,执行线程代码。每个线程只能启动一次
run()	线程代码,用来实现线程的功能与业务逻辑,可以在 Thread 类的派生类中重写该方法来自定义线程的行为

续表

成 员	说 明
__init__(self, 　　group=None, 　　target=None, 　　name=None, 　　args=(), 　　kwargs=None, 　　verbose=None)	Thread 类的构造方法，创建线程对象时自动调用，参数 target 用来指定启动线程时执行的可调用对象，参数 args 用来指定要传递给可调用对象的参数，必须为元组
name	用来读取或设置线程的名字
ident	线程标识，非 0 数字或 None（线程未被启动时）
is_alive()	测试线程是否处于 alive 状态
daemon	布尔值，表示线程是否为守护线程
join(timeout=None)	等待线程结束或超时返回

1. join([timeout])

阻塞当前线程，等待被调线程结束或超时返回后再继续执行当前线程的后续代码，参数 timeout 用来指定最长等待时间，单位是秒。如果线程已经执行结束，join() 方法会立即返回。方法 join() 返回后再调用 is_alive() 方法，如果得到 True 则说明线程仍在运行并且 join() 方法是因为超时而返回的，如果 is_alive() 返回 False 则说明 join() 方法是因为线程运行结束而返回的。一个线程可以调用多次 join() 方法（如果线程已结束，join() 方法会立即返回），但不允许调用当前线程的 join() 方法，否则会抛出异常 RuntimeError 并提示 cannot join current thread。

例 2-1　编写程序，演示线程对象 join() 方法的语法与功能。　　　　　　　例 2-1 讲解

```python
from threading import Thread
from time import sleep, localtime, strftime

def func(x, y):
    for i in range(x, y):
        # 参数flush=True表示立刻输出
        # 否则会暂存缓冲区，等缓冲区满或遇到换行符再真正输出
        print(i, end=' ', flush=True)
    print()
    sleep(10)

t1 = Thread(target=func, args=(15, 20))
print('now:', strftime('%Y-%m-%d %H:%M:%S', localtime()))
t1.start()                   # 启动线程
t1.join(5)                   # 等待线程t1运行结束或等待5秒
```

```
t2 = Thread(target=func, args=(5, 10))
print('now:', strftime('%Y-%m-%d %H:%M:%S', localtime()))
t2.start()
t2.join()
print('now:', strftime('%Y-%m-%d %H:%M:%S', localtime()))
```

运行结果如图 2-5 所示，首先输出 15~19 这 5 个整数，然后程序暂停 5 秒以后又继续输出 5~9 这 5 个整数。

图 2-5 join() 方法运行结果（一）

修改代码，把 `t1.join(5)` 这一行注释之后再次运行，三次运行结果如图 2-6 所示，两个线程的输出结果重叠在一起，这是因为两个子线程和主线程并发执行，而不是等待第一个子线程结束以后再执行第二个子线程。

图 2-6 join() 方法运行结果（二）

继续修改代码，把语句 `t1.join(5)` 解除注释，把 `time.sleep(10)` 这一行注释再运行，运行结果如图 2-7 所示，两个线程的输出之间没有时间间隔，这是因为线程对象的 join() 方法当线程运行结束或超时之后返回，虽然指定了超时时间为 5 秒，而实际上线程函数瞬间就执行结束了，指定的超时时间参数并没有起作用。

```
D:\教学课件\Python网络程序设计\code>python 2线程join方法.py
now: 2021-01-30 22:26:57
15 16 17 18 19
now: 2021-01-30 22:26:57
5 6 7 8 9
now: 2021-01-30 22:26:57

D:\教学课件\Python网络程序设计\code>
```

图 2-7 join() 方法运行结果（三）

2. is_alive()

这个方法用来测试线程是否处于运行或存活状态，如果仍在运行则返回 True，如果尚未启动或运行已结束则返回 False。

例 2-2 编写程序，使用 is_alive() 方法检测线程状态。

```python
from threading import Thread
from time import sleep, localtime, strftime

def func():
    sleep(10)

t = Thread(target=func, name='测试线程')
print(f'{t.name}:{t.is_alive()}')                  # 线程还没有运行，返回False
print('now:', strftime('%Y-%m-%d %H:%M:%S', localtime()))
t.start()
print(f'{t.name}:{t.is_alive()}')                  # 线程还在运行，返回True
t.join(5)                                          # join()方法因超时而结束
print('now:', strftime('%Y-%m-%d %H:%M:%S', localtime()))
print(f'{t.name}:{t.is_alive()}')                  # 线程还在运行，返回True
t.join()                                           # 等待线程结束
print('now:', strftime('%Y-%m-%d %H:%M:%S', localtime()))
print(f'{t.name}:{t.is_alive()}')                  # 线程已结束，返回False
```

运行结果如图 2-8 所示。

```
D:\教学课件\Python网络程序设计\code>python 2线程is_alive方法.py
测试线程:False
now: 2021-01-30 22:21:03
测试线程:True
now: 2021-01-30 22:21:08
测试线程:True
now: 2021-01-30 22:21:13
测试线程:False

D:\教学课件\Python网络程序设计\code>
```

图 2-8 线程 is_alive() 方法运行结果

3. daemon 属性

在多线程编程中，子线程可能需要访问主线程中的资源（例如某个变量、已打开的文件或数据库连接、网络连接），当主线程结束后，如果子线程仍在运行并且需要访问这些资源可能会导致程序无法正常结束。因此，需要有一种机制保证主线程结束时可以同时结束子线程，或者使得进程等待子线程运行结束后再结束。调用子线程的 join() 方法可以确保子线程结束后再结束主线程，通过设置线程的 daemon 属性为 True 可以在主线程结束时强行结束子线程。

在程序运行过程中有一个主线程，如果在主线程中又创建了子线程，当主线程结束时根据子线程 daemon 属性值的不同会发生下面的两种情况之一。

（1）如果某个子线程的 daemon 属性为 False，主线程结束时进程会检测该子线程是否结束，如果该子线程还在运行，则进程会等待它完成后再退出。

（2）如果某个子线程的 daemon 属性为 True，主线程运行结束时进程不对这个子线程进行检查而直接退出，所有 daemon 值为 True 的子线程将随主线程一起结束，不论是否运行完成。守护线程可以自动结束，非守护线程不具备这个特点。

线程对象的属性 daemon 默认值为 False，如果需要修改，必须在创建线程时或调用 start() 方法启动线程之前进行设置。要注意的是，上面的描述并不适用于 IDLE 环境中的交互模式或脚本运行模式，因为在该环境中的主线程只有在退出 Python IDLE 时才终止。

例 2-3 编写程序，演示线程对象 daemon 属性的作用。

例 2-3 讲解

```python
from threading import Thread
from time import sleep, localtime, strftime

def func(num):
    sleep(num)
    print(num, strftime('%Y-%m-%d %H:%M:%S', localtime()))

# 创建线程，daemon属性默认值为False
t1 = Thread(target=func, args=(1,), name='t1')
# 创建线程，设置daemon属性为True
t2 = Thread(target=func, args=(5,), name='t2', daemon=True)
print(t1.daemon)
print(t2.daemon)
print(strftime('%Y-%m-%d %H:%M:%S', localtime()))
t1.start()
t2.start()
```

在 IDLE 环境中运行结果如图 2-9 所示，在命令提示符环境中运行结果如图 2-10 所示。可以看到，在命令提示符环境中执行该程序时，线程 t2 没有执行结束就跟随主线程一同结束了。因此，并没有输出数字 5 和相应的日期时间。

```
False
True
2021-01-30 22:33:28
>>> 1 2021-01-30 22:33:29
5 2021-01-30 22:33:33
```

图 2-9　在 IDLE 环境中运行结果

```
管理员: 命令提示符
D:\教学课件\Python网络程序设计\code>python 2线程daemon属性.py
False
True
2021-01-30 22:34:47
1 2021-01-30 22:34:48

D:\教学课件\Python网络程序设计\code>
```

图 2-10　在命令提示符环境中运行结果

2.1.5　线程调度

在实际开发时，不仅要合理控制线程数量，还需要在多个线程之间进行有效的同步和调度才能发挥最大功效。

引入线程技术的目的之一是为了充分利用硬件资源，尤其是提高 CPU 的利用率，提高系统的任务处理速度和吞吐量，让各个部件都处于高速运转和忙碌状态。把任务拆分成能够互相协作的多个线程同时运行，那么属于同一个任务的多个线程之间必然需要交互、等待和同步，以便能够互相协作地完成任务。

在多核、多处理器平台上，在任意时刻每个核可以运行一个线程，多个线程同时运行并相互协作，从而达到高速处理任务的目的。然而，即使是高端服务器或工作站甚至集群系统，处理器和核的数量总是有限的，如果线程的数量多于核的数量，就必然需要进行调度来决定某个时刻哪些线程可以使用这些有限的资源。一种简单有效的方法是，为每个线程分配一个很短的时间片（可以通过 sys.getswitchinterval() 查看线程切换时间间隔，通过 setswitchinterval(interval) 设置线程切换时间间隔），所有线程根据具体的调度算法轮流获得该时间片进入处理器执行代码。当时间片用完以后，即使该线程还没有执行完也要退出处理器等待下次调度，同时由操作系统按照优先级再选择一个线程进入处理器运行。在生命周期内，一个线程可能需要被调度和执行很多次才会完成任务并结束，图 2-11 中椭圆内的上下文开关次数反映了线程被调度的次数。

由于处理器中寄存器的数量有限，不同的线程很可能需要使用到相同的一组寄存器来保存中间计算结果或运行状态。因此，在调度线程时必须要做好上下文的保存和恢复工作，以保证该线程下次被调度进处理器后能够继续上次的工作，而不是从头重来。一般来说这些工作并不需要 Python 程序员操心，但是如果线程太多的话，线程调度带来的开销可能会比线程实际执行的开销还大，这样使用多线程就失去本来的意义了，程序员必须清楚这一点。

通过本章开始的图 2-2 可以发现，操作系统中会同时存在大量的线程，但这并不意味着所有线程都是可调度的。虽然系统中同时会存在大量的线程，但是由于优先级和主动阻塞等原因，真正处于可调度状态的线程数量并不是非常多，操作系统也不会给暂时没事可做的线程分配任何 CPU 时间。例如 Python 标准库 time 中的 sleep() 函数，它的功能是暂停（或者说阻塞当前线程）一定时间（单位是秒）。从多线程编程和调度算法上来讲，该函数的真正功能是告诉操作系统在一定的时间内不要再调度自己了。线程对象的join()方法和其他可能阻塞当前线程的方法也具有类似的作用。

图2-11　WPS进程中某个线程的属性

2.1.6　线程同步技术案例实战

把一个大的任务拆分成多个子任务，每个子任务由一个线程负责完成，这些子任务之间并发向前推进。由于子任务之间可能存在先后关系（例如，某个子任务必须等另一个子任务完成之后才能开始），或者多个子任务需要竞争并且互斥地进入临界区（访问公共资源的代码块）使用某个公共资源，这些线程之间必然会互相等待，线程之间需要正确的同步才能完美解决整个任务，否则有可能无法充分利用硬件资源甚至会陷入死锁无法执行。本节重点介绍常用的线程同步技术和threading模块中相关对象的应用。

1. Lock/RLock

标准库threading中的类Lock（锁）是比较低级的同步原语，主要通过acquire()和release()方法实现线程同步。当Lock对象被锁定以后不属于特定的线程。一个锁有两种状态：locked和unlocked，刚创建的Lock对象处于unlocked状态。如果锁处于unlocked状态，Lock对象的acquire()方法将其修改为locked并立即返回；如果锁已处于locked状态，acquire()方法则阻塞当前线程并等待其他线程释放锁，然后将其修改为locked并立即返回。Lock对象的release()方法用来将锁的状态由locked修改为unlocked并立即返回，如果锁状态本来已经是unlocked，调用该方法将会抛出异常RuntimeError并提示release unlocked lock。

可重入锁RLock对象也是一种常用的线程同步原语，可在同一个线程中调用acquire()

多次。当处于 locked 状态时，某线程拥有该锁；当处于 unlocked 状态时，该锁不属于任何线程。RLock 对象的 acquire()/release() 调用可以嵌套，仅当最后一个或者最外层的 release() 执行结束后，锁才会被设置为 unlocked 状态。

例 2-4 讲解

例 2-4 编写程序，使用 Lock 对象实现线程同步。

```
from time import sleep
from threading import Thread, Lock

def func(num):
    sleep(1)
    # 声明使用全局变量x
    global x
    # 获取锁，如果成功则进入临界区，否则就等待
    lock.acquire()
    x = x + 3
    print(f'Thread{num}', x)
    # 退出临界区，释放锁
    lock.release()

# 创建锁对象
lock = Lock()

# x是多个线程需要互斥访问的变量
# 要求每个瞬间只能有一个线程修改该变量的值
x = 0
# 创建并启动多个线程，参数args必须为元组，即使只包含一个参数
for i in range(10):
    Thread(target=func, args=(i,)).start()
```

程序运行结果如图 2-12 所示。

```
D:\教学课件\Python网络程序设计\code>python 2线程同步Lock.py
Thread2 3
Thread1 6
Thread0 9
Thread5 12
Thread3 15
Thread4 18
Thread6 21
Thread8 24
Thread7 27
Thread9 30

D:\教学课件\Python网络程序设计\code>
```

图 2-12 使用 Lock 对象进行同步程序运行结果

注释掉程序中的语句 lock.acquire() 和 lock.release()，重新运行程序，变量 x 的值不再严格按大小顺序输出，并且每次运行结果不一样，图 2-13 是其中一次运行结果。

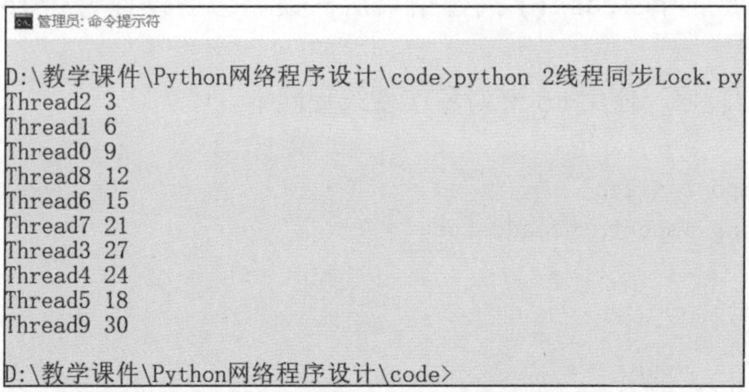

```
D:\教学课件\Python网络程序设计\code>python 2线程同步Lock.py
Thread2 3
Thread1 6
Thread0 9
Thread8 12
Thread6 15
Thread7 21
Thread3 27
Thread4 24
Thread5 18
Thread9 30

D:\教学课件\Python网络程序设计\code>
```

图 2-13　不使用 Lock 对象进行同步

需要注意的是，多线程同步时如果需要获得多个锁才能进入临界区，可能会发生死锁（deadlock，多个线程中每个都获取了一部分资源但又不能获取全部资源，从而导致所有线程都无法执行的状态），在多线程编程时一定要注意并认真检查和避免这种情况。例如，下面的代码就会发生死锁。

```python
from time import sleep
from threading import Thread, Lock

class MyThread1(Thread):
    def __init__(self):
        Thread.__init__(self)
    def run(self):
        lock1.acquire()                  # 先获取第1个锁
        sleep(1)
        lock2.acquire()                  # 再获取第2个锁
        print('MyThread1')
        lock2.release()
        lock1.release()

class MyThread2(Thread):
    def __init__(self):
        Thread.__init__(self)
    def run(self):
        lock2.acquire()                  # 先获取第2个锁
        sleep(1)
        lock1.acquire()                  # 再获取第1个锁
        print('MyThread2')
        lock1.release()
```

```
        lock2.release()

lock1 = Lock()
lock2 = Lock()
MyThread1().start()
MyThread2().start()
```

2. Condition

使用标准库 threading 中的 Condition 对象可以使得线程在某个条件得到满足之后才处理数据或执行特定的功能代码,可以用于不同线程之间的通信或通知,实现更高级别的同步。Condition 对象除了具有 acquire() 和 release() 方法之外,还有 wait()、wait_for()、notify()、notify_all() 等方法。

(1) wait(timeout=None) 方法释放锁,并阻塞当前线程直到超时或其他线程针对同一个 Condition 对象调用 notify() 或 notify_all() 方法,被唤醒时线程会重新尝试获取锁并在成功获取锁之后结束 wait() 方法,继续执行后面的代码。

(2) wait_for(predicate, timeout=None) 方法阻塞当前线程直到条件得到满足或超时。

(3) notify(n=1) 方法唤醒等待该 condition 对象的最多 n(默认为 1)个线程,没有线程正在等待该条件时相当于空操作。

(4) notify_all() 方法会唤醒等待该 condition 对象的所有线程。

下面通过经典的生产者—消费者问题来演示 Condition 对象的用法,程序中 2 个生产者线程和 2 个消费者线程共享一个列表,生产者在列表尾部追加元素,消费者从列表首部获取并删除元素。

例 2-5 编写程序,使用 Condition 对象实现线程同步,模拟生产者 – 消费者问题。

例 2-5 讲解

```
from time import sleep
from random import randint
from threading import Thread, Condition

# 自定义生产者线程类
class Producer(Thread):
    def __init__(self, threadname):
        Thread.__init__(self, name=threadname)

    def run(self):
        global x
        while True:
            sleep(randint(1,3))
            # 获取锁
```

```python
        con.acquire()
        # 假设共享列表中最多能容纳5个元素
        if len(x) == 5:
            # 如果共享列表已满,生产者等待
            print(f'{self.name} is waiting...')
            con.wait()
        else:
            r = randint(1, 1000)
            # 产生新元素,添加至共享列表
            print(f'{self.name} Produced:{r}')
            x.append(r)
            # 唤醒等待条件的线程
            con.notify()
        # 释放锁
        con.release()

# 自定义消费者线程类
class Consumer(Thread):
    def __init__(self, threadname):
        Thread.__init__(self, name=threadname)

    def run(self):
        global x
        while True:
            sleep(randint(1,3))
            # 获取锁
            con.acquire()
            if not x:
                # 等待
                print(f'{self.name} is waiting...')
                con.wait()
            else:
                print(f'{self.name} Consumed:{x.pop(0)}')
                con.notify()
            con.release()

# 创建Condition对象
con = Condition()
x = []
# 创建并启动2个生产者线程和2个消费者线程
Producer('Producer1').start()
Consumer('Consumer1').start()
Producer('Producer2').start()
Consumer('Consumer2').start()
```

程序运行结果如图 2-14 所示。

```
命令提示符 - python 2线程同步Condition.py
Producer2 Produced:624
Consumer2 Consumed:283
Consumer2 Consumed:624
Producer1 Produced:333
Consumer1 Consumed:333
Consumer2 is waiting...
Producer2 Produced:78
Producer1 Produced:896
Producer2 Produced:214
Consumer2 Consumed:78
Consumer1 Consumed:896
Consumer2 Consumed:214
Producer1 Produced:498
Producer2 Produced:942
Consumer1 Consumed:498
Consumer2 Consumed:942
Consumer1 is waiting...
Producer1 Produced:290
Consumer2 Consumed:290
Consumer1 is waiting...
Producer2 Produced:729
Producer1 Produced:251
Consumer1 Consumed:729
Consumer2 Consumed:251
Producer2 Produced:362
Consumer1 Consumed:362
Consumer2 is waiting...
Producer1 Produced:60
Consumer2 Consumed:60
```

图 2-14　使用 Condition 对象实现线程同步

3. Queue

标准库 queue 中提供的 Queue 类实现多线程编程所需要的锁原语，是线程安全的，不需要额外的同步机制，尤其适合需要在多个线程之间进行信息交换的场合。Queue 类对象的 get() 和 put() 方法都支持一个超时参数 timeout，调用该方法时如果超时会抛出异常，如果不设置参数 timeout 则一直等待。

例 2-6　编写程序，使用标准库 queue 中的 Queue 对象实现多线程同步，模拟多生产者—消费者问题。

```python
from queue import Queue
from random import randint
from threading import Thread
from time import sleep, time_ns

# 自定义生产者线程类
class Producer(Thread):
    def __init__(self, threadname):
```

```
            Thread.__init__(self, name=threadname)

    def run(self):
        global mq
        sleep(randint(1,5))
        try:
            # 在队列尾部追加元素
            mq.put(self.name)
            # time_ns()返回从纪元时间到现在经过了多少纳秒
            print(time_ns(),
                  f'{self.name} put {self.name} to queue.')
        except:
            # 直接忽略异常
            pass

# 自定义消费者线程类
class Consumer(Thread):
    def __init__(self, threadname):
        Thread.__init__(self, name=threadname)

    def run(self):
        global mq
        sleep(randint(1,5))
        try:
            # 在队列首部获取元素
            print(time_ns(),
                  f'{self.name} get {mq.get()} from queue.')
        except:
            # 直接忽略异常
            pass

# 容量为3的队列
mq = Queue(3)

for i in range(10):
    Producer(f'Producer{i}').start()
    Consumer(f'Consumer{i}').start()
```

程序运行结果如图 2-15 所示。

4．Event

标准库 threading 中 Event 类也是一种常用的线程同步技术，一个线程设置 Event 对象，另一个线程等待 Event 对象。Event 对象的 set() 方法可以设置 Event 对象内部的信号标志为真表示发生了指定的事件。clear() 方法可以清除 Event 对象内部的信号标志，将其设置为假。isSet() 方法用来判断其内部信号标志的状态，返回 True 或 False。wait() 方法在其内部信号状态为真时会立刻执行并返回，若 Event 对象的内部信号标志为假，wait() 方法就一直等待至超时或者内部信号状态为真。

```
D:\教学课件\Python网络程序设计\code>python 2线程同步Queue.py
1599179758506645300 Producer4 put Producer4 to queue.
1599179758509638200 Consumer8 get Producer4 from queue.
1599179759502906100 Producer1 put Producer1 to queue.
1599179758510634500 Consumer9 get Producer1 from queue.
1599179760504236000 Producer2 put Producer2 to queue.
1599179759506891400 Consumer4 get Producer2 from queue.
1599179761502069500 Producer0 put Producer0 to queue.
1599179759507888700 Consumer6 get Producer0 from queue.
1599179761507059900 Producer5 put Producer5 to queue.
1599179759507888700 Consumer5 get Producer5 from queue.
1599179761508075800 Producer6 put Producer6 to queue.
1599179761509054300 Producer7 put Producer7 to queue.
1599179760502648300 Consumer0 get Producer7 from queue.
1599179759508891100 Consumer7 get Producer6 from queue.
1599179761505061900 Consumer2 get Producer8 from queue.
1599179761509054300 Producer8 put Producer8 to queue.
1599179762505384200 Producer3 put Producer3 to queue.
1599179762503382700 Consumer1 get Producer3 from queue.
1599179762510371300 Producer9 put Producer9 to queue.
1599179762506374200 Consumer3 get Producer9 from queue.
```

图 2-15　使用 Queue 对象实现多线程同步

例 2-7　编写程序，使用两个 Event 对象同步生产者 – 消费者问题。如果缓冲区满则生产者等待，若空则生产者往缓冲区放置物品至缓冲区满；如果缓冲区空则消费者等待，若满则消费者从缓冲区获取物品进行消费直至缓冲区空。

```python
from time import sleep
from random import randrange
from threading import Thread, Event

# 自定义生产者线程类
class Producer(Thread):
    def __init__(self, threadname):
        Thread.__init__(self, name=threadname)

    def run(self):
        for _ in range(5):
            # 随机等待0~4s
            sleep(randrange(5))
            # 缓冲区满则等待
            if eventFull.isSet():
                print('Producer is waiting...')
```

```python
            # 等待消费者消费完
            eventEmpty.wait()
            # 开始生产
            print('Producing...', *range(10))
            lst.extend(range(10))
            # 清除"空"标记
            eventEmpty.clear()
            # 通知消费者可以消费了
            eventFull.set()

# 自定义消费者线程类
class Consumer(Thread):
    def __init__(self, threadname):
        Thread.__init__(self, name=threadname)

    def run(self):
        for _ in range(5):
            # 随机等待0~4s
            sleep(randrange(5))
            # 缓冲区空则等待
            if eventEmpty.isSet():
                print('Consumer is waiting...')
                # 等待生产者生产
                eventFull.wait()
            # 开始消费
            print('Consuming...', *lst)
            # 清空缓冲区
            lst.clear()
            # 通知已消费完
            eventFull.clear()
            # 通知生产者可以生产了
            eventEmpty.set()

lst = []
eventFull = Event()
eventEmpty = Event()
# 初始时设置"空"标志
eventEmpty.set()

Producer('Producer').start()
Consumer('Consumer').start()
```

程序运行结果如图 2-16 所示。

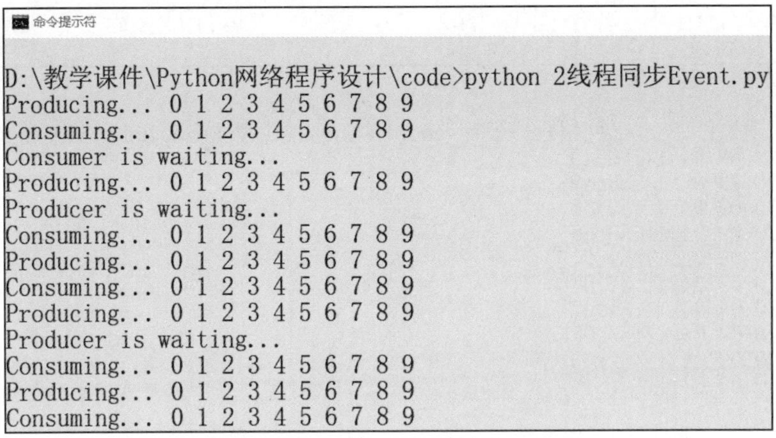

图 2-16　使用 Event 对象实现线程同步

5．Semaphore 与 BoundedSemaphore

标准库 threading 中的类 Semaphore 与 BoundedSemaphore 维护着一个内部计数器，调用 acquire() 方法时计数器减 1，调用 release() 方法时计数器加 1，适用于需要控制特定资源的并发访问线程数量的场合。调用 acquire() 方式时，如果计数器的值（需要时可以通过属性 _value 查看）已经为 0 则阻塞当前线程直到有其他线程调用了 release() 方法，计数器的值永远不会小于 0。Semaphore 对象可以调用任意次 release() 方法（不过如果出现这种情况，代码很可能有 bug），而 BoundedSemaphore 对象可以保证计数器的值不超过特定的值，超过时会抛出异常 ValueError 并提示 Semaphore released too many times。与 Lock/RLock、Condition 对象一样，Semaphore 和 BoundedSemaphore 对象也支持上下文管理协议，支持 with 关键字。

例 2-8　使用 BoundedSemaphore 对象限制特定资源的并发访问线程数量。　例 2-8 讲解

```
from time import sleep, localtime, strftime
from threading import Thread, BoundedSemaphore

def worker(num):
    with sema:
        print(num, strftime('%Y-%m-%d %H:%M:%S', localtime()))
        sleep(6)

# 同一时刻最多允许2个线程访问特定资源
sema = BoundedSemaphore(2)

for i in range(10):
    Thread(target=worker, args=(i,)).start()
```

程序每次运行结果会略有不同，图 2-17 是其中一次运行的情况。

```
D:\教学课件\Python网络程序设计\code>python 2线程同步BoundedSemaphore.py
0 2020-09-04 11:50:49
1 2020-09-04 11:50:49
2 2020-09-04 11:50:55
3 2020-09-04 11:50:55
4 2020-09-04 11:51:01
5 2020-09-04 11:51:01
6 2020-09-04 11:51:07
7 2020-09-04 11:51:07
9 2020-09-04 11:51:13
8 2020-09-04 11:51:13
```

图 2-17　使用 BoundedSemaphore 对象控制线程并发数量

6. Barrier

标准库 threading 中的类 Barrier 对象常用来实现这样的线程同步：多个线程运行到某个时间点或者完成特定的任务以后每个线程都需要等着其他线程（通过 Barrier 对象的属性 parties 指定线程数量）都准备好以后再同时进行下一步工作。类似于赛马时需要先用栅栏拦住，每个试图穿过栅栏的选手都需要明确说明自己准备好了，当所有选手都表示准备好以后，栅栏打开，所有选手同时冲出栅栏。

Barrier 对象最常用的方法是 wait()。线程调用该方法后会阻塞，当所有线程都调用了该方法后，会被同时释放并继续执行后面的代码。wait() 方法会返回一个介于 0~parties-1 的整数，每个线程返回不同的整数。

下面的代码创建了一个允许 3 个线程互相等待的 Barrier 对象，每个线程做完一些准备工作后调用 Barrier 对象的 wait() 方法等待其他线程，当所有线程都调用了 wait() 方法表示已经准备好之后，会调用指定的 action 对象，然后同时开始执行 wait() 之后的代码。

```
from time import sleep
from random import randint
from threading import Thread, Barrier
from time import sleep, localtime, strftime

def worker(num):
    # 假设每个线程需要不同的时间来完成准备工作
    sleep(randint(1, 20))
    # 每个线程中wait()方法的返回值不一样
    code = b.wait()
    print(f'{num=},{code=}',
          strftime('%Y-%m-%d %H:%M:%S', localtime()))

def printOk():
```

Barrier 对象

```
        print('All finished', strftime('%Y-%m-%d %H:%M:%S', localtime()))

# 允许3个线程互相等待
# 如果线程调用wait()时没有指定超时时间, 默认为20s
b = Barrier(parties=3, action=printOk, timeout=20)

print('start from', strftime('%Y-%m-%d %H:%M:%S', localtime()))
# 创建并启动3个线程, 线程数量必须与Barrier对象的parties一致
for i in range(3):
    Thread(target=worker, args=(i,)).start()
```

程序每次运行时结果略有不同, 图 2-18 是其中两次运行结果。

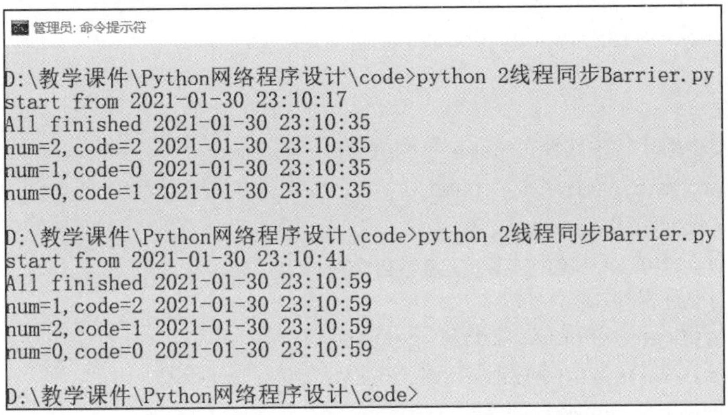

图 2-18 使用 Barrier 对象进行线程同步

2.2 多进程编程

Python 程序中, 由于全局解释器锁 (Global Interpreter Lock, GIL) 的原因, 采用多线程编程并不能大幅度提高任务吞吐量, 尤其是计算密集型的任务。如果确实要充分利用硬件资源和大幅度提高任务吞吐量, 需要使用多进程编程技术。

进程是正在执行中的应用程序, 是操作系统进行资源分配的最小单位。一个进程是正在执行中的一个程序以及所有资源的总和, 包括虚拟地址空间、代码、数据、对象句柄、环境变量和执行单元等。一个应用程序每打开运行一次, 就会创建一个独立的进程。

Python 标准库 multiprocessing 用来实现进程的创建与管理以及进程间的同步与数据交换, 是支持并行处理的重要模块。其中, 创建、启动进程以及进程间同步的用法与标准库 threading 对线程的管理与操作类似。标准库 multiprocessing 同时支持本地并发与远程并发, 有效避免了 GIL 问题, 可以更有效地利用 CPU 资源, 尤其适合多核或多 CPU 环境。本节大部分程序需要在命令提示符 cmd 或者 Powershell 环境中执行, 也可以

在 PyCharm 中直接执行，但不能在 IDLE、Spyder、Jupyter Notebook 中直接执行。

2.2.1 进程创建与启动

与使用 threading 中的 Thread 类创建线程对象类似，可以通过标准库 multiprocessing 中的 Process 类来创建一个进程对象，然后通过调用进程对象的 start() 方法来启动，通过调用 join() 方法等待进程执行结束。除了与 Thread 线程类相同的接口之外，Process 类还有 kill()、terminate() 方法和 pid、sentinel、exitcode 等属性。

例 2-9 编写程序，演示进程创建与启动的用法。

```python
from os import getppid, getpid
from multiprocessing import Process

def func(name):
    # 子进程中模块特殊属性__name__的值为'__mp_main__'
    print('module name:', __name__)
    # 查看父进程的ID
    print('parent process id:', getppid())
    # 查看当前进程的ID
    print('current process id:', getpid())
    # 子进程中可以正常访问主进程创建子进程时传递过来的参数
    print('hello', name)
    # 尝试访问主进程中定义的变量，失败
    try:
        print(parent_variable)
    except:
        print('访问主进程中的变量失败')
    # 访问子进程中定义的变量，成功
    try:
        print(child_variable)
    except:
        print('访问子进程中的变量失败')


# 主进程中模块特殊属性__name__的值为'__main__'
# 子进程中模块特殊属性__name__的值为'__mp_main__'
# 创建子进程时会自动import创建它的程序文件
# 所以下面这一行代码会被执行两次
# 第一次是主进程执行的，第二次是创建子进程时import当前文件时执行的
print(__name__)
```

```
# 创建子进程时会自动import当前程序文件,
# 为避免创建子进程的代码重复执行,需要放入选择结构中,
# 子进程中不执行if __name__ == '__main__':中的代码
if __name__ == '__main__':
    # 注意,这里定义的变量无法在子进程中访问
    parent_variable = 'parent'
    # 创建进程
    p = Process(target=func, args=('bob',))
    # 启动进程
    p.start()
    # 等待进程运行结束
    p.join()
elif __name__ == '__mp_main__':
    child_variable = 'child'
    print('子进程启动。')
```

程序运行结果如图 2-19 所示。

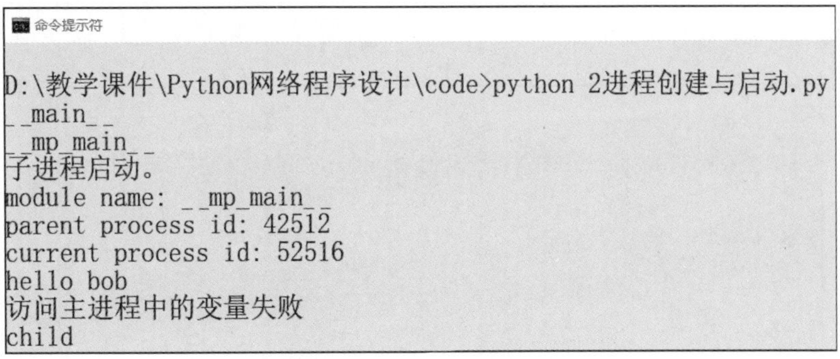

```
D:\教学课件\Python网络程序设计\code>python 2进程创建与启动.py
__main__
__mp_main__
子进程启动。
module name: __mp_main__
parent process id: 42512
current process id: 52516
hello bob
访问主进程中的变量失败
child
```

图 2-19 创建和启动子进程

2.2.2 进程同步案例实战

在 multiprocessing 模块中提供了 Lock/RLock、Condition、Event、Barrier、Semaphore/BoundedSemaphore 等用于进程同步的对象,用法与线程同步时 threading 中的同名对象类似,下面以 Lock 对象和 Event 对象为例简单演示其用法。

例 2-10 使用 Lock 对象实现进程同步。

```
from time import sleep
from multiprocessing import Process, Lock, Value

def func(lock, num, common):
    sleep(1)
```

```
    # Lock对象支持上下文管理协议
    with lock:
        # 修改共享变量的值
        common.value = common.value + 3
        print(num, common.value, sep=':')

if __name__ == '__main__':
    # 创建Lock对象
    lock = Lock()
    # 可以被多个进程共享的整型变量，初始值为0
    common = Value('i', 0)
    for num in range(10):
        Process(target=func, args=(lock,num,common)).start()
```

程序运行结果如图 2-20 所示，多次运行时冒号前面表示进程编号的数字顺序会变化，但冒号后面的数字总是固定的顺序。把 func() 函数中语句“with lock:”注释掉并把最后两行代码左移与 sleep(1) 语句左对齐，重新运行程序，结果如图 2-21 所示，多次运行时结果完全不可预测和重现。

```
命令提示符

D:\教学课件\Python网络程序设计\code>python 2进程同步Lock.py
1:3
4:6
2:9
3:12
6:15
5:18
0:21
9:24
7:27
8:30
```

图 2-20　使用 Lock 对象进行进程同步

```
命令提示符

D:\教学课件\Python网络程序设计\code>python 2进程同步Lock.py
0:3
5:6
4:9
1:12
2:15
7:18
6:18
3:21
9:24
8:27
```

图 2-21　不使用 Lock 对象进行进程同步

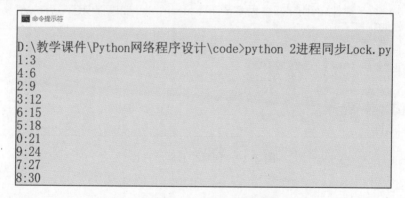

例 2-11　编写程序，使用 Event 对象实现进程同步。

```python
from time import sleep, localtime, strftime
from multiprocessing import Process, Event, Value

def func_sender(e, num):
    # 子进程启动时间
    print('sender started at',
          strftime('%Y-%m-%d %H:%M:%S', localtime()))
    # 启动3秒之后，修改共享变量的值，然后设置事件
    sleep(3)
    num.value = 5
    e.set()


def func_receiver(e, num):
    print('receiver started at',
          strftime('%Y-%m-%d %H:%M:%S', localtime()))
    # 启动后等待5秒再检查事件是否已设置
    sleep(5)
    if not e.is_set():
        print('receiver waiting...')
        e.wait()
    print(num.value, strftime('%Y-%m-%d %H:%M:%S', localtime()))


if __name__ == '__main__':
    # 主进程启动的日期时间
    print('main process started at',
          strftime('%Y-%m-%d %H:%M:%S', localtime()))
    # 用于实现进程同步的Event对象
    e = Event()
    e.clear()
    # 在两个子进程间共享的数据
    num = Value('i', 0)
    # 创建并启动两个子进程
    Process(target=func_receiver, args=(e,num)).start()
    Process(target=func_sender, args=(e,num)).start()
```

程序运行结果如图 2-22 中方框 1 所示，注释掉 func_receiver() 函数中的语句 sleep(5) 再次运行，结果如图 2-22 中方框 2 所示。

```
D:\教学课件\Python网络程序设计\code>python 2进程同步Event.py
main process started at 2020-09-07 21:31:35
receiver started at 2020-09-07 21:31:35
sender started at 2020-09-07 21:31:35                    1
5 2020-09-07 21:31:40

D:\教学课件\Python网络程序设计\code>python 2进程同步Event.py
main process started at 2020-09-07 21:31:55
receiver started at 2020-09-07 21:31:55
receiver waiting...
sender started at 2020-09-07 21:31:55                    2
5 2020-09-07 21:31:58

D:\教学课件\Python网络程序设计\code>
```

图 2-22 使用 Event 对象进行进程同步

2.2.3 进程池对象应用案例实战

除了支持与 threading 管理线程相似的接口之外，multiprocessing 还提供了进程池 Pool 支持数据的并行操作，同一个进程池中的多个工作进程能够自动分配和执行任务，不需要额外的管理和干涉，尤其适合每个进程分配到的子任务完成顺序不重要、多个子任务可以同时进行的场合。使用了进程池的程序应在 cmd 或 PowerShell 环境中使用 Python 解释器执行，不能在 IDLE 中直接运行。

Pool 对象提供了大量的方法支持并行操作，常用的如下。

（1）apply(func[, args[, kwds]])：调用函数 func，并传递参数 args 和 kwds，同时阻塞当前进程直至函数返回，函数 func 只会在进程池中的一个工作进程中运行。

（2）apply_async(func[, args[, kwds[, callback[, error_callback]]]])：apply() 方法的异步版本，返回结果对象，可以通过结果对象的 get() 方法获取其中的结果。参数 callback 和 error_callback 都是单参数函数，当结果对象可用时会自动调用 callback 并以结果对象作为参数；调用 func() 函数失败时会自动调用 error_callback 并以异常对象作为参数。参数 callback 和 error_callback 指定的函数必须能立即结束，否则会影响处理结果的线程。

（3）map(func, iterable[, chunksize])：内置函数 map() 的并行版本，但只能接收一个可迭代对象作为参数，该方法会阻塞当前进程直至结果可用。该方法会把迭代对象 iterable 切分成多个块再作为独立的任务提交给进程池，块的大小可以通过参数 chunksize（默认值为1）来设置。

（4）map_async(func, iterable[, chunksize[, callback[, error_callback]]])：与 map() 方法类似，但返回结果对象，需要使用结果对象的 get() 方法来获取其中的值。

（5）imap(func, iterable[, chunksize])：map() 方法的惰性求值版本，返回迭代器对象。

（6）imap_unordered(func, iterable[, chunksize])：与 imap() 方法类似，但不保证结果会按参数 iterable 中原来元素的先后顺序返回。

（7）starmap(func, iterable[, chunksize])：类似于 map() 方法，但要求参数 iterable 中的元素为可迭代对象并可解包为函数 func 的参数。

（8）starmap_async(func, iterable[, chunksize[, callback[, error_back]]])：方法 starmap() 和 map_async() 的组合，返回结果对象。

（9）close()：不允许再向进程池提交任务，当所有已提交的任务完成后工作进程会退出。

（10）terminate()：立即结束工作进程，当进程池对象被回收时会自动调用该方法。

（11）join()：等待工作进程退出，在此之前必须先调用 close() 或 terminate()。

例 2-12 讲解

例 2-12　编写程序，使用进程池并行计算嵌套列表中每个子列表的平均值。

```
from multiprocessing import Pool
from time import sleep, localtime, strftime

def avgerage(row):
    sleep(2)
    avg = round(sum(row)/len(row), 3)
    print(avg, strftime('%Y-%m-%d %H:%M:%S', localtime()))
    return avg

if __name__ == '__main__':
    data = [list(range(10)), list(range(20,30)),
            list(range(50,60)), list(range(80,90))]
    # 创建包含2个进程的进程池
    with Pool(2) as p:
        # 2个进程自动分配任务，并发运行
        print(p.map(avgerage, data))
```

程序每次运行结果略有不同，任务分配和进程执行的顺序不是固定的，图 2-23 是其中一次的运行情况。

```
管理员: 命令提示符
D:\教学课件\Python网络程序设计\code>python 2进程池Pool计算嵌套列表中每个子列表的平均值.py
4.5 2021-01-31 08:25:08
24.5 2021-01-31 08:25:08
54.5 2021-01-31 08:25:10
84.5 2021-01-31 08:25:10
[4.5, 24.5, 54.5, 84.5]
```

图 2-23　使用进程池并行计算嵌套列表中每个子列表的平均值

例 2-13　编写程序，使用进程池并行计算 range 对象中数值的平方。

```python
from multiprocessing import Pool
from time import sleep, localtime, strftime

def square(num):
    sleep(2)
    t = num ** 2
    print(t, strftime('%Y-%m-%d %H:%M:%S', localtime()))
    return t

if __name__ == '__main__':
    # 可以转换成列表，也可以直接使用range对象
    data = range(8)
    # 创建包含3个进程的进程池
    with Pool(3) as p:
        # 3个进程自动分配任务，并发运行
        print(p.map(square, data))
```

程序每次运行结果略有不同，任务分配和执行的顺序不是固定的，图 2-24 是其中一次运行情况。

```
D:\教学课件\Python网络程序设计\code>python 2进程池Pool计算列表中数字的平方.py
0 2021-01-31 08:28:05
4 2021-01-31 08:28:05
1 2021-01-31 08:28:05
9 2021-01-31 08:28:07
16 2021-01-31 08:28:07
25 2021-01-31 08:28:07
36 2021-01-31 08:28:09
49 2021-01-31 08:28:09
[0, 1, 4, 9, 16, 25, 36, 49]
```

图 2-24　使用进程池并行计算 range 对象中数值的平方

例 2-14　编写程序，并行判断 100000000 以内的数字是否素数，并统计素数个数。

```python
from multiprocessing import Pool

# 判断参数n是否为素数，是则返回1，否则返回0
def isPrime(n):
    if n < 2:
        return 0
    if n == 2:
        return 1
    # 按位与运算，最低位为0时表示是偶数，除2之外的偶数肯定不是素数
    if not n&1:
        return 0
    for i in range(3, int(n**0.5)+1, 2):
```

```
            if n%i == 0:
                return 0
    return 1

if __name__ == '__main__':
    with Pool(5) as p:
        print(sum(p.map(isPrime, range(100000000))))
```

运行结果为

素数个数：5761455，用时799.0920250415802秒

作为比较，把代码改成下面的样子，不使用进程池对象。

```
from time import time

def isPrime(n):
    if n < 2:
        return 0
    if n == 2:
        return 1
    if not n&1:
        return 0
    for i in range(3, int(n**0.5)+1, 2):
        if n%i == 0:
            return 0
    return 1

start = time()
num = sum(map(isPrime, range(100000000)))
print(f'素数个数：{num}，用时{time()-start}秒')
```

运行结果为

素数个数：5761455，用时2298.3163669109344秒

例 2-15 Pool 对象几种常用方法的用法。

```
from multiprocessing import Pool
from time import sleep, localtime, strftime

def func(x):
    sleep(1)
```

```python
        return x*x

# 返回当前日期和时间
dt_now = lambda : strftime('%Y-%m-%d %H:%M:%S', localtime())

if __name__ == '__main__':
    print('主进程启动: ', dt_now())
    with Pool(processes=4) as pool:
        # apply_async方法()返回结果对象
        # 可以通过get()方法获取其中的值
        result = pool.apply_async(func, (10,))
        print(result.get(timeout=2), dt_now(), sep=':')
        # map()方法直接返回结果列表，执行时间为"任务数//进程数+1"
        # 其中，1是每个进程的等待时间，由f()中的sleep(1)决定
        print(pool.map(func, range(10)), dt_now(), sep=':')
        # imap()方法返回迭代器对象
        it = pool.imap(func, range(10))
        print(next(it), dt_now(), sep=':')
        print(next(it), dt_now(), sep=':')
        # 结果对象中有数据，不需要等待，timeout参数没有作用
        print(it.next(timeout=1), dt_now(), sep=':')
        # 进入睡眠状态10s
        result = pool.apply_async(sleep, (10,))
        # 下面的代码如果timeout参数值小于10会引发超时异常
        # sleep()函数的返回值为None
        print(result.get(timeout=13), dt_now(), sep=':')
```

运行结果如图 2-25 所示。

```
D:\教学课件\Python网络程序设计\code>python 2进程池Pool常用方法.py
主进程启动:  2021-01-31 08:30:38
100:2021-01-31 08:30:39
[0, 1, 4, 9, 16, 25, 36, 49, 64, 81]:2021-01-31 08:30:42
0:2021-01-31 08:30:43
1:2021-01-31 08:30:43
4:2021-01-31 08:30:43
None:2021-01-31 08:30:54

D:\教学课件\Python网络程序设计\code>
```

图 2-25 进程池对象常用方法

2.2.4 进程间数据交换案例实战

不同进程的空间是互相隔离的，在一个进程中创建的普通对象无法在其他进程中直接修改。例如下面的代码。

```
from multiprocessing import Process

def func(data):
    print('子进程开始', data, id(data), sep=':')
    data[0] = data[0] + 1
    print('子进程结束', data, id(data), sep=':')

if __name__ == '__main__':
    data = [2]
    print('主进程开始', data, id(data), sep=':')
    p = Process(target=func, args=(data,))
    p.start()
    p.join()
    print('主进程结束', data, id(data), sep=':')
```

运行结果如图 2-26 所示。

```
管理员: 命令提示符

C:\Python38>python 临时测试专用.py
主进程开始:[2]:1904275681984
子进程开始:[2]:2993962826752
子进程结束:[3]:2993962826752
主进程结束:[2]:1904275681984
```

图 2-26　子进程无法直接修改主进程中的普通变量

可以看出，主进程在创建子进程时把列表对象 data 的引用传递过去，子进程会在自己的地址空间中复制一份，并不与主进程共享同一个内存地址，这样一来，子进程中也就无法修改主进程中的列表元素。

如果需要在不同进程之间共享数据，并使得一个进程中创建的对象可以被其他进程修改，可以使用本节接下来介绍的几种技术。

1. 使用 Manager 对象在进程间交换数据

标准库 multiprocessing 中的 Manager 对象提供了不同进程间共享数据的方式，甚至可以在网络上不同机器上运行的进程间共享数据。Manager 对象控制一个拥有 list、dict、Lock、RLock、Semaphore、BoundedSemaphore、Condition、Event、Barrier、Queue、Value、Array、Namespace 等对象的服务端进程，允许其他进程通过代理来操作这些对象。

例 2-16 讲解

例 2-16　编写程序，使用 Manager 对象实现进程间数据交换。

```
from multiprocessing import Process, Manager

def func(dic, lst, value):
    # 为共享字典增加元素
```

```python
        dic['name'] = 'Dong Fuguo'
        dic['age'] = 43
        dic['sex'] = 'Male'
        dic['address'] = 'Yantai'
        # 翻转共享列表中的元素
        lst.reverse()
        # 修改共享整型变量的值
        value.value = 3

if __name__ == '__main__':
    with Manager() as manager:
        # 创建共享字典
        dic = manager.dict()
        # 创建共享列表
        lst = manager.list(range(10))
        # 创建共享整型变量,设置初始值为0
        value = manager.Value('i', 0)
        # 创建子进程,启动子进程,等待子进程结束
        p = Process(target=func, args=(dic, lst, value))
        p.start()
        p.join()
        print(dic, lst, value.value, sep='\n')
```

运行结果如图 2-27 所示。

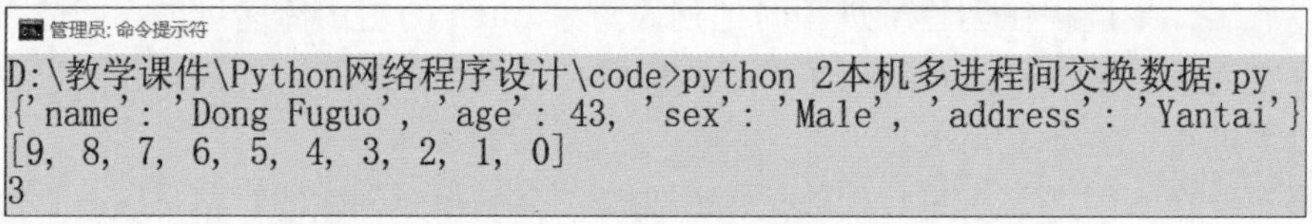

```
D:\教学课件\Python网络程序设计\code>python 2本机多进程间交换数据.py
{'name': 'Dong Fuguo', 'age': 43, 'sex': 'Male', 'address': 'Yantai'}
[9, 8, 7, 6, 5, 4, 3, 2, 1, 0]
3
```

图 2-27 本机多进程使用 Manager 对象交换数据

例 2-17 编写程序,使用 Manager 对象实现不同机器上的进程跨网络共享数据。

(1)编写程序文件 multiprocessing_server.py,启动服务器进程,创建可共享的队列对象。

```python
from queue import Queue
from multiprocessing.managers import BaseManager

q = Queue()
class QueueManager(BaseManager):
    pass
QueueManager.register('get_queue', callable=lambda:q)
```

```python
# 空字符串表示本机所有可用IP地址,30030表示端口号
m = QueueManager(address=('', 30030), authkey=b'dongfuguo')
s = m.get_server()
s.serve_forever()
```

(2)编写程序文件 multiprocessing_client1.py,连接服务器进程,并往共享的队列中存入一些数据。

```python
from multiprocessing.managers import BaseManager

class QueueManager(BaseManager):
    pass
QueueManager.register('get_queue')
# 假设服务器的IP地址为10.2.1.2
m = QueueManager(address=('10.2.1.2', 30030), authkey=b'dongfuguo')
m.connect()
q = m.get_queue()
for i in range(3):
    q.put(i)
```

(3)编写程序文件 multiprocessing_client2.py,连接服务器进程,从共享的队列对象中读取数据并输出显示。

```python
from multiprocessing.managers import BaseManager

class QueueManager(BaseManager):
    pass
QueueManager.register('get_queue')
m = QueueManager(address=('10.2.1.2', 30030), authkey=b'dongfuguo')
m.connect()
q = m.get_queue()
for i in range(3):
    print(q.get())
```

2. 使用 Listener 与 Client 对象在进程间交换数据

标准库 multiprocessing.connection 模块提供的 Listener 与 Client 对象,可以在本机或不同机器上的进程之间通过网络直接传输整数、实数、字符串、列表、元组、数组等各种类型的数据。

例 2-18 编写程序,使用 Listener 与 Client 对象在不同机器之间传递信息,用来验证服务端是否存活。

(1)服务端或监听端程序代码如下:

```
from time import sleep
from multiprocessing.connection import Listener

num = 0
with Listener(('', 6060), authkey=b'dongfuguo') as listener:
    while True:
        with listener.accept() as conn:
            print('connection accepted from', listener.last_accepted)
            conn.send(('Server is alive', num))
            num += 1
            sleep(3)
```

（2）客户端代码如下：

```
from multiprocessing.connection import Client

with Client(('169.254.162.3', 6060), authkey=b'dongfuguo') as conn:
    print(conn.recv())
```

运行程序时，首先打开一个命令提示符环境执行服务端程序，然后再打开两个命令提示符环境并分别执行一个客户端程序，本机运行结果如图 2-28 所示。也可以在一台计算机上执行服务端程序，在另一台联网的计算机上执行客户端程序，只需要把客户端程序中

```
管理员: 命令提示符 - python 2Listener_Client交换数据Server.py

D:\教学课件\Python网络程序设计\code>python 2Listener_Client交换数据Server.py
connection accepted from ('169.254.162.3', 56705)
connection accepted from ('169.254.162.3', 56706)
connection accepted from ('169.254.162.3', 56707)
connection accepted from ('169.254.162.3', 56716)
connection accepted from ('169.254.162.3', 56717)

管理员: 命令提示符

D:\教学课件\Python网络程序设计\code>python 2Listener_Client交换数据Client.py
('Server is alive', 0)

D:\教学课件\Python网络程序设计\code>python 2Listener_Client交换数据Client.py
('Server is alive', 1)

D:\教学课件\Python网络程序设计\code>python 2Listener_Client交换数据Client.py
('Server is alive', 2)

D:\教学课件\Python网络程序设计\code>

管理员: 命令提示符

D:\教学课件\Python网络程序设计\code>python 2Listener_Client交换数据Client.py
('Server is alive', 3)

D:\教学课件\Python网络程序设计\code>python 2Listener_Client交换数据Client.py
('Server is alive', 4)

D:\教学课件\Python网络程序设计\code>
```

图 2-28　使用 Listener 和 Client 对象交换数据

的 IP 地址修改为服务端程序所在计算机的 IP 地址即可。

3. Queue 对象、Pipe 对象、共享内存

除了使用 Manager 对象、Listener 与 Client 对象在不同进程之间进行数据交换与共享，Queue 对象、Pipe 对象和共享内存也常用来完成类似任务，其中 Queue 对象是线程安全和进程安全的。

例 2-19　编写程序，使用 Queue 对象在多个进程间交换数据，一个进程把数据放入 Queue 对象，另一个进程从 Queue 对象中获取数据。使用 Queue 对象在进程间交换信息时，必须要保证放入队列中的所有数据都被取走，否则可能会导致死锁。

```python
from multiprocessing import Queue, Process, set_start_method

def foo(q):
    # 把数据放入队列
    q.put('hello world!')

if __name__ == '__main__':
    # 'spawn'是Windows和macOS系统创建子进程的默认方式
    # 父进程创建一个全新的Python解释器进程，子进程只继承必需的资源
    # set_start_method()函数最多只能调用一次
    set_start_method('spawn')
    q = Queue()
    p = Process(target=foo, args=(q,))
    p.start()
    p.join()
    # 从队列中获取数据
    print(q.get())
```

也可以使用上下文对象的 Queue 对象实现不同进程间的数据交换。上下文对象具有和 multiprocessing 模块相同的 API，但是允许在一个程序中使用不同的子进程启动方式。使用时应注意，使用某种启动方式的子进程创建的对象无法在其他不同启动方式的子进程中使用。例如，fork 上下文创建的锁对象不能传递给使用 spawn 或 forkserver 方式启动的子进程。

```python
from multiprocessing import get_context

def foo(q):
    q.put('hello world')

if __name__ == '__main__':
    ctx = get_context('spawn')
    q = ctx.Queue()
```

```
        p = ctx.Process(target=foo, args=(q,))
        p.start()
        p.join()
        print(q.get())
```

例2-20　编写程序，使用Queue对象交换数据。当前进程负责向队列中提交任务，子进程负责进行相应的计算，并通过另一个队列把计算结果返回给当前进程。

```
from time import sleep
from random import random
from multiprocessing import (Process, Queue, current_process,
                             freeze_support)


NUMBER_OF_PROCESSES = 4


def worker(task_queue, output):
    # 持续执行task_queue.get()，取到'STOP'时进程结束
    for func, args in iter(task_queue.get, 'STOP'):
        # 调用相应的函数，并将计算结果放入队列
        result = calculate(func, args)
        output.put(result)


def calculate(func, args):
    result = func(*args)
    return '{}: {}{}=>{}'.format(current_process().name,
                                 func.__name__, args, result)


def mul(a, b):
    sleep(random())
    return a * b


def plus(a, b):
    sleep(random())
    return a + b


def test():
    tasks = [(mul, (i, 7)) for i in range(5)] +\
            [(plus, (i, 8)) for i in range(5)]

    # 创建进程间共享的Queue对象
    task_queue = Queue()
    done_queue = Queue()

    # 创建并启动进程，多个进程并发执行
    for i in range(NUMBER_OF_PROCESSES):
```

```python
        Process(target=worker, args=(task_queue,done_queue)).start()

    # 提交任务
    for task in tasks:
        task_queue.put(task)

    # 发送停止信号
    for i in range(NUMBER_OF_PROCESSES):
        task_queue.put('STOP')

    # 输出计算结果
    print('计算结果:')
    for i in range(len(tasks)):
        print('\t', done_queue.get())

if __name__ == '__main__':
    # 支持使用Pyinstaller或cx_Freeze对程序进行打包
    # 如果不调用这个函数,打包后的可执行程序会无法正常运行
    freeze_support()
    test()
```

由于多个进程是并发执行的,每个子任务返回结果前等待的时间也略有不同,所以每次执行结果是不固定的,图 2-29 显示了其中两次执行结果。

```
管理员:命令提示符

D:\教学课件\Python网络程序设计\code>python 2进程间交换数据Queue_2.py
计算结果:
         Process-2: mul(2, 7)=>14
         Process-4: mul(3, 7)=>21
         Process-3: mul(1, 7)=>7
         Process-1: mul(0, 7)=>0
         Process-1: plus(2, 8)=>10
         Process-2: mul(4, 7)=>28
         Process-3: plus(1, 8)=>9
         Process-1: plus(3, 8)=>11
         Process-4: plus(0, 8)=>8
         Process-2: plus(4, 8)=>12

D:\教学课件\Python网络程序设计\code>python 2进程间交换数据Queue_2.py
计算结果:
         Process-2: mul(1, 7)=>7
         Process-4: mul(3, 7)=>21
         Process-3: mul(2, 7)=>14
         Process-3: plus(1, 8)=>9
         Process-3: plus(2, 8)=>10
         Process-3: plus(3, 8)=>11
         Process-2: mul(4, 7)=>28
         Process-1: mul(0, 7)=>0
         Process-4: plus(0, 8)=>8
         Process-3: plus(4, 8)=>12

D:\教学课件\Python网络程序设计\code>
```

图 2-29　使用 Queue 在进程间交换数据

例 2-21　编写程序，使用管道对象 Pipe 实现进程间数据交换。管道有两个端：一个接收端和一个发送端，相当于在两个进程之间建立了一个用于传输数据的专属通道。管道对象默认是双工的，主进程和子进程都可以收发信息。本例程序中由于主进程和子进程都随机等待一定时间，执行结果不是固定的，请自行验证。

```python
from time import sleep
from random import random
from multiprocessing import Process, Pipe

def func(conn):
    # 发送的对象必须可以使用pickle序列化
    conn.send('我是子进程')
    sleep(random())
    print(conn.recv())
    conn.close()

if __name__ == '__main__':
    # 默认创建双工管道，两端都可以收发信息
    # 可以使用Pipe(False)创建单向管道
    # 单向管道时parent_conn只能用于接收信息，child_conn只能用于发送信息
    parent_conn, child_conn = Pipe()
    # 管道是双向的，双方都可以收发信息
    parent_conn.send('我是主进程')
    p = Process(target=func, args=(child_conn,))
    p.start()
    sleep(random())
    print(parent_conn.recv())
    p.join()
    parent_conn.close()
```

例 2-22　编写程序，使用共享数组实现进程间数据传递。

```python
from multiprocessing import Process, Array

def func(arr):
    for i in range(len(arr)):
        arr[i] = arr[i] * arr[i]

if __name__ == '__main__':
    arr = Array('i', range(10))          # 整型数组
    p = Process(target=func, args=(arr,))
    p.start()
    p.join()
    print(list(arr))
```

4. multiprocessing.shared_memory.SharedMemory 对象

Python 3.8新增了 multiprocessing.shared_memory 模块,明确提供了共享内存用于在多进程间交换数据,图2-30演示了在两个IDLE交互模式共享数据的用法。

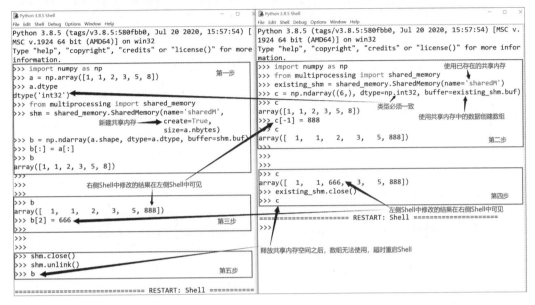

图2-30 Python 3.8使用共享内存交换数据

2.2.5 标准库subprocess应用实战

标准库 subprocess 可以创建子进程,连接子进程的输入输出管道,并获得子进程的返回码,也是常用的并发执行技术之一。

标准库 subprocess 提供了 run()、call() 和 Popen() 三个不同的函数用来创建子进程。其中,run() 函数会阻塞当前进程(可以指定 timeout 参数设置超时时间,如果超时返回会抛出异常 subprocess.TimeoutExpired),子进程结束后返回包含返回码和其他信息的 CompletedProcess 对象。call() 函数也会阻塞当前进程,子进程结束后直接得到返回码。Popen() 函数创建子进程时不阻塞当前进程,直接返回得到 Popen 对象,通过该对象可以对子进程进行更多的操作和控制。例如,Popen 对象的 kill() 和 terminate() 方法可以用来结束该进程,send_signal() 方法可以给子进程发送指定信号,wait() 方法用来等待子进程运行结束(或者超时),pid 属性用来表示子进程的 ID 号,等等。

假设程序"临时测试专用.py"中代码如下:

```
from time import sleep

sleep(10)
```

在 IDLE 中执行下面的代码:

```
>>> import subprocess
# 第一个参数如果是字符串，表示要执行的命令
# 如果是包含若干字符串的列表，表示要执行的命令和参数
# 例如，['notepad.exe', 'a.txt']表示使用记事本程序打开或创建文件a.txt
# 在Windows平台上，字符串列表会被自动转换为一个表示完整命令和参数的字符串
# 下面略去了详细出错信息，只给出了最后一行
>>> subprocess.run('python 临时测试专用.py', timeout=3)
subprocess.TimeoutExpired: Command 'python 临时测试专用.py' timed out after 3.0 seconds
# 如果想在执行控制台程序时不显示cmd窗口
# 可以设置参数creationflags=subprocess.CREATE_NO_WINDOW
# 下面略去了详细出错信息，只给出了最后一行
>>> subprocess.call('python 临时测试专用.py', timeout=3,
                    creationflags=subprocess.CREATE_NO_WINDOW)
subprocess.TimeoutExpired: Command 'python 临时测试专用.py' timed out after 3 seconds
# 创建并运行子进程
>>> p = subprocess.Popen('c:\\windows\\notepad.exe')
>>> p.pid                        # 进程ID
2744
>>> p.kill()                     # 结束进程
```

例2-23 编写程序2subprocess_test.py测试另一个Python程序2subprocess_homework.py的功能是否正确(不考虑具体的代码实现方式)。程序2subprocess_homework.py预设的功能为"键盘输入若干行使用英文半角逗号分隔的自然数，把该行每个自然数加5后按原来的格式输出（每行若干自然数，使用英文半角逗号分隔），如果没有输入任何内容就直接按回车键确认表示输入结束"。为了实现自动测试，程序2subprocess_test.py调用程序2subprocess_homework.py，使其自动从文件2in.txt中读取内容作为测试用例，把处理后的结果自动写入文件2out.txt中。如果文件2out.txt中的内容和预期一样，表示程序2subprocess_homework.py的功能正确。为避免被测程序2subprocess_homework.py中有死循环，如果20秒内没有执行完，直接结束被测程序的执行，并判定功能错误。本例代码功能再结合基于Socket编程或网站开发技术的远程提交代码功能即可实现Python程序在线评测系统。

例2-23 讲解

1. 程序 2subprocess_homework.py 代码

```
while True:
    line = input().strip()
    if not line:
```

```python
        break
    line = [int(num)+5 for num in line.split(',')]
    print(*line, sep=',')
```

2. 程序2subprocess_test.py代码

```python
from subprocess import run, CREATE_NO_WINDOW

program_to_test = '2subprocess_homework.py'
try:
    run(f'python {program_to_test}',              # 执行被测程序
        stdin=open('2in.txt'),                    # 指定输入源
        stderr=open('2error.txt', 'w'),
        stdout=open('2out.txt', 'w'),
        timeout=20,                               # 如果20秒还没执行完就强制结束
        creationflags=CREATE_NO_WINDOW)           # 不创建cmd窗口
except:
    pass

# 读取原始数据，根据功能要求进行处理，得到预期的处理结果
with open('2in.txt') as fp:
    content = fp.readlines()
for index, line in enumerate(content):
    line = line.strip().split(',')
    line = ','.join([str(int(num)+5) for num in line])+'\n'
    content[index] = line

# 读取被测程序生成的结果文件
try:
    with open('2out.txt') as fp:
        content_out = fp.readlines()
except:
    content_out = ''

# 判断被测程序的功能是否正确
if content_out == content:
    print('功能正确')
else:
    print('功能错误')
    with open('2error.txt') as fp:
        content = fp.readlines()
    if content:
        print('程序有语法错误，详情如下：\n', *content)
```

例 2-24　编写程序，创建子进程，在子进程中执行多次 Windows 命令 echo 创建文本文件并写入多行文本，最后打开创建的文本文件。

```python
import subprocess

script = '''echo 董付国老师系列教材：>教材.txt
echo Python网络程序设计 >>教材.txt
echo Python程序设计（第3版） >>教材.txt
echo Python程序设计基础（第2版） >>教材.txt
echo Python程序设计实验指导书 >>教材.txt
echo 中学生可以这样学Python >>教材.txt
echo Python程序设计基础与应用 >>教材.txt
echo Python程序设计实例教程 >>教材.txt
echo Python程序设计实用教程 >>教材.txt
echo Python程序设计入门与实践 >>教材.txt
echo Python编程基础与案例集锦（中学版） >>教材.txt
echo Python数据分析、挖掘与可视化 >>教材.txt
notepad.exe 教材.txt
'''

process = subprocess.Popen('cmd.exe', stdin=subprocess.PIPE,
                           stdout=subprocess.PIPE,
                           creationflags=subprocess.CREATE_NO_WINDOW)
output, _ = process.communicate(script.encode('gbk'))
print(output.decode('gbk'))
```

2.2.6　使用扩展库psutil查杀进程实战

扩展库 psutil 是一个重要的系统运维库，提供了内存、CPU、网络、进程等资源管理功能。本节重点介绍进程管理方面的应用，首先介绍常用函数和方法，然后通过例题演示实战应用，psutil 在网络管理方面的应用请参考本书 3.8 节。

```
>>> import psutil
>>> psutil.pids()                    # 查看当前所有进程的ID，略去部分结果
[0, 4, 100, 120, 444, 468, 480, 600, 736, 740, 812, 880, 892, 1064, 1112, ...]
>>> p = psutil.Process(70144)        # 获取指定ID的进程
>>> p.name()                         # 进程名
'chrome.exe'
>>> p.username()                     # 查看创建该进程的用户名
'DESKTOP-OJ1SMKQ\\dfg'
```

```
>>> p.cmdline()                     # 查看该进程对应的exe文件和命令行参数详情
['C:\\Program Files (x86)\\Google\\Chrome\\Application\\chrome.exe',
'--type=utility', '--utility-sub-type=network.mojom.NetworkService', '--field-
trial-handle=1628,13842610451609098187,5298301571078586242,131072', '--lang=zh-
CN', '--service-sandbox-type=network', '--mojo-platform-channel-handle=2064',
'/prefetch:8']
>>> p.cwd()                         # 查看该进程的工作目录
'C:\\Program Files (x86)\\Google\\Chrome\\Application\\87.0.4280.141'
>>> p.exe()                         # 进程对应的可执行文件路径
'C:\\Program Files (x86)\\Google\\Chrome\\Application\\chrome.exe'
>>> p.cpu_affinity()                # 该进程的CPU占用情况(运行在哪个CPU上)
[0, 1, 2, 3, 4, 5, 6, 7]
>>> p.num_threads()                 # 该进程包含的线程数量
17
>>> p.threads()                     # 该进程所有线程对象,略去部分结果
[pthread(id=503388, user_time=0.03125, system_time=0.21875), pthread(id=506396,
user_time=0.0, system_time=0.0), ...]
>>> p.status()                      # 进程状态
'running'
>>> p.suspend()                     # 挂起
>>> p.resume()                      # 恢复运行
>>> p.kill()                        # 结束进程
```

例 2-25 编写程序,运行后每隔 3 秒检查一次当前系统中是否在运行记事本程序,如果发现记事本程序在运行就强行关闭。

```
from time import sleep
from os.path import basename
from psutil import pids, Process

while True:
    for pid in pids():
        try:
            p = Process(pid)
            if basename(p.exe()) == 'notepad.exe':
                p.kill()
        except:
            # 无法创建进程对象的系统进程直接跳过
            pass
    sleep(3)
```

本章知识要点

（1）进程本身不是可执行单元，不会执行任何具体的代码，主要用作线程和相关资源的容器。要使进程中的代码真正运行起来，必须拥有至少一个能够在这个环境中运行代码的执行单元，也就是线程。

（2）多线程技术的引入并不仅仅是为了提高处理速度和硬件资源利用率，更重要的是可以提高系统的可扩展性和用户体验。

（3）调用函数属于阻塞执行的方式，必须等函数执行结束并且正常返回之后才能继续执行后续的代码，否则就一直阻塞、等待。如果通过创建线程的方式运行函数中的代码，多个子线程和主线程会并发执行，默认情况下并不是一个线程运行结束之后再开始下一个线程的执行。

（4）标准库 threading 是 Python 支持多线程编程的重要模块，提供了大量的函数和类来支持多线程编程。

（5）用于线程同步和进程同步的对象主要有 Lock/RLock、Condition、Queue、Event、Semaphore/BoundedSemaphore、Barrier。

（6）Python 标准库 multiprocessing 用来实现进程的创建与管理以及进程间的同步与数据交换，是支持并行处理的重要模块，其中创建、启动进程以及进程间同步的用法与 threading 中的线程类似。

（7）multiprocessing 还提供了进程池 Pool 支持数据的并行操作，同一个进程池中的多个工作进程能够自动分配和执行任务，不需要额外的管理，尤其适合每个进程分配到的子任务完成顺序不重要、多个子任务可以同时进行的场合。

（8）不同进程的空间是互相隔离的，在一个进程中创建的普通对象无法在其他进程中直接修改，除非使用进程间数据交换技术。

习　题

一、判断题

1. 继承自 threading.Thread 类的派生类中不能有普通的成员方法。
2. Python 标准库 threading 中的 Lock、RLock、Condition、Event、Semaphore 对象都可以用来实现线程同步。
3. 在编写应用程序时，应合理控制线程数量，线程并不是越多越好。
4. 在多线程编程时，当某子线程的 daemon 属性为 False 时，主线程结束时会检测该子线程是否结束，如果该子线程尚未运行结束，则主线程会等待它完成后再退出。

5．在4核CPU平台上使用多线程编程技术可以很轻易地获得400%的处理速度提升。

6．多线程编程技术主要目的是为了提高计算机硬件的利用率，没有别的作用了。

7．当一个进程被创建时，操作系统会自动创建一个线程，称为主线程。一个进程中可以包含多个线程，主线程根据需要再动态创建其他子线程，子线程中也可以再创建子线程。

8．一般来说，除主线程的生命周期与所属进程的生命周期一样之外，其他线程的生命周期都应小于其所属进程的生命周期。

9．线程可以脱离进程独立存在。

10．假设 t 表示一个线程对象，那么调用 t.join(50) 语句，即使线程提前运行结束了，也必须等50秒才能返回继续执行主调线程后面的代码。

11．一个进程是正在执行中的一个程序使用资源的总和，包括虚拟地址空间、代码、数据、对象句柄、环境变量和执行单元等。一个应用程序同时打开并执行多次，就会创建多个进程。

12．Python 程序直接运行时其特殊属性 __name__ 的值为 '__main__'，作为模块导入时值为程序文件名，没有其他的取值了。

13．不同进程间的地址空间是互相隔离的，没有任何办法在不同的进程之间交换和共享数据。

14．同一个进程的多个线程之间可以进行同步控制和协调工作，不同进程之间不可以，都是按照预定路线执行的，没有办法互相协调。

15．调用标准库函数 time.sleep(10) 时，不仅会阻塞当前线程后面的代码10秒，同一个进程中的其他线程也全部被阻塞而暂停运行。

16．在编写多进程程序时，把创建进程的代码放在"if __name__ == '__main__':"选择结构中，这只是一个习惯，也可以不这样做。

17．多进程编程模块 multiprocessing 只提供了本机不同进程之间的通信，不支持不同机器上的进程跨网络通信。

18．多进程编程模块 multiprocessing 中的 Pipe 对象可以用来创建管道，管道有两个端，一个接收端和一个发送端，相当于在两个进程之间建立了一个用于传输数据的专属通道。管道既可以是单向的，也可以是双向的。

19．使用标准库 subprocess 中的 run() 函数创建子进程时会阻塞当前进程的代码执行，只能等待子进程执行结束，没有办法提前返回。

20．使用标准库 subprocess 中的 Popen() 函数创建子进程时不阻塞当前进程，直接返回得到 Popen 对象，通过该对象可以对子进程进行更多的操作和控制。

二、填空题

1．线程对象的_____方法用来阻塞当前线程，等待指定线程运行结束或超时后继续运行当前线程。

2．直接使用 Thread 类实例化一个线程对象，通过参数_____指定一个可调用对象，通过参数 args 和 kwargs 指定传递给可调用对象的参数。

3. 继承 threading.Thread 类自定义线程类时，在派生类中除了重写 __init__() 方法外，还要重写_____方法指定该线程执行时的具体任务，调用线程对象的 start() 方法时会自动调用该方法。

4. 线程对象的_____方法可以用来查看当前线程是否还在执行，是则返回 True，如果已经执行结束就返回 False。

5. 如果多个线程需要做完准备工作之后再一起开始，需要创建一个 Barrier 对象，然后做完准备工作的线程调用 Barrier 对象的_____方法。

6. 标准库 os 中的_____函数可以查看当前进程的 ID 号。

7. 标准库 os 中的_____函数可以查看当前进程的父进程的 ID 号。

8. 标准库 multiprocessing 中的_____类用来创建进程。

9. 在 Windows 平台上，一个进程结束时如果返回码为_____表示正常结束。

10. 使用标准库 subprocess 中的 Popen() 函数创建子进程，返回的 Popen 对象的_____方法可以用来结束进程。

三、编程题

1. 编写函数 convert(seconds)，接收一个表示纪元秒数的正整数 seconds，也就是从 1970 年 1 月 1 日 8 时 0 分 0 秒到目前为止经过的秒数，要求返回纪元秒数 seconds 对应的日期时间字符串。例如，main(1601901810) 返回 '2020-10-05_20:43:30'，日期和时间之间有一个下画线。

2. 查阅资料，使用 tkinter 编写 GUI 程序界面，在窗口上实时显示当前日期和时间，要求使用多线程编程技术保证应用程序运行时界面仍能响应鼠标的拖动操作。

3. 查阅资料，使用 tkinter 编写 GUI 程序界面，使用扩展库 sounddevice 录制计算机扬声器的声音，要求使用多线程编程技术保证录制声音时界面仍能响应鼠标操作。

四、简答题

1. 简单描述多线程编程技术的常见应用场景。
2. 解释直接调用函数和通过函数创建并启动线程有什么区别。
3. 简单描述进程与线程的概念以及二者之间的关系和区别。
4. 简单解释线程之间进行同步的必要性。
5. 至少列出并简单描述 3 种线程同步的方式。
6. 简单描述进程间进行数据交换的几种方式。

第 3 章

套接字编程

▲ 本章学习目标

（1）熟悉计算机网络的基本概念。
（2）理解常见网络协议的工作原理和用途。
（3）了解 IP、ICMP、TCP、UDP 的数据包格式与各字段含义。
（4）熟练掌握标准库 socket、socketserver 中常用对象的用法。
（5）熟练掌握套接字对象方法的语法和功能。
（6）熟练掌握 TCP 和 UDP 编程的基本思路。
（7）熟练掌握多线程 / 多进程编程技术在套接字编程中的应用。
（8）理解 TCP 断包与粘包的原理。
（9）理解 TCP 连接保活机制的原理和应用。
（10）理解 TCP 连接限速的原理与实现。
（11）理解代理服务器和端口映射技术的原理和实现。
（12）了解使用套接字编程读取网页源代码的原理和实现。
（13）理解 UDP 广播的原理和应用。
（14）理解 UDP 数据包乱序和丢失的原因以及在应用层实现可靠传输的原理。
（15）理解 UDP 套接字连接操作的作用。
（16）理解屏幕广播软件的原理与实现。
（17）了解多路复用技术的原理与标准库 selectors 的使用。
（18）了解网络嗅探器的原理和实现。
（19）了解网络抓包软件 wireshark 和 Python 扩展库 scapy 的使用。
（20）了解传输层安全协议 TLS 的原理和使用。
（21）了解端口扫描器的原理和实现。
（22）了解扩展库 psutil 在网络管理方面的应用。

3.1 计算机网络基础知识

了解计算机网络的原理和相关协议是编写网络应用程序的重要基础。本节简单介绍计算机网络编程用到的一些基础知识和基本概念,后面几节中再根据案例需要进行适当展开,更详细的计算机网络原理和协议细节请参考相关图书。

（1）网络体系结构。目前主流的网络体系结构是 ISO/OSI 参考模型和 TCP/IP 协议族。这两种体系结构都采用了分层设计和实现的方式,ISO/OSI 七层参考模型从上而下划分为应用层、表示层、会话层、传输层、网络层、数据链路层和物理层,TCP/IP 四层协议族将网络划分为应用层、传输层、网络层和网络接口层。网络体系结构分层设计的好处是,各层可以独立设计和实现,只要保证相邻层之间的接口和调用规范不变,就可以方便、灵活地改变各层的内部实现以进行优化或完成其他需求,不影响其他层的实现。

（2）网络协议。网络协议是计算机网络中为了进行数据交换而制定的规则、标准或约定的集合。语法、语义和时序是网络协议的三要素。可以这么理解,语义用来说明要做什么,语法用来保证准确无歧义地传输指令和数据,时序规定了各种事件出现的顺序。

① 语法：语法规定了用户数据与控制信息的结构与格式。

② 语义：语义用来解释控制信息每个部分的含义,规定了需要发出何种控制信息,以及需要完成的动作和做出什么样的响应。

③ 时序：时序是对事件发生顺序的详细说明,也可称为"同步"。

（3）应用层协议。应用层协议直接与最终用户进行交互,用来确定运行在不同终端系统上的应用进程之间如何交换数据以及数据的具体含义。下面列出了几种常见的应用层协议。

① DNS：域名系统（Domain Name System）,用来实现域名与 IP 地址的转换,运行于 UDP 之上,默认使用 53 端口。

② FTP：文件传输协议（File Transfer Protocol）,可以通过网络在不同平台之间实现文件传输,是一种基于 TCP 的明文传输协议,默认使用 20 和 21 端口。

③ HTTP：超文本传输协议（HyperText Transfer Protocol）,是万维网能够工作的重要协议,运行于 TCP 之上,默认使用 80 端口。

④ HTTPS：超文本传输安全协议（Hyper Text Transfer Protocol Secure）,在传输层之上增加了一个安全加密的夹层 SSL（Secure Socket Layer）,默认使用 443 端口,既可以使用 TCP 也可以使用 UDP 来实现,开销比 HTTP 大不少。

⑤ SMTP：简单邮件传输协议（Simple Mail Transfer Protocol）,建立在 TCP 的基础上,使用明文传递邮件和发送命令,默认使用 25 端口。SMTP-over-SSL（基于 SSL 的 SMTP）默认使用 465 端口。

⑥ TELNET：远程登录协议，运行于 TCP 之上，默认使用 23 端口。

⑦ DHCP：动态主机配置协议（Dynamic Host Configuration Protocol），用于自动分配和获取 IP 地址，服务端默认使用 67 端口，客户端默认使用 68 端口。

⑧ POP3：邮局协议（Post Office Protocol Version 3），主要用于支持使用客户端远程管理在服务器上的电子邮件，允许电子邮件客户端下载服务器上的邮件，但是在客户端的操作（例如移动邮件、标记已读）不会反馈到服务器上。POP3 默认使用 110 端口，POP3-over-SSL（基于 SSL 的 POP3）默认使用 995 端口。

⑨ IMAP：互联网邮件访问协议（Internet Mail Access Protocol），从邮件服务器上获取邮件信息和下载邮件，客户端的操作直接反馈到服务器上，功能也比 POP3 要强大一些。IMAP 默认使用 143 端口，IMAP-over-SSL（基于 SSL 的 IMAP）默认使用 993 端口。

⑩ SNMP：简单网络管理协议（Simple Network Management Protocol），是一系列网络管理规范的集合，默认使用 161 和 163 端口。

（4）传输层协议。在传输层主要运行传输控制协议（Transmission Control Protocol，TCP）和用户数据报协议（User Datagram Protocol，UDP）两个协议，其中 TCP 是面向连接的、具有质量保证的可靠传输协议，但开销较大；UDP 是尽最大能力传输的无连接协议，开销小，常用于视频在线点播（Video On Demand，VOD）之类的应用。TCP 和 UDP 本身并没有优劣之分，仅仅是适用场合有所不同。在传输层，使用端口号来唯一标识和区分同一台计算机上运行的多个应用层进程，每当创建一个网络应用进程时系统就会为其分配一个端口号，是实现网络上端到端通信的重要基础。例如，SQL Server 默认使用 1433 端口，远程桌面连接默认使用 3389 端口，MySQL 默认使用 3306 端口，MongoDB 默认使用 27017 端口，大多数情况下 IRC 服务器默认使用 6667 端口，Oracle 使用 1521、1158、8080 等几个端口。

（5）IP 地址。IP 协议运行于网络层，是网络互连的重要基础。IP 地址（32 位或 128 位二进制数）用来标识网络上的主机，在公开网络上或同一个局域网内部，每台主机都必须使用不同的 IP 地址。由于网络地址转换（Network Address Translation，NAT）和代理服务器等技术的广泛应用，不同内网中的主机可以使用相同的 IP 地址并且互不影响。

（6）IP 地址用来标识网络上一台主机，端口号（port number）用来标识主机上联网的进程，IP 地址和端口号的组合称为套接字（Socket）。套接字是网络程序设计的重要基础，也是网络爬虫程序、网站服务器与客户端、电子邮件服务器与客户端、网络管理或其他网络应用系统依赖的底层重要技术之一。

（7）MAC 地址：介质访问控制地址（Media Access Control Address），也称网卡物理地址，是一个 48 位二进制数，用来标识不同的网卡。本机的 IP 地址和 MAC 地址可以在命令提示符窗口中使用 ipconfig/all 命令查看，如图 3-1 所示。

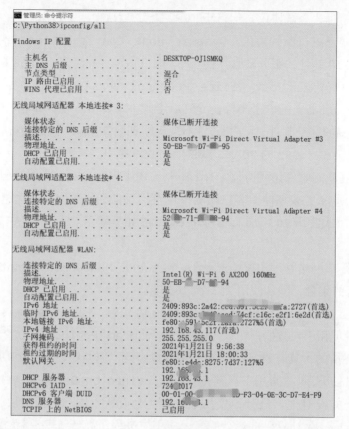

图 3-1 使用 ipconfig/all 命令查看本机 IP 地址和网卡物理地址

3.2 socket模块简介

3.2.1 socket模块常用函数

Python 标准库 socket 提供了套接字编程所需要的所有对象，表 3-1 列出了常用的一部分。需要注意的是，socket 模块最终会把相关的调用转换为底层操作系统的 API，所以 socket 提供的功能是依赖于操作系统的，并不是每个功能都通用于所有操作系统，本书重点介绍适用于 Windows 平台的用法，其中大部分功能也适用于其他操作系统。

表 3-1 socket 模块常用对象

对象	说明
create_connection(address, timeout=\<object object at 0x000001A69B1E2E80>, source_address=None)	创建 TCP 连接，返回套接字对象

续表

对象	说明

create_server(address, *,
    family=<AddressFamily.AF_INET: 2>,
    backlog=None,
    reuse_port=False,
    dualstack_ipv6=False)
	创建 TCP 服务端套接字

getdefaulttimeout()	返回创建新套接字时使用的默认超时时间（单位为秒），值为 None 时表示没有超时时间限制
gethostname()	返回计算机名
gethostbyname(host)	根据计算机名获取并返回对应的 IP 地址
gethostbyaddr(host)	根据 IP 地址或计算机名，返回包含计算机名、别名和 IP 地址列表的元组
gethostbyname_ex(host)	根据计算机名获取并返回包含计算机名、别名和所有 IP 地址的元组 (name, aliaslist, addresslist)
getservbyname(servicename [, protocolname])	返回指定服务和协议对应的端口号，如果没有对应的端口号会抛出异常
getservbyport(port[, protocolname])	返回指定端口号和协议对应的服务名称，如果没有对应的服务会抛出异常
if_nameindex()	返回包含网络接口信息的列表，Python 3.8 新增
inet_aton(string)	把圆点分隔数字形式的 IPv4 地址字符串转换为二进制形式，例如，inet_aton('127.0.0.1') 得到 b'\x7f\x00\x00\x01'，等价于 bytes(map(int, '127.0.0.1'.split('.')))
inet_ntoa(packed_ip)	把 32 位二进制格式的 IPv4 地址转换为圆点分隔数字的字符串格式，例如，inet_ntoa(b'\x7f\x00\x00\x01') 得到 '127.0.0.1'，等价于 '.'.join(map(str, tuple(b'\x7f\x00\x00\x01')))
setdefaulttimeout(timeout)	设置创建新套接字时使用的默认超时时间（单位为秒），参数 timeout 的值为 None 时表示没有超时时间限制
socket(family=-1, type=-1, proto=-1, fileno=None)	创建一个套接字对象，参数 family=socket.AF_INET 表示使用 IPv4 地址，family=socket.AF_INET6 时表示使用 IPv6 地址；参数 type=socket.SOCK_STREAM 表示使用 TCP，type=socket.SOCK_DGRAM 表示使用 UDP。套接字对象支持 with 关键字
socketpair([family[, type [, proto]]])	返回一对已连接的套接字

下面的代码演示了 socket 模块中部分函数的用法。

```
>>> import socket
>>> socket.gethostname()                            # 查看本机主机名
'DESKTOP-OJ1SMKQ'
>>> socket.gethostbyname(socket.gethostname())      # 查看本机IP地址
'169.254.162.3'
>>> socket.gethostbyname_ex(socket.gethostname())
('DESKTOP-OJ1SMKQ', [], ['169.254.162.3', '192.168.8.141'])
>>> import urllib.request
>>> urllib.request.thishost()                       # 查看本机所有IP地址的另一种方式
('169.254.162.3', '192.168.43.117')
>>> socket.getservbyname('http', 'tcp')             # 查看服务占用的端口号
80
>>> socket.getservbyname('http', 'udp')             # HTTP不能使用UDP
                                                    # 略去了详细错误
OSError: service/proto not found
>>> socket.getservbyname('pop3', 'tcp')
110
>>> socket.getservbyname('pop3', 'udp')             # POP3不能使用UDP
                                                    # 略去了详细错误
OSError: service/proto not found
>>> socket.getservbyname('https', 'udp')            # HTTPS可以使用UDP或TCP
443
>>> socket.getservbyname('https', 'tcp')
443
>>> socket.getservbyport(80, 'tcp')                 # 返回端口号对应的应用层协议
'http'
>>> socket.getservbyport(25, 'tcp')
'smtp'
>>> socket.inet_aton('192.168.8.141')               # 把IP地址打包为字节串
b'\xc0\xa8\x08\x8d'
>>> socket.inet_ntoa(b'\xc0\xa8\x08\x8d')           # 把字节串解包为IP地址
'192.168.8.141'
```

例 3-1 编写程序，获取并输出所有熟知端口、协议和服务名称之间的对应关系。

```
import socket

# 用来存放结果，形式为{'pop3s': [(995, 'tcp'), (995, 'udp')]}的字典
# 同一个服务可能既可以使用TCP，也可以使用UDP
services = {}
# 遍历[1, 1024]区间的所有端口号
```

```
    for port in range(1, 1025):
        for protocol in ('tcp', 'udp'):
            try:
                service = socket.getservbyport(port, protocol)
                t = services.get(service, [])
                t.append((port, protocol))
                services[service] = t
            except:
                pass

print(services)
```

作为一种优化写法，下面的代码使用了标准库itertools中的笛卡儿积函数product()，减少了一层循环，代码更简洁一些。

```
import socket
from itertools import product

services = {}
# 遍历[1, 1024]区间的所有端口号和TCP、UDP的组合
for port, protocol in product(range(1,1025), ('tcp','udp')):
    try:
        service = socket.getservbyport(port, protocol)
        t = services.get(service, [])
        t.append((port, protocol))
        services[service] = t
    except:
        pass

print(services)
```

例3-2　编写程序，获取本机所在局域网（假设为C类网络）内所有机器的IP地址与网卡的MAC地址。使用操作系统命令arp获取本地缓存的ARP表并生成文本文件，然后再从文件中读取和解析局域网内IP地址与MAC地址的对应关系。

例3-2 讲解

```
import os
from socket import gethostbyname_ex, gethostname

# 获取本机所有IP地址列表
hosts = gethostbyname_ex(gethostname())[-1]
# 获取ARP表，写入文本文件
```

```python
os.system('arp -a > temp.txt')
# 读取和解析ARP表中的信息
with open('temp.txt') as fp:
    for line in fp:
        line = line.split()[:2]
        if not line:
            continue
        for host in hosts:
            if line[0].startswith(host.rsplit('.',1)[0]) and\
               (not line[0].endswith('255')):
                print(':'.join(line))
```

代码生成的本地 ARP 表的临时文件 temp.txt 内容格式如图 3-2 所示，如果需要可以在程序最后增加一行代码调用 os.remove() 函数删除临时文件 temp.txt，请自行修改和测试。

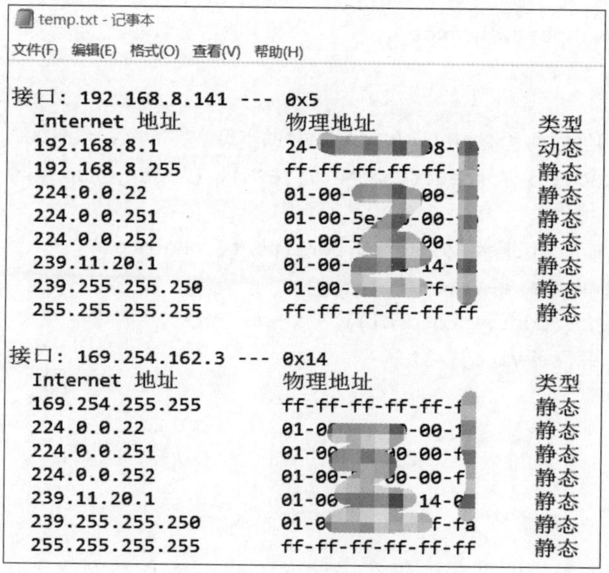

图 3-2 temp.txt 内容格式

如果需要获取本地计算机所有网卡的 MAC 地址，可以参考 3.8 节关于扩展库 psutil 的内容。

例 3-3　为了实现负载均衡或者增加黑客攻击难度，很多域名对应的 IP 地址是会经常变化的。编写程序，监视某个域名对应 IP 地址的变化情况。

```python
from time import sleep
from datetime import datetime
from socket import gethostbyname
```

```
def check_ipAddress(url):
    ipAddresses = ['']
    while True:
        sleep(0.5)                              # 每隔0.5秒查询一次
        ip = gethostbyname(url)                 # 获取IP地址
        if ip != ipAddresses[-1]:               # 和上次获取的IP地址不一样
            ipAddresses.append(ip)
            print(str(datetime.now())[:19]+'===>'+ip)

check_ipAddress(r'www.microsoft.com')
```

部分运行结果如图 3-3 所示。

```
2020-10-12 21:47:48===>222.138.3.87
2020-10-12 22:03:51===>223.119.205.204
2020-10-12 22:04:10===>222.138.3.87
```

图 3-3　某域名对应的 IP 地址变化情况

例 3-4　编写程序，获取本机所在局域网内所有计算机名和 IP 地址。代码假设本机处于 C 类 IP 地址局域网内，遍历局域网内每个可能的 IP 地址并尝试获取对应的计算机名。

```
from socket import gethostname, gethostbyname, gethostbyaddr

# 本机IP地址和网络地址
this_ip = gethostbyname(gethostname())
net_addr = this_ip.rsplit('.', 1)[0]

for i in range(1, 255):
    # 局域网内每个可能的IP地址
    ip = f'{net_addr}.{i}'
    try:
        computer_name = gethostbyaddr(ip)[0]
        print(computer_name, ip, sep=':')
    except:
        print(ip, 'not exists.')
```

3.2.2　套接字对象常用方法

socket 模块中的函数 socket() 函数用来创建套接字对象支持网络通信，表 3-2 中列出了套接字对象的常用方法，本章后面几节陆续介绍相关的用法和案例。

表 3-2 套接字对象的常用方法

方法	说明
accept()	接受一个客户端的连接，返回元组 (conn, address)，其中 conn 是可以实际用于收发数据的新套接字，address 是对方套接字地址，形式为 (host, port)
bind(address)	把套接字绑定到本地地址，参数 address 的形式为元组 (host, port)
close()	通知操作系统，把输出缓冲区中剩余的数据传输完成之后关闭套接字
connect(address)	连接 address 指定的套接字，address 形式为 (host, port)
getblocking()	查看套接字是否处于阻塞模式，对于非阻塞模式的套接字，调用 accept() 和 recv() 方法时如果没有数据会抛出异常。新创建的套接字默认为阻塞模式
getpeername()	返回套接字对象连接的另一端地址，可以用于获取远程套接字的 IP 地址和端口号
getsockname()	返回套接字对象的本地地址，可以用于获取系统随机分配给本地套接字的端口号
getsockopt(level, option [, buffersize])	查看套接字选项
gettimeout()	返回套接字的超时时间
ioctl(cmd, option)	调用 Windows 的 WSAIoctl 系统调用，目前只支持 SIO_RCVALL、SIO_KEEPALIVE_VALS 和 SIO_LOOPBACK_FAST_PATH，其中 SIO_KEEPALIVE_VALS 值的格式为 (onoff, timeout, interval)
listen([backlog])	声明自己为服务器端的监听套接字（listening socket）或被动套接字（passive socket），开始监听并准备好接受客户端的连接请求，参数 backlog 表示能够同时连接的客户端数量。监听套接字不能用于发送或接收任何数据，也不表示任何实际的网络会话。套接字对 listen() 方法的调用是不可逆的，无法从监听套接字变为用于数据收发的普通套接字
recv(buffersize[, flags])	从套接字中读取并返回最多 buffersize 字节，即使接收缓冲区内有足够多的数据也不能保证成功接收到 buffersize 字节，如果对方已关闭并且已读取完缓冲区内所有数据，recv() 方法返回空字节串
recvfrom(buffersize[, flags])	从套接字中读取最多 buffersize 字节，返回包含字节串数据和对方地址的元组 (data, address info)
recvfrom_into(buffer [, nbytes[, flags]])	从套接字读取最多 nbytes 字节直接写入缓冲区 buffer，返回实际接收并写入缓冲区的字节串长度以及发送方地址

续表

方 法	说 明
recv_into(buffer, [nbytes[, flags]])	从套接字读取最多 nbtyes 字节直接写入缓冲区，返回实际接收并写入缓冲区的字节串长度
send(data[, flags])	向已连接的远程套接字发送字节串 data，返回实际发送的字节串长度（小于或等于 len(data)）
sendall(data[, flags])	向已连接的远程套接字发送字节串 data，自动重复调用 send() 方法，确保 data 全部发送完成
sendto(data[, flags], address)	向参数 address 指定的套接字发送字节串 data
setblocking(flag)	设置套接字为阻塞模式(flag=True)或非阻塞模式(flag=False)
settimeout(timeout)	设置套接字连接、读写等操作的超时时间为 timeout（要求为非负实数）秒，参数 timeout=0 时表示设置套接字为非阻塞模式，参数 timeout=None 时表示设置套接字为阻塞模式
setsockopt(level, option, value: int) setsockopt(level, option, value: buffer) setsockopt(level, option, None, optlen: int)	设置套接字选项

3.3 TCP协议编程案例实战

TCP 和 UDP 是网络体系结构的传输层运行的两大重要协议，二者各有特点，没有绝对的优劣之分，只是使用场合不同。其中，TCP 协议适用于对效率要求相对低但对准确性和可靠性要求高的场合，例如文件传输、电子邮件等；UDP 协议适用于对效率要求相对高但对准确性要求低的场合，例如视频在线点播、网络语音通话等，尤其适合多播和广播的应用。

使用标准库 socket 中的函数 socket() 创建套接字时指定参数 type=socket.SOCK_STREAM 表示使用 TCP 协议，编写基于 TCP 协议的网络应用程序时常用的套接字对象方法主要有 connect()、send()、sendall()、recv()、recv_into()、bind()、listen()、accept()、close()，具体功能和参数含义参考表 3-2，服务端和客户端调用各方法的时间线如图 3-4 所示。

本节接下来通过几个案例演示和讲解套接字编程标准库 socket，以及多线程编程标准库 threading 和多进程编程标准库 multiprocessing 在 TCP 协议编程方面的应用。3.4 节介绍和演示 UDP 协议编程的应用，关于 ZeroMQ 编程的资料和案例，可以关注公众号"Python 小屋"，并发送消息 ZeroMQ 进行学习。

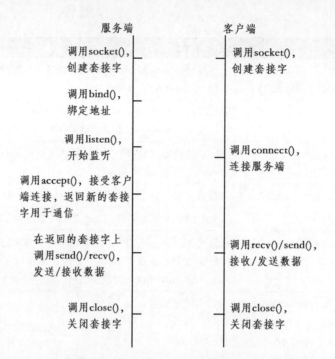

图 3-4 TCP 服务端和客户端通信示意图

例 3-5　编写 TCP 通信程序模拟机器人自动聊天软件,服务端提前建立好字典,然后根据接收到的内容查询字典并自动回复。

例 3-5 讲解

1. 服务端代码(单客户端版本)

```python
import socket
from sys import exit
from struct import pack, unpack
from os.path import commonprefix

# 缓冲区大小,或者说一次能够接收的最大字节串长度
BUFFER_SIZE = 9012


words = {'how are you?': 'Fine,thank you.',
         'how old are you?': '38',
         'what is your name?': 'Dong FuGuo',
         "what's your name?": 'Dong FuGuo',
         'where do you work?': 'University',
         'bye': 'Bye'}


# 空字符串表示本地所有IP地址
# 如果需要绑定到本地特定的IP地址,可以明确指定,例如'192.168.9.1'
HOST = ''
PORT = 50007
```

```python
# 创建TCP套接字，绑定socket地址
sock_server = socket.socket(socket.AF_INET, socket.SOCK_STREAM)
sock_server.bind((HOST, PORT))
# 声明自己为服务端套接字，开始监听，准备接受一个客户端连接
sock_server.listen(1)
print('Listening on port:', PORT)


# 阻塞，成功接受一个客户端连接请求之后返回新的套接字和对方地址
try:
    conn, addr = sock_server.accept()
except:
    # 接受客户端连接失败，服务器故障，直接退出
    exit()


print('Connected by', addr)
# 开始聊天，使用新套接字收发信息
while True:
    # 接收一个整数打包后的字节串，表示对方本次发送的实际字节串长度
    int_bytes = b''
    # 在struct序列化规则中，整数被打包为长度为4的字节串
    rest = 4
    # 在高并发网络服务器中，无法保证能够一次接收完4字节，使用循环更可靠
    # 使用TCP通信时，必须保证接收方恰好收完发送方的数据，不能多，也不能少
    while rest > 0:
        # 接收数据时自动分配缓冲区
        temp = conn.recv(rest)
        # 收到空字节串，表示对方套接字已关闭
        if not temp:
            break
        int_bytes = int_bytes + temp
        rest = rest - len(temp)
    # 前面的while循环没有接收到数据或者没有收够4字节
    # 表示对方已结束通信或者网络故障
    if rest > 0:
        break

    # rest表示接下来需要接收的字节串长度，unpack()的结果是一个元组
    rest = unpack('i', int_bytes)[0]
    data = b''
    while rest > 0:
        # 要接收的字节串长度可能非常大，限制一次最多接收BUFFER_SIZE字节
        temp = conn.recv(min(rest, BUFFER_SIZE))
        data = data + temp
        rest = rest - len(temp)
```

```python
            # 接收数据不完整，套接字可能损坏
            if rest > 0:
                break
        
        # 删除字符串中可能存在的连续多个空格
        data = ' '.join(data.decode().split())
        print('Received message:', data)
        # 尽量猜测对方要表达的真正意思
        m = 0
        key = ''
        for k in words.keys():
            # 与某个"键"有超过70%的共同前缀，认为对方就是想问这个问题
            if len(commonprefix([k, data])) > len(k)*0.7:
                key = k
                break
            # 使用选择法，选择一个重合度较高（也就是共同单词最多）的"键"
            length = len(set(data.split())&set(k.split()))
            if length > m:
                m = length
                key = k
        # 选择合适的信息进行回复
        reply = words.get(key, 'Sorry.').encode()
        # 发送数据时自动确定缓冲区长度
        conn.sendall(pack('i', len(reply)) + reply)

conn.close()
sock_server.close()
```

2. 客户端代码

```python
import socket
from sys import exit
from struct import pack, unpack

# 服务端主机IP地址和端口号
# 如果服务端和客户端不在同一台计算机，需要自己修改变量HOST的值
HOST = '127.0.0.1'
PORT = 50007


sock = socket.socket(socket.AF_INET, socket.SOCK_STREAM)
# 设置超时时间，避免服务端不存在时客户端长时间等待或GUI界面无响应
sock.settimeout(0.3)
try:
```

```python
        # 连接服务器，成功后设置当前套接字为阻塞模式
        sock.connect((HOST, PORT))
        sock.settimeout(None)
except Exception as e:
        print('Server not found or not open')
        exit()

while True:
        msg = input('Input the content you want to send:').encode()
        # 发送数据
        sock.sendall(pack('i', len(msg))+msg)
        # 从服务端接收数据
        # 客户端的实现可以比服务端简单一些，数据量小时不需要循环接收来保证数据完整
        length = unpack('i', sock.recv(4))[0]
        data = sock.recv(length).decode()
        print('Received:', data)
        if msg.lower() == b'bye':
                break
# 关闭连接
sock.close()
```

打开一个命令提示符窗口运行服务端程序，再打开一个命令提示符窗口运行客户端程序，运行效果如图 3-5 所示。

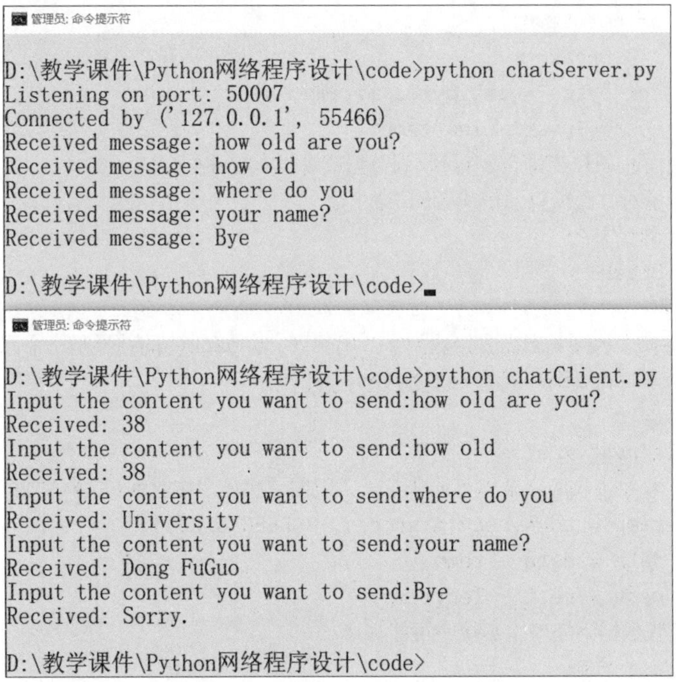

图 3-5 机器人聊天程序运行效果

上面的程序中，服务端在同一时刻只能接收和回复一个客户端的聊天信息，如果想让服务端能够同时和多个客户端聊天，需要结合第 2 章的多线程编程技术，为每个客户端创建一个单独的线程为其服务。服务端代码改写如下，客户端代码不需要修改，请自行运行程序观察运行结果。

3．服务端代码（多客户端版本）

```python
import socket
from threading import Thread
from struct import pack, unpack
from os.path import commonprefix

BUFFER_SIZE = 9012

def every_client(conn, addr):
    # 开始聊天
    while True:
        # 接收一个整数的字节串，表示对方本次发送的实际字节串长度
        int_bytes = b''
        rest = 4
        # 在高并发网络中，无法保证能够一次接收完4字节，使用循环更可靠
        while rest > 0:
            temp = conn.recv(rest)
            # 收到空字节串，表示对方套接字已关闭
            if not temp:
                break
            int_bytes = int_bytes + temp
            rest = rest - len(temp)
        # 前面的while循环没有接收到数据或者没有收够4字节
        # 表示对方已结束通信或者网络故障
        if rest > 0:
            break

        # rest表示接下来需要接收的字节串长度，unpack()的结果是一个元组
        rest = unpack('i', int_bytes)[0]
        data = b''
        while rest > 0:
            # 要接收的字节串可能非常长，限制一次最多接收BUFFER_SIZE字节
            temp = conn.recv(min(rest, BUFFER_SIZE))
            data = data + temp
            rest = rest - len(temp)
        # 接收数据不完整，套接字可能损坏
        if rest > 0:
            break
```

```python
            # 删除字符串中可能存在的连续多个空格
            data = ' '.join(data.decode().split())
            print('Received message:', data)
            # 尽量猜测对方要表达的真正意思
            m = 0
            key = ''
            for k in words.keys():
                # 与某个"键"有超过70%的共同前缀,认为对方就是想问这个问题
                if len(commonprefix([k, data])) > len(k)*0.7:
                    key = k
                    break
                # 使用选择法,选择一个重合度较高的"键"
                length = len(set(data.split())&set(k.split()))
                if length > m:
                    m = length
                    key = k
            # 选择合适的信息进行回复
            reply = words.get(key, 'Sorry.').encode()
            conn.sendall(pack('i', len(reply)) + reply)

    conn.close()
    print(f'Client {addr} has left.')

words = {'how are you?': 'Fine,thank you.',
         'how old are you?': '38',
         'what is your name?': 'Dong FuGuo',
         "what's your name?": 'Dong FuGuo',
         'where do you work?': 'University',
         'bye': 'Bye'}

HOST = ''
PORT = 50007
sock_server = socket.socket(socket.AF_INET, socket.SOCK_STREAM)
# 绑定socket
sock_server.bind((HOST, PORT))
# 开始监听套接字,准备接受客户端连接,最多可以同时和50个客户端通信
sock_server.listen(50)
print('Listening on port:', PORT)
while True:
    try:
        conn, addr = sock_server.accept()
    except:
        break
```

```
            print('Connected by', addr)
            # 为每个客户端连接创建单独的线程为其服务
            Thread(target=every_client, args=(conn,addr)).start()

sock_server.close()
```

例 3-6　一般来说，客户端连接服务端之后每次通信只发送少量数据，完成会话之后立刻断开连接释放资源，需要时再次发起连接请求，这样可以减轻服务端压力。但建立连接和释放连接本身也是需要时间的，如果频繁创建连接和释放连接反而会浪费服务器资源，所以有些场合中需要长时间保持连接。默认情况下，如果对方长时间没有收发数据，TCP 连接会自动断开，以免服务端长期存在半开放连接浪费资源。如果需要长时间保持，需要显式设置套接字为长连接模式。编写程序，使用 TCP 协议进行通信，并且使得 TCP 连接能够长时间保持存活。

例 3-6 讲解

1. 服务端代码

```
import socket
from struct import unpack

sockServer = socket.socket(socket.AF_INET, socket.SOCK_STREAM)
sockServer.bind(('', 6666))
sockServer.listen(1)

conn, addr = sockServer.accept()
# 为客户端套接字开启长连接
# 保活设置只需要在一端启用就可以，不需要在服务端和客户端都设置
# 可以注释掉下面两行代码再运行，对比运行结果，理解保活机制的作用
conn.setsockopt(socket.SOL_SOCKET, socket.SO_KEEPALIVE, True)
conn.ioctl(socket.SIO_KEEPALIVE_VALS,
           (1,             # 开启保持存活机制
            60*1000,       # 60秒后如果对方还没有反应，开始探测连接是否存在
            30*1000)       # 30秒探测一次，默认探测10次，失败则断开
           )
while True:
    # 这里没有考虑高并发网络服务器，假设一次可以接收完数据
    # 接收4字节，解包为整数，表示对方要发送的字节串长度
    data_length = conn.recv(4)
    if not data_length:
        conn.close()
        break
    data_length = unpack('i', data_length)[0]
    data = conn.recv(data_length).decode()
    print(data)
```

2. 客户端代码

```python
import socket
from time import sleep
from struct import pack
from datetime import datetime

sockClient = socket.socket(socket.AF_INET, socket.SOCK_STREAM)

try:
    # 实际运行时建议使用两台计算机进行测试
    # 一台计算机运行服务端，另一台计算机运行客户端
    # 并把下面代码中的'127.0.0.1'修改为服务端计算机的IP地址
    sockClient.connect(('127.0.0.1', 6666))
except:
    print('服务器不存在。')
    exit()

for i in range(5):
    msg = str(datetime.now())[:19]
    print(msg)
    msg = msg.encode()
    sockClient.sendall(pack('i', len(msg)))
    sockClient.sendall(msg)
    # 每隔6分钟发送一次数据
    sleep(360)

sockClient.close()
```

使用联网的两台计算机测试程序，一台计算机运行服务端程序，另一台计算机运行客户端程序，并把客户端程序中的本地回环地址 '127.0.0.1' 修改为服务端程序所在计算机的真实 IP 地址，运行结果如图 3-6 所示。删除或注释掉服务端开启保活机制的两行代

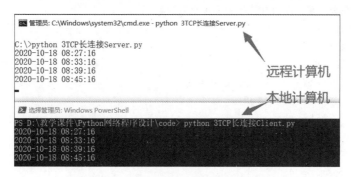

图 3-6 开启保活机制时的运行过程

码之后再运行,结果如图3-7所示。可以看出,如果没有开启保活机制,无法保持TCP长连接。如果客户端长时间不操作,再次发送数据时会因为连接已断开而失败。

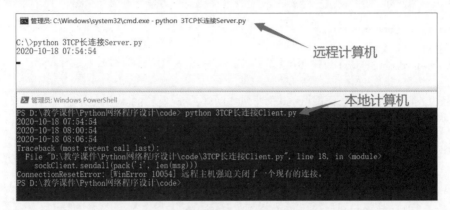

图3-7 没有开启保活机制时的运行过程

例3-7 一般来说,存放重要数据的服务器必须要进行强有力的保护,并且只能允许特定的机器进行访问,不能让所有客户端自由访问。可以考虑编写一个代理程序,设置服务器只允许代理程序所在计算机的IP地址访问,所有客户端对服务器的访问都由代理程序负责转发。编写程序模拟这个过程,在中间代理程序中使用端口映射技术实现数据转发。

例3-7 讲解

1. 服务端程序

```python
import sys
import socket
import msvcrt
from threading import Thread
from struct import pack, unpack

def replyMessage(conn):
    # 回复消息,原样返回
    while True:
        # 在服务端确保恰好接收到表示整数的4字节
        rest = 4
        data = b''
        while rest > 0:
            received = conn.recv(rest)
            if not received:
                break
            data = data + received
            rest = rest - len(received)
        if rest == 4:
            print('一个会话结束。')
```

```python
                break
            elif rest > 0:
                print('连接崩溃。')
                break

            # 接收消息，确保恰好接收到对方发送的数据，不多也不少
            rest = unpack('i', data)[0]
            data = []
            while rest > 0:
                received = conn.recv(min(rest, 1024))
                if not received:
                    break
                rest = rest - len(received)
                data.append(received)
            if rest > 0:
                print('连接崩溃，接收数据不完整')
                break

            data = b''.join(data)
            # 原样发回
            conn.sendall(pack('i', len(data)) + data)
            if data.lower() == b'bye':
                break

        conn.close()

def waitfor_q():
    # 按下字母q退出服务器
    while True:
        # 接收任意单个字符
        # 本程序需要在cmd或PowerShell中执行，不能在IDLE中直接运行
        ch = msvcrt.getwche()
        if ch == 'q':
            sockScr.close()
            break
        # 删除输入的字符
        print(end='\r', flush=True)

def main():
    global sockScr

    # 启动一个线程，等待用户按下字母q退出程序
    t = Thread(target=waitfor_q)
    t.daemon = True
```

```python
        t.start()

    sockScr = socket.socket(socket.AF_INET, socket.SOCK_STREAM)
    sockScr.bind(('', port))
    # 最多同时服务200个连接
    sockScr.listen(200)

    # 按下字母q之后，sockScr被关闭，调用accept()时抛出异常，结束循环
    while True:
        try:
            conn, addr = sockScr.accept()
            # 只允许特定主机访问本服务器
            if addr[0] != onlyYou:
                conn.close()
                continue
            # 创建并启动线程，主线程结束时一起结束子线程
            t = Thread(target=replyMessage, args=(conn,))
            t.daemon = True
            t.start()
        except:
            break

    sockScr.close()

if __name__ == '__main__':
    try:
        # 获取命令行参数，服务端口号和代理服务器IP地址
        port = int(sys.argv[1])
        onlyYou = sys.argv[2]
    except:
        print('必须提供一个本地端口号和一个允许接入的代理IP地址。')
        exit()

    print('服务器已启动，按字母q结束。')
    main()
```

2．中间代理程序

```python
import sys
import socket
import threading
from struct import pack, unpack
```

```python
def middle(conn, addr):
    '''conn是面向客户端的连接，addr是客户端地址'''
    # 创建面向服务器的Socket
    sockDst = socket.socket(socket.AF_INET, socket.SOCK_STREAM)
    try:
        sockDst.settimeout(0.5)
        sockDst.connect((ipServer, portServer))
        sockDst.settimeout(None)
    except:
        print('服务器不存在')
        # 关闭客户端连接
        conn.close()
        exit()

    while True:
        # 接收客户端发来的数据
        rest = 4
        data = b''
        while rest > 0:
            received = conn.recv(rest)
            if not received:
                break
            rest = rest - len(received)
            data = data + received
        if rest == 4:
            print('通信结束。')
            break
        elif rest > 0:
            print('连接崩溃。')
            break

        rest = unpack('i', data)[0]
        data = []
        while rest > 0:
            received = conn.recv(min(rest, 1024))
            if not received:
                break
            rest = rest - len(received)
            data.append(received)
        if rest > 0:
            print('接收数据不完整，连接崩溃。')
            exit()

        # 根据情况决定如何处理客户端发来的消息
```

```python
# 对于常见汉字，GBK编码占2字节，UTF-8占3字节
# 使用GBK可以节约带宽，但有些特殊字符不在GBK字符集中，无法编码
data = b''.join(data).decode('gbk')
print('收到客户端消息：'+data)
if data == '不要发给服务器':
    msg = '该消息已被代理服务器过滤'.encode('gbk')
    conn.sendall(pack('i', len(msg)))
    conn.sendall(msg)
    print('该消息已过滤')
elif data.lower() == 'bye':
    print(f'{addr}客户端关闭连接')
    break
else:
    # 把客户端发来的信息转发给服务器,如果服务端已断开，结束循环
    # 然后关闭面向客户端的套接字和面向服务端的套接字
    data = data.encode('gbk')
    try:
        sockDst.sendall(pack('i', len(data)) + data)
    except:
        break
    print('已转发服务器')
    # 接收服务端反馈回来的信息
    rest = 4
    data = b''
    while rest > 0:
        received = sockDst.recv(rest)
        if not received:
            break
        rest = rest - len(received)
        data = data + received
    if rest == 4:
        print('通信结束。')
        break
    elif rest > 0:
        print('连接崩溃。')
        break
    
    rest = unpack('i', data)[0]
    data = []
    while rest > 0:
        received = sockDst.recv(min(rest,1024))
        if not received:
            break
        rest = rest - len(received)
```

```python
                data.append(received)
                if rest > 0:
                    print('连接崩溃,接收数据不完整。')
                    break

            data_fromServer = b''.join(data).decode('gbk')
            print('收到服务器回复的消息: ' + data_fromServer)
            if data_fromServer == '不要发给客户端':
                msg = '该消息已被代理服务器修改'.encode('gbk')
                conn.sendall(pack('i', len(msg)))
                conn.sendall(msg)
                print('消息已被篡改。')
            else:
                msg = b'Server reply:' + data_fromServer.encode('gbk')
                conn.sendall(pack('i', len(msg)))
                conn.sendall(msg)
                print('已转发服务器消息给客户端。')

    conn.close()
    sockDst.close()

def main():
    # 代理服务器用于接受客户端连接的套接字
    sockScr = socket.socket(socket.AF_INET, socket.SOCK_STREAM)
    sockScr.bind(('', portScr))
    sockScr.listen(200)
    print('代理已启动。')

    while True:
        try:
            conn, addr = sockScr.accept()
            # 启动一个线程专门为这个客户端服务
            threading.Thread(target=middle, args=(conn, addr)).start()
            print('新客户端: '+str(addr))
        except:
            print('发生错误,已忽略,继续工作。')
            pass

if __name__ == '__main__':
    try:
        # (本机IP地址,portScr)<==>(ipServer,portServer)
        # 代理服务器监听端口
        portScr = int(sys.argv[1])
        # 受保护的服务器IP地址与端口号
```

```
            ipServer = sys.argv[2]
            portServer = int(sys.argv[3])
    except:
        print('提供的数据有问题,无法启动代理。')
        exit()
main()
```

3. 客户端程序

```
import sys
import socket
from struct import pack, unpack

def main(ip, port):
    sock = socket.socket(socket.AF_INET, socket.SOCK_STREAM)
    try:
        sock.settimeout(0.5)
        sock.connect((ip, port))
        sock.settimeout(None)
    except:
        print('连接失败。')
        exit()

    while True:
        # 发送数据
        msg = input('输入要发送的信息:').encode('gbk')
        sock.sendall(pack('i', len(msg)) + msg)
        if msg.lower() == b'bye':
            break
        # 接收数据
        try:
            received = sock.recv(4)
            assert len(received) == 4
        except:
            print('对方已关闭连接。')
            break
        length = unpack('i', received)[0]
        print(sock.recv(length).decode('gbk'))

    sock.close()

if __name__ == '__main__':
    try:
```

```
    # 代理服务器的IP地址和端口号
    ip = sys.argv[1]
    port = int(sys.argv[2])
except:
    print('必须提供代理服务器IP地址和端口。')
    exit()

main(ip, port)
```

启动 3 个 PowerShell 窗口，分别执行服务器程序、代理程序和客户端程序，运行结果如图 3-8 所示。代理程序允许多个客户端同时访问服务器，图 3-9 显示了两个客户端同时工作的情况。

图 3-8　端口映射程序运行结果

图 3-9　两个客户端同时通过代理访问服务器

例 3-8　编写程序,实现素数远程快速查询功能。在服务端维护一个集合,使用一个子线程不停地更新集合增加更多素数,另一个子线程接收客户端的远程查询并根据客户端提交的整数是否素数做出相应的回复。

例 3-8 讲解

1. 服务端代码

```
import socket
from msvcrt import getwche
from itertools import count
from threading import Thread
from struct import pack, unpack

# 存放素数的集合
primes = {2, 3, 5}

def getPrimes():
    def isPrime(n):
        # 大于6的素数对6的余数必然是1或者5
        m = n % 6
        if m!=1 and m!=5:
            return False
        else:
            for i in range(3, int(n**0.5)+1, 2):
                if n%i == 0:
                    return False
            else:
                return True
    
    # 遍历大于或等于7的所有奇数,把素数放入集合中
    for num in count(7, 2):
        if isPrime(num):
            # 长时间运行会得到大量素数
            # 集合大小超过内存限制时再放入元素会引发异常,不再扩充集合
            try:
                primes.add(num)
            except:
                break

def recieveNumber():
    global sock
    sock = socket.socket(socket.AF_INET, socket.SOCK_STREAM)
    sock.bind(('', 5005))
    # 最多可以同时服务50个客户端的查询
    sock.listen(50)
    while True:
```

```python
        # 接受客户端连接，如果套接字已关闭，调用accept()方法会引发异常
        try:
            conn, _ = sock.accept()
        except:
            break
        # 接收客户端发来的数字
        length = unpack('i', conn.recv(4))[0]
        data = int(conn.recv(length))
        # 判断是否存在于集合中，存在就是素数
        if data > max(primes):
            msg = '数字太大，请稍后再查。'.encode()
        elif data in primes:
            msg = '是素数。'.encode()
        else:
            msg = '不是素数。'.encode()
        conn.sendall(pack('i', len(msg)) + msg)

def waitfor_q():
    # 按下字母q退出服务器
    print('服务器开始工作，按字母q退出。')
    while True:
        # 接收任意单个字符
        ch = getwche()
        if ch == 'q':
            sock.close()
            break
        # 删除输入的字符
        print(end='\r', flush=True)

# 等待输入字母q的线程不能设置daemon属性为True
# 主线程必须等这个子线程结束之后才能结束
# 另外2个线程已设置daemon属性为True，如果3个线程都设置，主线程会直接结束
Thread(target=waitfor_q).start()
# 主线程结束时，同时结束下面的两个子线程
Thread(target=getPrimes, daemon=True).start()
Thread(target=recieveNumber, daemon=True).start()
```

2. 客户端代码

```python
import socket
from struct import pack, unpack

while True:
    data = input('输入一个正整数（字母q结束）：').strip()
```

```python
        # 如果没有有效输入,例如只按回车键,就继续等待输入
        if not data:
            continue
        if data == 'q':
            break
        if data.isdigit():
            # 使用短连接,每次查询都创建新的连接,查完立刻断开
            sock = socket.socket(socket.AF_INET, socket.SOCK_STREAM)
            try:
                sock.settimeout(0.5)
                sock.connect(('127.0.0.1', 5005))
                sock.settimeout(None)
            except:
                print('服务器不存在。')
                exit()
            # 把输入的正整数发给服务器
            data = data.encode()
            sock.sendall(pack('i', len(data)) + data)
            # 接收并输出服务器的反馈结果,使用struct序列化时,整数占4字节
            length = unpack('i', sock.recv(4))[0]
            print(sock.recv(length).decode())
            sock.close()
        else:
            print('无效输入。', end='', flush=True)
```

打开两个命令提示符窗口,一个运行服务端程序,另一个运行客户端程序,运行结果如图 3-10 所示。

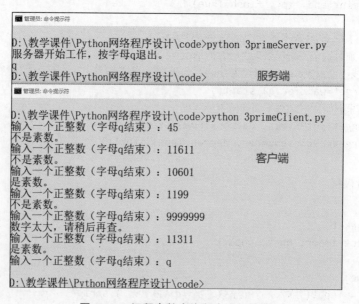

图 3-10 远程素数查询程序运行结果

例 3-9 编写程序模拟 FTP 通信过程，每个用户账号对应不同的主目录，在客户端登录之后可以远程在服务器上创建文件夹、切换文件夹、查看当前文件夹、上传文件、下载文件、获取当前文件夹中的文件名与子文件夹名清单，并且所有操作都被限制在该账号自己的主目录范围之内。

1. 服务端代码

```python
import socket
from multiprocessing import Process
from struct import pack, unpack, calcsize
from os.path import isfile, isdir, normpath, dirname
from os import getcwd, chdir, makedirs, remove, listdir, mkdir, rmdir

# 一个整数打包后字节串的长度，大部分平台中的值为4
intSize = calcsize('i')

# 用户账号、密码、主目录
# 也可以把这些信息存放到数据库中
users = {'zhangsan':{'pwd':'zhangsan1234',
                     'home':r'D:\ftp_home\zhangsan'},
         'lisi':{'pwd':'lisi567', 'home':r'D:\ftp_home\lisi'}}

def server(conn, addr, home):
    print('新客户端：'+str(addr))
    
    # 用户主目录不存在，为其创建一个
    if not isdir(home):
        makedirs(home)
    # 进入当前用户主目录
    chdir(home)
    
    while True:
        # 正常来讲，客户端命令不会太长，可以一次接收完整，直接转换为小写
        length = unpack('i', conn.recv(intSize))[0]
        command = conn.recv(length).decode().lower()
        # 显示客户端输入的每条命令
        print(f'客户端{addr}发来命令{command}')
        
        # 客户端退出
        if command in ('quit', 'q'):
            break
        
        # 查看当前文件夹的文件列表
```

```python
        elif command in ('list', 'ls', 'dir'):
            files = str(listdir(getcwd())).encode()
            conn.sendall(pack('I', len(files)) + files)

        # 切换至上一级目录
        elif ''.join(command.split()) == 'cd..':
            cwd = getcwd()
            # 获取路径中最后一个反斜线前面的部分，也就是上一级目录
            newCwd = dirname(cwd)
            # 考虑根目录的情况
            if newCwd[-1] == ':':
                newCwd += '\\'
            # 限定用户主目录
            if newCwd.lower().startswith(home.lower()):
                chdir(newCwd)
                msg = b'ok'
                conn.sendall(pack('i', len(msg)) + msg)
            else:
                msg = b'error'
                conn.sendall(pack('i', len(msg)) + msg)

        # 查看当前目录
        elif command in ('cwd', 'cd'):
            msg = str(getcwd()).encode()
            conn.sendall(pack('i', len(msg)) + msg)

        elif command.startswith('cd '):
            # 指定最大分隔次数，考虑目标文件夹带有空格的情况
            # 只允许使用相对路径进行跳转，不允许有类似'C:\'的路径
            # 提交的路径中不允许有'\'这样的子串
            command = command.split(maxsplit=1)
            if len(command)==2 and isdir(command[1]) \
                and ('\\' not in command[1]):
                chdir(command[1])
                msg = b'ok'
                conn.sendall(pack('i', len(msg)) + msg)
            else:
                msg = b'error'
                conn.sendall(pack('i', len(msg)) + msg)

        # 下载文件
        elif command.startswith('get '):
            # 分隔命令和要下载的文件名
```

```python
        command = command.split(maxsplit=1)
        # 检查文件是否存在
        if len(command) == 2 and isfile(command[1]):
            # 确认文件存在
            conn.sendall(b'ok')
            # 读取文件内容
            with open(command[1], 'rb') as fp:
                content = fp.read()
            # 先发送文件字节总数量，然后再发送数据
            conn.sendall(pack('i', len(content)) + content)
        else:
            conn.sendall(b'no')

    # 上传文件
    elif command.startswith('put '):
        # 获取文件名
        fn = command.split(maxsplit=1)[1]
        # 如果文件已存在或文件名、类型不符合要求，拒绝上传
        if (isfile(fn) or fn.endswith(('.exe', '.com'))
            or ('\\' in normpath(fn))):
            conn.sendall(b'no')
        else:
            # 文件不存在且符合要求，可以接收该文件
            conn.sendall(b'ok')
            # 接收的4字节可能是表示客户端没有该文件的b'nono'
            # 也可能是表示要上传的文件大小的整数pack后的字节串
            buffer = conn.recv(intSize)
            # 要求客户端存在该文件
            if buffer != b'nono':
                rest = unpack('i', buffer)[0]
                with open(fn, 'wb') as fp:
                    while rest > 0:
                        received = conn.recv(min(rest, 40960))
                        if not received:
                            break
                        fp.write(received)
                        rest = rest - len(received)
                if rest > 0:
                    # 接收文件不完整，删除刚接收的文件
                    remove(fn)
                    conn.sendall(b'no')
                else:
                    # 确认接收成功
```

```python
            conn.sendall(b'ok')

    # 客户端要求删除服务器上的文件
    elif command.startswith('del '):
        fn = command.split(maxsplit=1)[1]
        if '\\' not in normpath(fn) and isfile(fn):
            try:
                remove(fn)
                conn.sendall(b'ok')
            except:
                conn.sendall(b'no')
        else:
            conn.sendall(b'no')

    # 创建子文件夹
    elif command.startswith('md '):
        subDir = command.split(maxsplit=1)[1]
        if '\\' not in normpath(subDir) and not isdir(subDir):
            try:
                mkdir(subDir)
                conn.sendall(b'ok')
            except:
                conn.sendall(b'no')
        else:
            conn.sendall(b'no')

    # 删除子文件夹
    elif command.startswith('rd '):
        subDir = command.split(maxsplit=1)[1]
        if '\\' not in normpath(subDir) and isdir(subDir):
            try:
                rmdir(subDir)
                conn.sendall(b'ok')
            except:
                conn.sendall(b'no')
        else:
            conn.sendall(b'no')

    # 无效命令
    else:
        pass

conn.close()
```

```python
        print(str(addr)+'关闭连接')

if __name__ == '__main__':
    # 创建Socket，监听本地端口，等待客户端连接
    sock = socket.socket(socket.AF_INET, socket.SOCK_STREAM)
    sock.bind(('', 10800))
    sock.listen(5)
    print('服务器已启动。')

    while True:
        try:
            conn, addr = sock.accept()
        except:
            break

        # 验证客户端输入的用户名和密码是否正确
        length = unpack('i', conn.recv(intSize))[0]
        userId, userPwd = conn.recv(length).decode().split(',')
        if userId in users and users[userId]['pwd'] == userPwd:
            msg = b'ok'
            conn.sendall(pack('i', len(msg)) + msg)
            # 为每个客户端连接创建并启动一个进程
            # 参数为客户端连接、客户端地址、客户主目录
            # 使用进程可以避免多客户端同时在线时主目录的互相影响
            # 如果使用线程的话，一个客户切换当前目录时会影响其他客户端
            home = users[userId]['home']
            Process(target=server, args=(conn,addr,home)).start()
        else:
            msg = b'error'
            conn.sendall(pack('i', len(msg)) + msg)
```

2. 客户端代码

```python
import re
import sys
import socket
from getpass import getpass
from ast import literal_eval
from os.path import isfile, normpath
from struct import pack, unpack, calcsize

intSize = calcsize('i')
bufferSize = 40960
```

```python
def main(serverIP):
    sock = socket.socket(socket.AF_INET, socket.SOCK_STREAM)
    try:
        # 避免服务器没启动时客户端长时间等待
        sock.settimeout(0.5)
        sock.connect((serverIP, 10800))
        # 恢复套接字为阻塞模式
        sock.settimeout(None)
    except:
        print('连接服务器失败。')
        exit()

    userId = input('请输入用户名：')
    # 使用getpass模块的getpass()方法获取密码，不回显，需要在cmd环境运行程序
    userPwd = getpass('请输入密码：')
    message = f'{userId},{userPwd}'.encode()
    sock.send(pack('i', len(message)) + message)

    length = unpack('i', sock.recv(intSize))[0]
    login = sock.recv(length)
    # 验证是否登录成功
    if login == b'error':
        print('用户名或密码错误')
        return

    while True:
        # 接收客户端命令，其中##>是提示符
        command = input('##> ').lower().strip()
        # 没有输入任何有效字符，提前进入下一次循环，等待用户继续输入
        if not command:
            continue

        # 向服务端发送命令
        command = ' '.join(command.split()).encode()
        sock.sendall(pack('i', len(command)) + command)
        command = command.decode()

        # 退出
        if command in ('quit', 'q'):
            break

        # 查看文件列表
```

```python
        elif command in ('list', 'ls', 'dir'):
            length = unpack('i', sock.recv(intSize))[0]
            files = literal_eval(sock.recv(length).decode())
            print(*files, sep='\n')

        # 切换至上一级目录
        elif ''.join(command.split()) == 'cd..':
            length = unpack('i', sock.recv(intSize))[0]
            print(sock.recv(length).decode())

        # 查看当前工作目录
        elif command in ('cwd', 'cd'):
            length = unpack('i', sock.recv(intSize))[0]
            print(sock.recv(length).decode())

        # 切换至指定文件夹
        elif command.startswith('cd '):
            length = unpack('i', sock.recv(intSize))[0]
            print(sock.recv(length).decode())

        # 从服务器下载文件
        elif command.startswith('get '):
            # 服务器反馈为b'ok'或b'no'，恰好两字节
            # 文件不存在
            if sock.recv(2) != b'ok':
                print('文件不存在。')

            # 文件存在，开始下载
            else:
                print('开始下载.', end='', flush=True)
                # 获取文件大小
                size = unpack('i', sock.recv(intSize))[0]
                fn = command.split()[1]
                # 如果客户端存在同名文件，直接覆盖
                # 一边下载一边写入文件，避免占用内存太多
                with open(fn, 'wb') as fp:
                    while size > 0:
                        # 保证恰好接收文件内容，不多不少
                        temp = sock.recv(min(size,bufferSize))
                        size -= len(temp)
                        fp.write(temp)
                    print('.', end='', flush=True)
                print('完成。')
```

```python
        # 向服务器上传文件
        elif command.startswith('put '):
            buffer = sock.recv(2)
            if buffer == b'ok':
                fn = command.split(maxsplit=1)[1]
                # 当前文件夹中存在要上传的文件，不允许上传子文件夹中的文件
                if isfile(fn) and '\\' not in normpath(fn):
                    with open(fn, 'rb') as fp:
                        content = fp.read()
                    sock.sendall(pack('i', len(content)) + content)
                    if sock.recv(2) == b'ok':
                        print('上传成功。')
                    else:
                        print('上传失败，请稍后重试。')
                else:
                    sock.sendall(b'nono')
            else:
                print('服务器拒绝上传，服务端已存在该文件或类型不正确。')

        # 删除服务端的文件
        elif command.startswith('del '):
            if sock.recv(2) == b'ok':
                print('删除成功。')
            else:
                print('删除失败。')
        # 创建子文件夹
        elif command.startswith('md '):
            if sock.recv(2) == b'ok':
                print('创建成功。')
            else:
                print('创建失败。')

        # 删除子文件夹
        elif command.startswith('rd '):
            if sock.recv(2) == b'ok':
                print('删除成功。')
            else:
                print('删除失败。')

        # 无效命令
        else:
            print('无效命令')

sock.close()
```

```python
if __name__ == '__main__':
    # 需要在命令提示符环境执行程序
    if len(sys.argv) != 2:
        print(f'Usage:{sys.argv[0]} serverIPAddress')
        exit()

    serverIP = sys.argv[1]
    # 使用正则表达式检查IP地址格式
    if re.match(r'^\d{1,3}\.\d{1,3}\.\d{1,3}\.\d{1,3}$', serverIP):
        main(serverIP)
    else:
        print('服务器地址不合法')
        exit()
```

图 3-11 演示了部分命令的用法,请自行测试其他命令。

图 3-11　FTP 模拟程序运行效果

例 3-10　众所周知,SQLite 是一种相对来说比较简单的数据库,不需要安装额外的软件和扩展库,可以使用 Python 标准库 sqlite3 直接访问和操作。与 Oracle、MySQL、SQL Server 这样的大型数据库不一样,SQLite 数据库没有服务端和代理程序,也没有监听特定的端口,所以不支持远程访问,服务器程序和数据库文件必须在同一个计算机上。编写程序,实现 SQLite 数据库代理功能,支持远程客户端对服务器上数据库的访问,并把查询结果返回给远程客户端。面向对象程序的相关概念和基本语法请参考本书 1.8 节。

1. 服务端代理程序

```python
import socket
from sqlite3 import connect
```

```python
from threading import Thread
from struct import pack, unpack, calcsize

intSize = calcsize('i')

class DataAccess:
    # 实际使用时需要替换为自己的数据文件路径，需要提前创建数据库
    __database_path = 'D:/教学课件/课堂管理系统/data.db'
    def getData(sql):
        # 通过给定的SELECT语句返回结果
        with connect(DataAccess.__database_path) as conn:
            cur = conn.cursor()
            # 返回执行结果或出错信息
            try:
                cur.execute(sql)
                return cur.fetchall()
            except Exception as e:
                return e

    def doSql(sql):
        # 适用于DELETE/UPDATE/INSERT INTO语句，返回影响的记录条数
        with connect(DataAccess.__database_path) as conn:
            cur = conn.cursor()
            # 返回执行结果或出错信息
            try:
                result = cur.execute(sql)
                return result.rowcount
            except Exception as e:
                return e

def every(conn, addr):
    # 接收客户端发来的SQL语句
    length = unpack('i', conn.recv(intSize))[0]
    sql = conn.recv(length).decode('gbk')
    print(f'{addr}:{sql}')

    if sql.lower().startswith(('update','delete','insert')):
        result = str(DataAccess.doSql(sql)).encode('gbk')
        conn.sendall(pack('i', len(result)) + result)
    elif sql.lower().startswith('select'):
        result = str(DataAccess.getData(sql)).encode('gbk')
        conn.sendall(pack('i', len(result)) + result)
    else:
        msg = '无效命令'.encode('gbk')
        conn.sendall(pack('i', len(msg)) + msg)
```

```python
# 创建socket对象,默认使用IPv4+TCP
sockServer = socket.socket()
sockServer.bind(('', 3030))
sockServer.listen(100)

print('服务器已启动...')
while True:
    # 接受客户端连接
    try:
        # 如果套接字损坏或已关闭,接受客户端连接时会失败并导致异常
        conn, addr = sockServer.accept()
    except:
        break
    # 为每个客户端创建独立线程为其服务,多个线程并发工作
    t = Thread(target=every, args=(conn,addr))
    t.daemon = True
    t.start()

sockServer.close()
```

2.客户端程序

```python
import sqlite3
import socket
from ast import literal_eval
from struct import pack, unpack, calcsize

intSize = calcsize('i')

while True:
    sql = input('输入一个要执行的SQL语句(输入quit退出): ').strip()
    # 没有输入,进入下一次循环
    if not sql:
        continue

    # 输入quit,退出客户端
    # 只在这里转换成小写,向服务器发送SQL语句时保留原来的大小写
    if sql.lower() == 'quit':
        break

    # 使用短连接,每次发送SQL语句都重新建立连接
    sockClient = socket.socket(socket.AF_INET, socket.SOCK_STREAM)
    try:
```

```python
        # 防止服务器不存在时客户端长时间等待
        sockClient.settimeout(0.5)
        # 实际使用时需要替换为服务器真实地址
        sockClient.connect(('127.0.0.1', 3030))
        sockClient.settimeout(None)
    except:
        print('代理服务器异常,请检查')
    else:
        # 向服务器发送SQL语句
        sql = sql.encode('gbk')
        sockClient.sendall(pack('i', len(sql)) + sql)

        # 接收服务器反馈
        size = sockClient.recv(intSize)
        # 对方连接已关闭
        if not size:
            sockClient.close()
            continue
        size = unpack('i', size)[0]

        # 确保恰好接收服务器发来的数据,不多不少
        data = []
        while size > 0:
            received = sockClient.recv(min(size, 40960))
            if not received:
                break
            data.append(received)
            size -= len(received)
        # 接收数据不完整,连接已损坏
        if size > 0:
            sockClient.close()
            print('连接可能已损坏,执行SQL语句失败。')
            continue

        data = b''.join(data).decode('gbk')
        try:
            data = literal_eval(data)
        except:
            pass
        if isinstance(data, str):
            print(data)
        elif isinstance(data, int):
            print(f'{data}条记录被影响。')
        elif len(data)==1 and len(data[0])==1:
```

```
            print(data[0][0])
        else:
            print(*data, sep='\n')
    sockClient.close()
```

图 3-12 演示了部分 SQL 语句的使用，更多关于 SQLite 数据库 SQL 语句的语法请自行查阅资料。

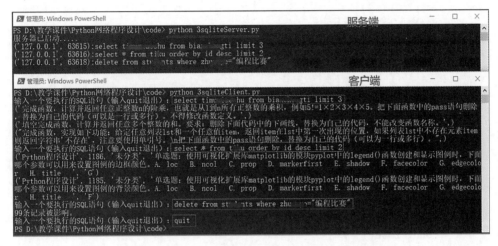

图 3-12 SQLite 数据库服务端代理程序运行效果

例 3-11 编写程序，使得 TCP 连接的服务端可以自由控制客户端的下载速度。在服务端，控制每次从文件中读取数据块的大小和相邻两次发送数据之间的时间间隔，从而实现对下载速度的控制。

例 3-11 讲解

1. 服务端代码

```
import socket
from time import sleep
from threading import Thread
from os.path import getsize, basename
from struct import pack, unpack, calcsize


# 发送数据的基本单位
BUFFER_SIZE = 500
HOST, PORT = '', 9999
# 每次发送数据的时间间隔
INTERVAL = 0.01
# 要发送的文件，可以自行替换，或者改为使用input()函数获取键盘输入
fn = 'E:/software/Python安装包/python-3.9.0.exe'


def send_file(conn, addr):
```

```python
            # 一般接收7字节，前3字节是b'get'，后面4字节是整数被打包后的字节串
            buffer = conn.recv(3+calcsize('i'))
            if buffer[:3] == b'get':
                # 后面4字节对应的整数表示发送数据时基本单位的倍数，用来控制速度
                times = unpack('i', buffer[3:])[0]
                # 文件名
                fn_basename_bytes = basename(fn).encode()
                # 发送文件大小、文件名长度、文件名
                size = getsize(fn)
                conn.sendall(pack('ii', size, len(fn_basename_bytes))
                             + fn_basename_bytes)

                # 以二进制文件读模式打开文件，发送文件内容，一边读一边发送
                # 尤其适合发送大文件，避免占用内存太多
                with open(fn, 'rb') as fp:
                    while size > 0:
                        temp = fp.read(min(size, BUFFER_SIZE * times))
                        size = size - len(temp)
                        conn.sendall(temp)
                        sleep(INTERVAL)
                conn.close()
                print(f'{addr}文件发送完毕。')
            else:
                print('无效命令。')

try:
    sockServer = socket.socket(socket.AF_INET, socket.SOCK_STREAM)
except:
    print('服务器创建套接字失败。')
    exit()

sockServer.bind((HOST, PORT))
sockServer.listen(5)
print('服务端已启动。')

while True:
    try:
        conn, addr = sockServer.accept()
    except:
        print('接收客户端连接失败。')
        break
    Thread(target=send_file, args=(conn,addr)).start()
sockServer.close()
```

2. 客户端代码

```python
import socket
from datetime import datetime
from struct import pack, unpack, calcsize

HOST, PORT = '127.0.0.1', 9999

try:
    sockClient = socket.socket(socket.AF_INET, socket.SOCK_STREAM)
except:
    print('创建套接字失败。')
    exit()

try:
    sockClient.settimeout(0.5)
    sockClient.connect((HOST, PORT))
    sockClient.settimeout(None)
except:
    print('连接服务器失败。')
    exit()

# 输入期望的下载速度等级,数字越大速度越快
while True:
    try:
        times = int(input('输入正整数(1-100),越大越快:'))
        assert times in range(101)
        break
    except:
        print('必须输入整数。')

# 发送命令,通知服务器自己要下载文件
sockClient.sendall(b'get' + pack('i', times))
# 接收两个整数,表示文件大小、文件名长度
length, t = unpack('ii', sockClient.recv(calcsize('i')*2))
size = length
# 接收文件名
fn = sockClient.recv(t).decode()

start = datetime.now()
print('开始下载', str(start)[:19])
# 以二进制文件写模式打开文件,写入字节串
# 如果目标文件不存在就创建,已存在就清空内容重写
```

```
with open(fn, 'wb') as fp:
    while length > 0:
        received = sockClient.recv(min(length, 819200))
        length = length - len(received)
        fp.write(received)
sockClient.close()
end = datetime.now()

span = (end-start).total_seconds()
print('下载完成', str(end)[:19])
print(f'文件大小：{size} Bytes，用时：{span}秒')
if span > 0:
    print(f'下载速度：{size/span} Bytes/second')
else:
    print('快得像闪电一样，没法计算速度了。')
```

运行效果如图 3-13 所示。

图 3-13　TCP 套接字服务端限速

例 3-12　Python 标准库 socketserver 提供了 TCPServer、UDPServer 类用来快速创建服务端程序，同时还提供了配套的 TCP 请求处理类 StreamRequestHandler 和 UDP 请求处理类 DatagramRequestHandler，大幅度简化了网络服务器程序的编写。本例演示如何使用标准库 socketserver 创建 TCP 服务端程序，同时使用标准库 socket 创建客户端程序并实现与服务端程序之间的通信，客户端启动多个线程向服务器连续发送多次同一个文件，服务端根据客户端地址和端口号对文件进行区分。

1. 服务端程序

```python
import socketserver
from time import sleep
from threading import Thread
from os.path import basename
from datetime import datetime
from struct import unpack, calcsize

# 缓冲区大小
BUFFER_SIZE = 64 * 1024
intSize = calcsize('i')

# 用来处理请求的类，对于每个请求都会创建这个类的一个实例
# 继承socketserver.StreamRequestHandler，处理TCP请求
class ServerTCPRequestHandler(socketserver.StreamRequestHandler):
    # 必须覆盖基类的handle()方法，用来处理客户端请求，接收并保存文件
    def handle(self):
        # self.rfile可以像读取文件内容一样读取客户端发来的数据
        # 接收文件名和文件内容的长度，计算用来接收对方协商信息的缓冲区大小
        # 对于TCP，self.request是一个socket
        # 也可以通过self.request.recv()读取数据
        # 但是不能和self.rfile.read()混合使用，只能使用其中一种方式进行通信
        buffer = self.rfile.read(intSize*2)
        # length为文件名GBK编码后的字节串长度
        # size为文件大小
        length, size = unpack('ii', buffer)
        fn = basename(self.rfile.read(length).decode('gbk'))
        # self.client_address表示客户端地址(ip, port)
        # 在本地生成的文件名前面加上客户端IP地址和端口号，以便区分
        rip, rport = self.client_address
        # 一边接收数据一边写入文件，而不是等接收完全部数据再写入文件
        # 这样可以减少内存占用
        with open(f'{rip}_{rport}_{fn}', 'wb') as fp:
            # 接收数据，写入本地文件
            while size > 0:
                # 保证恰好够接收客户端声明的数据长度，不多也不少
                buffer = self.rfile.read(min(size, BUFFER_SIZE))
                size = size - len(buffer)
                fp.write(buffer)
        # TCPServer是同步的，必须处理完一个请求之后才能处理下一个请求
        # 这里的sleep()主要是为了演示同步效果
        sleep(3)
```

```python
            # self.wfile可以像写文件一样向客户端发送数据
            # 也可以通过self.request.sendall()向对方发送数据
            # 但是二者不能混合使用，只能使用其中一种方式进行通信
            if size == 0:
                self.wfile.write(b'ok')
            else:
                self.wfile.write(b'no')


# 定时关闭服务器，停止服务，必须在另一个线程中完成这件事
def stop_service():
    # 120秒后关闭服务器
    sleep(120)
    server.shutdown()
Thread(target=stop_service).start()


# 主机地址和端口号
HOST, PORT = '', 6666
TCPServer = socketserver.TCPServer
# 允许复用地址
TCPServer.allow_reuse_address = True
# 如果处理单个请求需要较长时间，服务器忙时到达的任何请求会放入队列中
# 队列大小由属性request_queue_size确定
# 队列满时，客户端连接将被拒绝
# 相当于允许的最大客户端连接数量
TCPServer.request_queue_size = 30

with TCPServer((HOST,PORT), ServerTCPRequestHandler) as server:
    # 启动循环，接受并处理客户端请求
    print(str(datetime.now())[:19], '服务器已启动...')
    server.serve_forever()
print(str(datetime.now())[:19], '服务端已停止服务。')
```

2. 客户端程序

```python
import socket
from struct import pack
from os.path import getsize
from threading import Thread
from datetime import datetime

# 服务端IP地址和端口号
```

```python
SERVER_IP, HOST = '127.0.0.1', 6666
# 缓冲区大小
BUFFER_SIZE = 32 * 1024

fname = input('请输入要发送的文件：')
# 生成协商信息，通知对方要发送的文件名以及文件大小
fname_gbk = fname.encode('gbk')
# 文件名GBK编码后字节串长度、文件大小、文件名GBK编码后的字节串
header = pack('ii', len(fname_gbk), getsize(fname)) + fname_gbk

def send_file():
    with socket.socket(socket.AF_INET, socket.SOCK_STREAM) as sock:
        try:
            sock.settimeout(0.5)
            sock.connect((SERVER_IP, HOST))
            sock.settimeout(None)
        except:
            print('服务端不存在...')
        else:
            # 发送协商信息，告知对方文件名和大小
            sock.sendall(header)
            # 打开文件，读取字节串
            with open(fname, 'rb') as fp:
                while True:
                    # 分块读取和发送，避免大文件一下子全都读入内存
                    buffer = fp.read(BUFFER_SIZE)
                    # 如果没有读取到数据，表示已发送完
                    if not buffer:
                        break
                    sock.sendall(buffer)
            # 服务端发来的确认信息
            if sock.recv(2) == b'ok':
                print(str(datetime.now())[:19], '发送成功。')
            else:
                print(str(datetime.now())[:19], '发送失败。')

# 同一个文件发送20遍，测试服务端性能
for i in range(20):
    Thread(target=send_file).start()
```

程序运行效果如图 3-14 所示。服务端接收到的文件如图 3-15 所示。

图 3-14 客户端向服务端发送文件

图 3-15 服务端接收到的文件

例 3-13 例 3-12 中演示了标准库 socketserver 中同步服务器类 TCPServer 的用法，不适合于每个客户端连接都需要长时间处理或接收数据的场合。如果确实有这样的需要可以在 ServerTCPRequestHandler 类的 handle() 方法中创建子线程来解决，或者使用本例介绍的 ThreadingTCPServer 类来实现异步 TCP 服务器。标准库 socketserver 中提供了 ThreadingTCPServer 类，该类继承了 TCPServer

和线程混入类ThreadingMixIn，使用了多线程技术，为每个客户端创建单独的ServerTCPRequestHandler实例来处理和收发数据，大幅度提升了服务器的性能。

1. 服务端代码

```python
from time import sleep
from datetime import datetime
from struct import pack, unpack, calcsize
from socketserver import (TCPServer, ThreadingTCPServer,
                          StreamRequestHandler)
from threading import Thread, current_thread

# struct对整数打包后的字节串长度
intSize = calcsize('i')
# 传输字符串时使用的编码格式，通信双方提前协商
ENCODING = 'gbk'
# 服务端绑定的地址
SERVER_ADDRESS = ('', 6666)

class ThreadedTCPRequestHandler(StreamRequestHandler):
    # 每个客户端连接会创建一个本类的实例，启动一个新线程
    # 多个线程并发执行，同时为多个客户端服务
    # 演示用，可删除构造方法
    def __init__(self, request, client_address, server):
        self.thread_name = current_thread().name
        print(f'{self.thread_name},我是一个新的实例，', end='')
        print(f'地址是{client_address}')
        # 调用基类构造方法时会自动调用handle()方法
        # 需要把基类构造方法的调用写在派生类构造方法最后一条语句
        super().__init__(request, client_address, server)

    def handle(self):
        # 处理一个客户端的连接
        while True:
            # 对于TCP连接，如果没有收到数据表示对方已关闭
            # 也可以使用self.request.recv()来接收数据
            buffer = self.rfile.read(intSize)
            if not buffer:
                break
            data_length = unpack('i', buffer)[0]
            buffer = self.rfile.read(data_length).decode(ENCODING)
            msg = '{},from {}: {}'.format(self.thread_name,
                                          self.client_address, buffer)
            print(msg)
```

```python
            # 也可以使用self.request.sendall()发送数据
            msg = b'received'
            self.wfile.write(pack('i', len(msg)) + msg)
        # 处理完客户端连接之后，会自动关闭连接
        sleep(5)
        msg = '{},{} closed at {}'.format(self.thread_name,
                                          self.client_address,
                                          str(datetime.now())[:19])
        print(msg)


# 用来比较普通的同步服务器和基于多线程的异步服务器的区别
flag = input('输入1启动TCPServer，2启动ThreadingTCPServer: ')
if flag == '1':
    MyServer = TCPServer
elif flag == '2':
    # 使用基于多线程的异步TCP服务端
    MyServer = ThreadingTCPServer
    # 主线程结束时，子线程也会随之关闭
    MyServer.daemon_threads = True
else:
    print('错误输入。')
    exit()
# 最大连接数
MyServer.request_queue_size = 3

# 创建服务端，开始监听并处理客户端的连接请求
with MyServer(SERVER_ADDRESS, ThreadedTCPRequestHandler) as server:
    # 开始处理客户端请求，直到在另一个线程中调用shutdown()停止服务端
    server.serve_forever()
```

2．客户端代码

```python
import socket
from time import sleep
from random import choice
from itertools import count
from threading import Thread
from struct import pack, unpack, calcsize


ENCODING = 'gbk'


books = ('微信公众号：Python小屋',
```

```
            '董付国.Python程序设计（第3版）.清华大学出版社,2020',
            '董付国.Python程序设计基础（第2版）.清华大学出版社,2018',
            '董付国.Python程序设计实验指导书.清华大学出版社,2019',
            '董付国.Python数据分析、挖掘与可视化.人民邮电出版社,2020',
            '董付国.Python程序设计基础与应用.机械工业出版社,2018',
            '董付国.大数据的Python基础.机械工业出版社,2019',
            '董付国.Python程序设计实例教程.机械工业出版社,2019',
            '董付国.Python可以这样学.清华大学出版社,2017',
            '董付国.Python程序设计开发宝典.清华大学出版社,2017',
            '董付国,应根球.中学生可以这样学Python（微课版）.清华大学出版社，2020',
            '董付国,应根球.Python编程基础与案例集锦（中学版）.电子工业出版社,2019',
            '董付国.Python也可以这样学.博硕文化股份有限公司,2017',
            '董付国.Python程序设计实用教程.北京邮电大学出版社,2020',
            '董付国.玩转Python轻松过二级.清华大学出版社,2018')

def sender(num):
    try:
        sock = socket.socket(socket.AF_INET, socket.SOCK_STREAM)
    except:
        print(f'Thread{num}创建套接字失败。')
        return

    for c in count(1, 1):
        if c > 10:
            print(f'Thread{num}放弃连接服务器。')
            return
        try:
            print(f'Thread{num}第{c}次尝试连接服务器。')
            sock.settimeout(0.5)
            sock.connect(('127.0.0.1', 6666))
            sock.settimeout(None)
            break
        except:
            # 1秒后重试
            sleep(1)

    # 连续向服务端发送3个书名
    for i in range(3):
        book = choice(books)
        print(f'Thread{num}.send{book}')
        book = book.encode(ENCODING)
        sock.sendall(pack('i', len(book)) + book)
        # 接收并输出服务端的反馈
```

```
            length = unpack('i', sock.recv(calcsize('i')))[0]
            ack = sock.recv(length).decode(ENCODING)
            print(f'Thread{num}:{i}:{ack}')
    sock.close()

for i in range(1, 6):
    # 启动5个线程
    Thread(target=sender, args=(i,)).start()
```

运行结果如图 3-16 和图 3-17 所示，其中图 3-16 为同步服务器，图 3-17 为异步服务器。

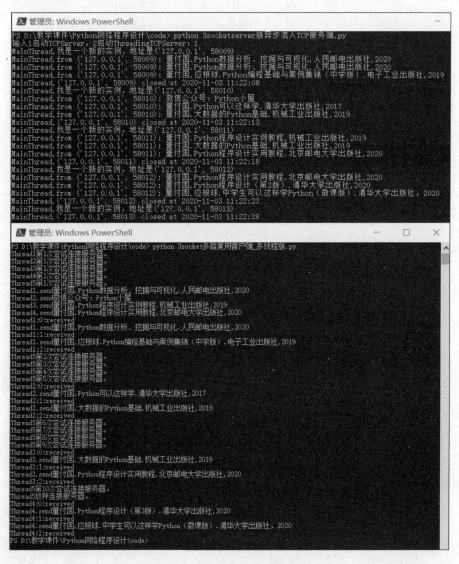

图 3-16　同步服务器运行效果

图 3-17 异步服务器运行效果

例 3-14 多路复用（multiplexing）技术使得可以在单线程中同时处理多个网络连接的 I/O 操作，不停地轮询已注册的所有套接字，当某个套接字有数据到达时，就通知已注册的对应的回调函数来处理数据，也称作基于事件驱动的 I/O 操作。常见的多路复用有 select、epoll、poll 方式，但不是每种操作系统都支持所有的方式。Python 标准库 selectors 提供了 I/O 多路复用技术的高效实现,其中提供了基类 BaseSelector 以及 SelectSelector、PollSelector、DevpollSelector、KqueueSelector、EpollSelector 等具体的实现子类。编写程序时，BaseSelector 不能用来创建对象,一般建议使用不同的子类，或者直接使用默认的选择器类 DefaultSelector 自动选择最佳的实现。下面给出了服务端代码，客户端直接使用例 3-13 中的客户端代码即可。

```python
import socket
import selectors
from time import sleep
from datetime import datetime
from struct import pack, unpack, calcsize

intSize = calcsize('i')

def read_data(conn, events):
    '''参数conn为有数据到达的客户端连接套接字,
       events为当前发生的事件,本例中没有使用这个参数'''
    # 获取远程地址
    raddr = conn.getpeername()
    # 获取对方实际要发送的数据长度
    data = conn.recv(intSize)
    # 没有接收到数据表示对方已关闭
    if not data:
        # 必须先注销再关闭
        sel.unregister(conn)
        conn.close()
        print(f'{str(datetime.now())[:19]},客户端{raddr}断开连接.')
        return
    length = unpack('i', data)[0]

    # 确保恰好接收完发送端声明的数据,不能多,也不能少
    data = []
    while length > 0:
        temp = conn.recv(length)
        data.append(temp)
        length = length - len(temp)
    data = b''.join(data).decode('gbk')

    print(f'{str(datetime.now())[:19]},from{raddr}:{data}')
    # 发送反馈,确认收到
    msg = b'recieved'
    conn.sendall(pack('i', len(msg)) + msg)
    # 演示:服务端处理数据时会延迟接收客户端信息,其他客户端都会等待
    # 可以删除下面一行代码或改为其他数值后再次运行程序观察效果
```

```python
        sleep(5)

def accept_connection(sock, events):
    '''参数sock表示有客户端连接请求到达的服务端套接字
       events表示当前发生的事件,本例中并没有使用这个参数'''
    # 接收客户端连接,返回用于通信的套接字和客户端地址
    conn, addr = sock.accept()
    print(f'{str(datetime.now())[:19]},客户端{addr}连接成功! ')
    # 客户端连接设置为阻塞模式
    conn.setblocking(True)
    # 注册可读套接字,有数据到达时自动调用read_data()函数
    sel.register(conn, selectors.EVENT_READ, read_data)

sock = socket.socket(socket.AF_INET, socket.SOCK_STREAM)
sock.bind(('', 6666))
# 设置为非阻塞模式
sock.setblocking(False)
# 可以同时服务3个客户端连接
sock.listen(3)

# 创建选择器
with selectors.DefaultSelector() as sel:
    # 注册可读套接字,有客户端连接时自动调用accept_connection()
    sel.register(sock,                      # 要监视的对象
                 selectors.EVENT_READ,      # 要监视的事件
                 accept_connection          # 回调函数,事件处理函数
                 )
    while True:
        # 等待,直到有数据到达套接字
        # select()方法返回包含若干元组(key, events)的列表
        # 每个元组对应于一个准备好接收数据的套接字
        # key是SelectorKey对象, key.fileobj是已注册的被监视对象
        # events表示当前发生的事件
        for key, events in sel.select():
            # 获取已注册的事件处理函数, accept_connection或read_data
            callback = key.data
            print(key.fileobj)
            # 这里的key.fileobj表示套接字, sock或conn
            callback(key.fileobj, events)
```

图 3-18 和图 3-19 分别演示了服务端和客户端程序的运行情况。

```
管理员: 命令提示符 - python 3socket多路复用服务端.py

D:\教学课件\Python网络程序设计\code>python 3socket多路复用服务端.py
2020-11-04 14:14:35,客户端('127.0.0.1', 57665)连接成功!
2020-11-04 14:14:35,客户端('127.0.0.1', 57666)连接成功!
2020-11-04 14:14:35,客户端('127.0.0.1', 57667)连接成功!
2020-11-04 14:14:35,from('127.0.0.1', 57666):董付国.Python也可以這樣學.博碩文化股份有限公司,2017
2020-11-04 14:14:40,from('127.0.0.1', 57665):董付国.Python可以这样学.清华大学出版社,2017
2020-11-04 14:14:45,客户端('127.0.0.1', 57668)连接成功!
2020-11-04 14:14:45,from('127.0.0.1', 57667):微信公众号：Python小屋
2020-11-04 14:14:50,from('127.0.0.1', 57666):董付国.Python可以这样学.清华大学出版社,2017
2020-11-04 14:14:55,from('127.0.0.1', 57665):董付国.Python程序设计实用教程.北京邮电大学出版社,2020
2020-11-04 14:15:00,from('127.0.0.1', 57665):董付国.大数据的Python基础.机械工业出版社,2019
2020-11-04 14:15:05,客户端('127.0.0.1', 57669)连接成功!
2020-11-04 14:15:05,from('127.0.0.1', 57666):董付国.Python程序设计（第3版）.清华大学出版社,2020
2020-11-04 14:15:10,from('127.0.0.1', 57667):董付国.Python数据分析、挖掘与可视化.人民邮电出版社,2020
2020-11-04 14:15:15,from('127.0.0.1', 57668):董付国.Python程序设计基础（第2版）.清华大学出版社,2018
2020-11-04 14:15:20,客户端('127.0.0.1', 57665)断开连接.
2020-11-04 14:15:20,客户端('127.0.0.1', 57666)断开连接.
2020-11-04 14:15:20,from('127.0.0.1', 57667):董付国.玩转Python轻松过二级.清华大学出版社,2018
2020-11-04 14:15:25,from('127.0.0.1', 57668):微信公众号：Python小屋
2020-11-04 14:15:30,from('127.0.0.1', 57669):董付国,应根球.Python编程基础与案例集锦（中学版）.电子工业出版社,2019
2020-11-04 14:15:35,from('127.0.0.1', 57668):董付国.Python程序设计实例教程.机械工业出版社,2019
2020-11-04 14:15:40,from('127.0.0.1', 57669):微信公众号：Python小屋
2020-11-04 14:15:45,客户端('127.0.0.1', 57667)断开连接.
2020-11-04 14:15:45,客户端('127.0.0.1', 57668)断开连接.
2020-11-04 14:15:45,from('127.0.0.1', 57669):董付国.Python程序设计基础（第2版）.清华大学出版社,2018
2020-11-04 14:15:50,客户端('127.0.0.1', 57669)断开连接.
```

图 3-18　TCP 多路复用服务端运行情况

```
管理员: 命令提示符

D:\教学课件\Python网络程序设计\code>python 3socket多路复用客户端_多线程版.py
Thread1第1次尝试连接服务器。
Thread2第1次尝试连接服务器。
Thread3第1次尝试连接服务器。
Thread1.send董付国.Python可以这样学.清华大学出版社,2017
Thread2.send董付国.Python也可以這樣學.博碩文化股份有限公司,2017
Thread5第1次尝试连接服务器。
Thread3.send微信公众号：Python小屋
Thread4第1次尝试连接服务器。
Thread4.send董付国,应根球.Python编程基础与案例集锦（中学版）.电子工业出版社,2019
Thread2:0:recieved
Thread2.send董付国.Python可以这样学.清华大学出版社,2017
Thread5.send董付国.Python程序设计基础（第2版）.清华大学出版社,2018
Thread1:0:recieved
Thread1.send董付国.Python程序设计实用教程.北京邮电大学出版社,2020
Thread3:0:recieved
Thread3.send董付国.Python数据分析、挖掘与可视化.人民邮电出版社,2020
Thread2:1:recieved
Thread2.send董付国.Python程序设计（第3版）.清华大学出版社,2020
Thread1:1:recieved
Thread1.send董付国.大数据的Python基础.机械工业出版社,2019
Thread1:2:recieved
Thread2:2:recieved
Thread3:1:recieved
Thread3.send董付国.玩转Python轻松过二级.清华大学出版社,2018
Thread5:0:recieved
Thread5.send微信公众号：Python小屋
Thread3:2:recieved
Thread5:1:recieved
Thread5.send董付国.Python程序设计实例教程.机械工业出版社,2019
Thread4:0:recieved
Thread4.send微信公众号：Python小屋
Thread5:2:recieved
Thread4:1:recieved
Thread4.send董付国.Python程序设计基础（第2版）.清华大学出版社,2018
Thread4:2:recieved

D:\教学课件\Python网络程序设计\code>
```

图 3-19　TCP 多路复用客户端运行情况

例 3-15　编写程序，使用 socket 获取网页源代码。关于 SSL 编程的内容详见 3.6 节，关于网络爬虫的内容详见第 4 章。代码运行后会在当前文件夹中创建 4 个包含网页源代码的文件，请自行测试。

```python
import ssl
import socket
from re import sub
from urllib.parse import urlsplit

# 套接字每次接收的最大字节串长度
BUFFER_SIZE = 256*1024

# 创建默认TLS/SSL上下文
cxt = ssl.create_default_context()

def get_response(url):
    # 解析url，获取协议、主机地址、路径、查询字符串和分段信息
    scheme, host, path, query, fregment = urlsplit(url)
    # HTTP默认使用80端口，HTTPS默认使用443端口
    port = (80 if scheme=='http' else 443)
    if query:
        path = f'{path}?{query}'
    if fregment:
        path = f'{path}#{fregment}'
    # 向服务器发送的指令，用来获取网页源代码
    # 各指令之间不要再有多余的换行，\r\n\r\n表示HTTP头信息结束
    request_text = (f'GET {path} HTTP/1.1\r\n'
                    + f'Host: {host}:{port}\r\n'
                    + 'User-Agent: Python_xiaowu\r\n'
                    + 'Connection: close\r\n\r\n')

    with socket.socket(socket.AF_INET, socket.SOCK_STREAM) as sock:
        if scheme == 'https':
            # 封装，创建安全套接字
            sock = cxt.wrap_socket(sock, server_hostname=host)
        sock.connect((host, port))
        # 发送指令
        sock.sendall(request_text.encode())
        reply = []
        # 分块接收服务器返回的响应信息
        while True:
            # 指定一次可以接收的字节串最大长度，但不一定能接收那么多
            # 服务端不会发送源代码之外的数据，不用担心接收到额外的信息
            temp = sock.recv(BUFFER_SIZE)
            # 对于TCP连接，如果接收到空串表示对方已关闭
            if not temp:
                break
            reply.append(temp)
```

```
                # 这里假设目标网页使用UTF-8编码格式，如果不是可以自行调整
                # 作为字符串方法encode()的参数时，'utf8'与'utf-8'等价，且不区分大小写
                return b''.join(reply).decode('utf8')


        # 测试用的几个网址
        urls = (r'http://www.sdtbu.edu.cn/info/1043/24641.htm',
                # Python官方网站在线帮助文档链接地址
                r'https://docs.python.org/3/library/index.html',
                # 微信关注公众号"Python小屋"，进入菜单"最新资源"→"历史文章"
                # 然后复制链接，就可以得到下面的地址
                r'https://mp.weixin.qq.com/s/u9FeqoBaA3Mr0fPCUMbpqA',
                # 下面这个是微信公众号"Python小屋"的一篇文章
                r'https://mp.weixin.qq.com/s/x7eakXGyonwA4M1BTV4JIg')
        for url in urls:
            content = get_response(url)
            # 处理文件名，使用正则表达式替换特殊字符，只保留前60个字符
            fn = sub(r'[:/&\?#=]+', '_', url)[:60]
            # 如果扩展名不是html或者htm加上.txt
            if not fn.endswith(('.html', '.htm')):
                fn = fn + '.txt'
            # 以文本文件写模式打开文件，指定编码格为UTF-8，不指定时默认为GBK
            with open(fn, 'w', encoding='utf8') as fp:
                fp.write(content)
                # 输出写入的字符串长度，测试用，可以删除
                print(len(content))
```

3.4 UDP协议编程案例实战

　　UDP是网络体系结构中传输层运行的另一个重要协议，与TCP相比，UDP开销较小、效率更高且支持广播和多播，但没有严格建立连接和释放连接的步骤以及流量控制和拥塞控制，不保证传输质量，数据到达接收端时可能会乱序甚至丢包导致不完整。随着网络通信技术和网络设备、网络带宽以及计算机性能的飞速提高，UDP使用越来越少了，但在特定的场景中仍有重要应用甚至是不可替代的，适用于对效率要求相对较高而对准确性要求较低的场合，尤其是需要支持多播和广播的场合，例如视频在线点播、网络语音通话等。

　　UDP通信双方的操作流程如图3-20所示，图中服务端和客户端并不严格区分，只是为了描述方便。另外，UDP套接字的发送端和接收端都可以调用bind()方法绑定地址，也可以调用connect()方法连接对方，详见例3-22的分析。

　　使用标准库函数socket.socket()创建UDP套接字需要指定参数type的值为socket.SOCK_DGRAM，编写基于UDP的网络应用程序时常用的套接字对象方法主要如下。

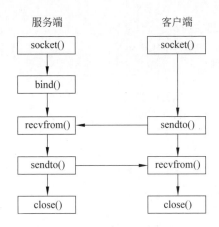

图 3-20 UDP 通信双方操作流程示意图

（1）sendto(data[, flags], address)：向参数 address 指定的 UDP 套接字发送字节串，返回实际发送的字节串长度，其中参数 address 的格式为 (hostaddr, port)。使用 UDP 通信时，不会对应用层的数据进行拆分和合并，一次传输一个完整的报文（不存在只发送了一半数据报的情况），为了尽量保证传输质量，应用层应使用合适的报文大小。

（2）recv(buffersize[, flags])：从套接字接收一个完整报文的字节串数据，不存在只接收了一半数据报的情况。

（3）recvfrom(buffersize[, flags])：从套接字接收并返回形式为 (data, address) 的元组，其中 data 为实际接收的完整报文的字节串数据，address 为发送端的地址，格式为 (hostaddr, port)。

（4）bind(address)：把套接字绑定到本地地址。

（5）close()：关闭套接字。

例 3-16 编写程序，使用 UDP 进行通信，发送端向接收端发送信息，接收端显示收到的信息，如果收到字符串 'bye'（忽略大小写）就停止接收信息并退出程序。在发送端程序中，sys.argv 用来接收命令行参数，这样的程序需要在命令提示符环境执行，不同命令行参数之间使用空格分隔，其中 sys.argv[0] 表示当前程序文件名，sys.argv[1] 表示第一个命令行参数，如果要发送的字符串中包含空格，需要在字符串两侧加双引号。

例 3-16 讲解

1. 接收端代码

```
import socket

# 创建套接字，使用IPv4，使用UDP传输数据
sock = socket.socket(socket.AF_INET, socket.SOCK_DGRAM)
# 绑定IP地址和端口号，空字符串表示本机任何可用IP地址
sock.bind(('', 5000))

while True:
```

```
    # 假设数据报长度不超过1024字节
    data, addr = sock.recvfrom(1024)
    data = data.decode()
    # 显示接收到的内容
    print(f'来自{addr[0]}:{addr[1]}的消息：{data}')
    # sock.sendto(b'received', addr)
    if data.lower() == 'bye':
        break

sock.close( )
```

2. 发送端代码

```
import sys
import socket

# 创建套接字，指定使用IPv4和UDP
sock = socket.socket(socket.AF_INET, socket.SOCK_DGRAM)
# 接收命令行参数，使用UTF-8编码后把字节串发送到指定的接收端套接字
sock.sendto(sys.argv[1].encode() , ('127.0.0.1',5000))
# 关闭套接字
sock.close()
```

启动两个命令提示符窗口分别运行接收端程序和发送端程序，运行结果如图 3-21 所

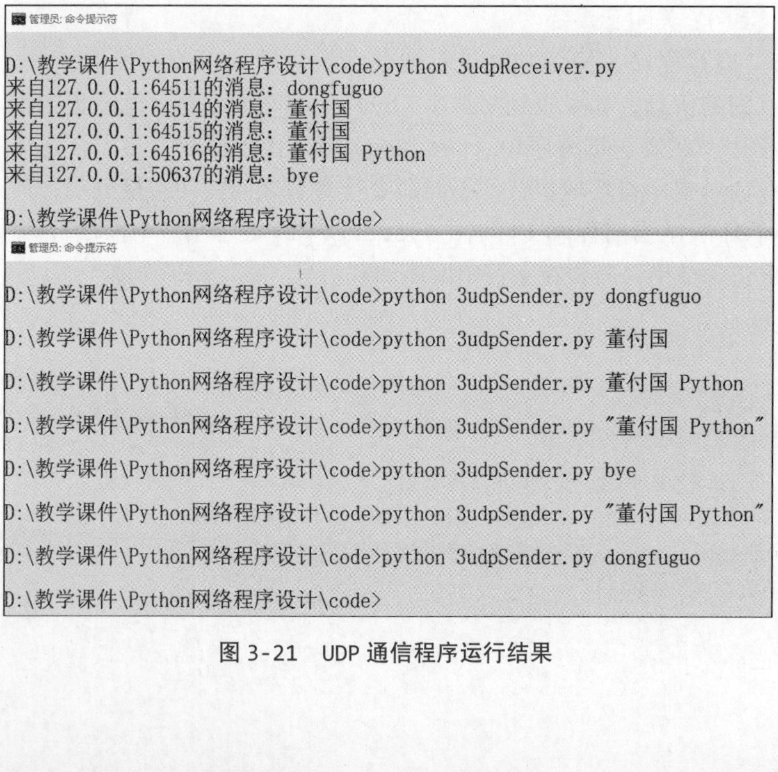

图 3-21　UDP 通信程序运行结果

示，可以看到，当接收端关闭之后，发送端再发送数据时直接被丢弃，接收端和发送端都不会有任何提示信息。

例 3-17　编写程序，使用 UDP 协议实现在线时间服务器。客户端每秒向服务器发送一次字节串 b'ask for time' 查询当前时间，服务器接收到查询请求之后反馈当前日期时间字符串。

例 3-17 讲解

1. 服务端程序

```
import socket
from datetime import datetime

# 创建套接字，使用IPv4，使用UDP传输数据
try:
    sock = socket.socket(socket.AF_INET, socket.SOCK_DGRAM)
except:
    print('创建套接字失败。')
    exit()

try:
    # 绑定IP地址和端口号，空字符串表示本机任何可用IP地址
    sock.bind(('', 5005))
except:
    print('端口号已被占用。')
    exit()

print('时间服务器已启动。')
while True:
    data, addr = sock.recvfrom(100)
    # 只响应发送字节串b'ask for time'的消息
    if data == b'ask for time':
        sock.sendto(str(datetime.now())[:19].encode(), addr)

sock.close( )
```

2. 客户端程序

```
import socket
from time import sleep

while True:
    try:
        sock = socket.socket(socket.AF_INET, socket.SOCK_DGRAM)
    except:
        print('创建套接字失败。')
```

```
        break
# 设置超时时间，避免长时间等待
sock.settimeout(0.5)
# 192.168.8.141是作者计算机的IP地址，需要根据情况修改一下
sock.sendto(b'ask for time', ('192.168.8.141', 5005))
try:
    data, addr = sock.recvfrom(100)
except socket.timeout:
    print('服务器不存在，一秒后重试。')
else:
    print('服务器时间：', data.decode())
finally:
    sock.close()
    sleep(1)
```

启动两个命令提示符环境，分别执行时间服务器程序和客户端查询程序，运行界面如图 3-22 所示。

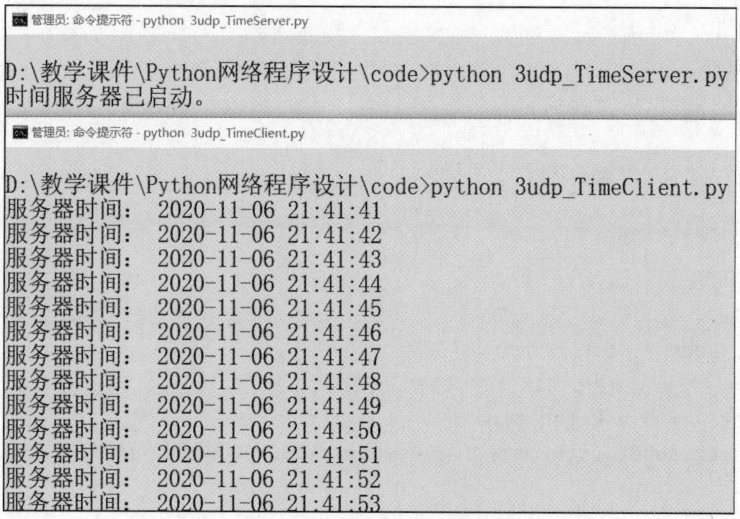

图 3-22 时间查询程序运行界面

例 3-18 编写程序，使用标准库 socketserver 实现 UDP 协议版在线时间服务器，使用 UDPServer 类快速创建服务端套接字，使用 DatagramRequestHandler 的派生类对象处理客户端请求，然后使用标准库 socket 编写客户端程序访问该服务器获取并输出当前日期时间。

例 3-18 讲解

1．服务端程序

```
from datetime import datetime
from socketserver import UDPServer, DatagramRequestHandler
```

```python
# 以socketserver提供的DatagramRequestHandler类为基类创建派生类，
# 对于每个客户端发来的请求，都会创建该类的一个实例
class UDPTimerHandler(DatagramRequestHandler):
    # 演示用，可删除，不影响功能
    def __init__(self, request, client_address, server):
        super().__init__(request, client_address, server)
        print(f'我是一个新的实例，本次客户端地址为：{client_address}')

    # 必须重写handle()方法，用于处理每个客户端请求
    def handle(self):
        # 接收到的数据字节串和对方套接字地址
        data, sock = self.request
        if data == b'tell_me_the_time':
            # 向对方发送当前日期和时间数据
            sock.sendto(str(datetime.now())[:19].encode(),
                        self.client_address)

server_address = ('', 6677)
# 启动，开始服务
with UDPServer(server_address, UDPTimerHandler) as server:
    server.serve_forever()
```

2．客户端程序

```python
import socket
from time import sleep

server_address = ('127.0.0.1', 6677)

while True:
    # 每次询问时间时都要创建一个新的套接字，问完就关
    with socket.socket(socket.AF_INET, socket.SOCK_DGRAM) as sock:
        # 设置超时时间
        sock.settimeout(1)
        # 向时间服务器发出请求
        sock.sendto(b'tell_me_the_time', server_address)
        try:
            # 读取并解析服务器返回的时间
            # 如果服务器没有开启或者超时，recvfrom()会出错
            # 所以需要使用异常处理结构
            # 如果没有前面的sendto()操作，直接recvfrom()不会抛出异常而是阻塞
            data, _ = sock.recvfrom(100)
```

```
        except:
            print('没发现服务器。')
        else:
            print(data.decode())
    sleep(1)
```

程序运行界面如图 3-23 所示。

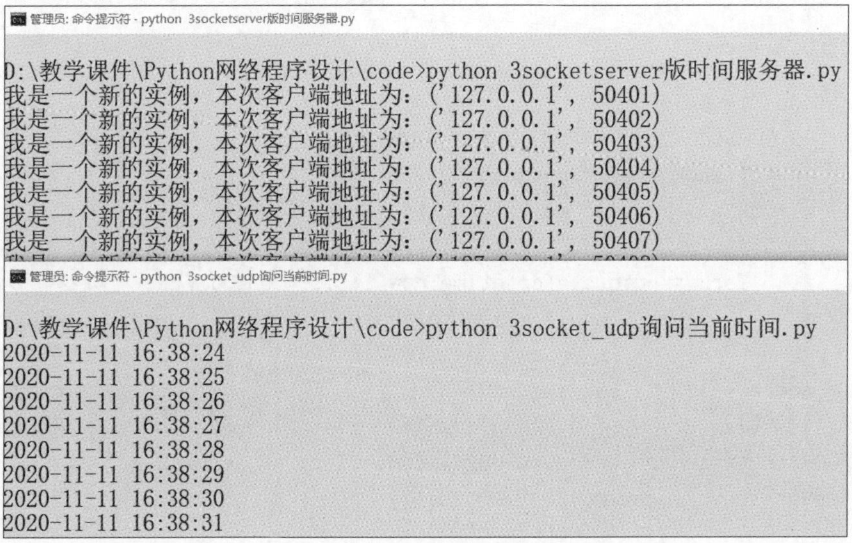

图 3-23 socketserver 实现在线时间服务器

例 3-19 编写程序，使用 UDP 协议进行通信，服务端程序每隔 3 秒向局域网内所有计算机广播一次字节串 b'ServerIP' 声明自己的存在，其他计算机收到消息之后输出服务端程序所在的计算机 IP 地址。服务端广播消息声明自己存在的同时也监听广播消息，如果同一个局域网内还有其他计算机运行服务端程序，服务端程序给出相应的提示信息。如果客户端收到的相邻两次广播信息 b'ServerIP' 的时间间隔小于 2 秒，就认为同一个局域网内不止一个服务端程序在运行，给出相应的提示。请自行测试下面的代码。

1. 服务端程序

```
import socket
from time import sleep
from threading import Thread

# 标记服务端程序是否允许运行
flag = True
# 获取本机所有IP地址
ips = socket.gethostbyname_ex(socket.gethostname())[2]
```

```python
def send():
    try:
        sockSender = socket.socket(socket.AF_INET, socket.SOCK_DGRAM)
    except:
        print('创建发送套接字失败。')
        return

    while flag:
        # 发送信息，考虑本机有多个网卡，同时具有不同网段的IP地址
        for ip in ips:
            broadcast_ip = ip.rsplit('.', maxsplit=1)[0] + '.255'
            sockSender.sendto(b'ServerIP', (broadcast_ip, 5060))
        # 3秒广播一次
        sleep(3)
    sockSender.close()

def receive():
    global flag
    try:
        sockReceiver = socket.socket(socket.AF_INET, socket.SOCK_DGRAM)
    except:
        print('创建监听套接字失败。')
        return

    try:
        sockReceiver.bind(('', 5060))
    except:
        print('监听端口号被占用，检查是否本机也运行了客户端程序。')
        return

    # 设置超时时间为3秒
    sockReceiver.settimeout(3)

    while True:
        try:
            data, addr = sockReceiver.recvfrom(100)
        except socket.timeout:
            continue
        if addr[0] not in ips:
            print('局域网内不止一个服务端程序，至少还有一个：', addr[0])
            # 结束广播，退出程序
            flag = False
            break
```

```
        sockReceiver.close()

print('Server started...')
Thread(target=send).start()
Thread(target=receive).start()
```

2. 客户端程序

```
import socket
from time import time

def receive():
    # 创建socket对象
    try:
        sock = socket.socket(socket.AF_INET, socket.SOCK_DGRAM)
    except:
        print('创建套接字失败。')
        return

    # 绑定socket
    try:
        sock.bind(('', 5060))
    except:
        print('端口号已被占用。')
        return

    # 记录上次收到消息的纪元秒数
    last = 0
    sock.settimeout(3)
    while True:
        # 接收信息
        try:
            data, addr = sock.recvfrom(1024)
        except:
            print('没有发现服务器,继续等待。')
            continue
        # 服务器广播信息
        if data == b'ServerIP':
            now = time()
            if now-last > 2:
                # 输出服务器地址
                print('服务器地址: ', addr[0])
                last = now
```

```
            else:
                print('服务器太多，把我搞懵了。')
                break

receive()
```

例 3-20　编写程序，实现局域网内屏幕广播。在发送端程序中，不停地截取当前桌面图像并广播至局域网内所有计算机，在接收端程序中接收图像数据，重建图像后显示到 tkinter 程序窗口中。发送端程序和接收端程序都要求安装扩展库 pillow。另外，为了不影响鼠标操作，程序中使用子线程进行屏幕截图数据的收发。

例 3-20 讲解

1. 发送端程序

```
from time import sleep
from os import startfile
from zlib import compress
from threading import Thread
from tkinter import Tk, BooleanVar, Button, Label
from socket import socket, AF_INET, SOCK_DGRAM, SOL_SOCKET, SO_BROADCAST
from PIL.ImageGrab import grab

# 创建tkinter程序窗口
root = Tk()
# 设置标题
root.title('屏幕广播发送端-董付国')
# 设置初始尺寸和位置
root.geometry('320x60+500+200')
# 两个方向都不允许缩放
root.resizable(False, False)

# 缓冲区大小
BUFFER_SIZE = 60 * 1024
# 控制是否正在发送的tkinter变量
sending = BooleanVar(root, value=False)

def send_image():
    sock = socket(AF_INET, SOCK_DGRAM)
    # 设置为广播模式
    sock.setsockopt(SOL_SOCKET, SO_BROADCAST, True)
    # 广播地址
    IP = '255.255.255.255'
```

```python
        while sending.get():
            # 全屏幕截图
            im = grab()
            # 图像尺寸
            w, h = im.size
            # 把图像转换为字节串，压缩后传输，减少带宽占用
            im_bytes = compress(im.tobytes())

            # 通知大家开始发送一幅图像
            sock.sendto(b'start', (IP,22222))
            sleep(0.02)
            # 分块发送，以免字节串太长无法发送
            # 加1是为了发送最后一个分块，这个分块一般小于BUFFER_SIZE
            for i in range(len(im_bytes)//BUFFER_SIZE+1):
                start = i * BUFFER_SIZE
                end = start + BUFFER_SIZE
                # 每个数据块前面加上序号，方便接收方重建图像时用于排序
                sock.sendto(f'{start}_'.encode()+im_bytes[start:end],
                            (IP,22222))
            # 通知大家已发送完一幅图像
            sleep(0.02)
            sock.sendto(b'_over'+str((w,h)).encode(), (IP,22222))

            # 0.2秒截图发送一次
            sleep(0.2)
            print(1)

    sock.sendto(b'close', (IP, 22222))
    sock.close()

# 在窗口上创建Label标签，单击时打开微信公众号"Python小屋"历史文章清单
lbCopyRight = Label(root,
                    text='董付国老师开发，微信公众号"Python小屋"',
                    # 红色字体，鼠标形状为加号
                    fg='red', cursor='plus')
lbCopyRight.place(x=5, y=5, width=310, height=20)
url = r'https://mp.weixin.qq.com/s/u9FeqoBaA3Mr0fPCUMbpqA'
lbCopyRight.bind('<Button-1>', lambda e: startfile(url))

# 在窗口上创建"开始播放"按钮，设置单击按钮时执行的函数
def btnStartClick():
    sending.set(True)
    # 创建子线程广播屏幕截图
```

```python
    Thread(target=send_image).start()
    # 禁用"开始广播"按钮，启用"停止广播"按钮
    btnStart['state'] = 'disabled'
    btnStop['state'] = 'normal'
btnStart = Button(root, text='开始广播', command=btnStartClick)
btnStart.place(x=30, y=30, width=125, height=20)

# "停止广播"按钮以及单击按钮时执行的函数
def btnStopClick():
    # 结束用来广播屏幕截图的子线程
    sending.set(False)
    btnStart['state'] = 'normal'
    btnStop['state'] = 'disabled'
btnStop = Button(root, text='停止广播', command=btnStopClick)
btnStop['state'] = 'disabled'
btnStop.place(x=165, y=30, width=125, height=20)

# 退出程序时自动调用该函数
# 如果正在发送就停止接收再退出，保证线程安全
def close_window():
    sending.set(False)
    sleep(0.3)
    root.destroy()
root.protocol('WM_DELETE_WINDOW', close_window)

# 启动tkinter消息循环
root.mainloop()
```

2．接收端程序

```python
from time import sleep
from os import startfile
from zlib import decompress
from threading import Thread
from operator import itemgetter
from socket import socket, AF_INET, SOCK_DGRAM
from tkinter import Tk, Canvas, BOTH, YES, Label
from PIL.Image import frombytes
from PIL.ImageTk import PhotoImage

# 执行程序时自动打开微信公众号"Python小屋"的历史文章页面
url = r'https://mp.weixin.qq.com/s/u9FeqoBaA3Mr0fPCUMbpqA'
startfile(url)
```

```python
# 创建tkinter应用程序，用来显示服务端的屏幕截图
root = Tk()
root.title('屏幕广播接收端-董付国-微信公众号"Python小屋"')
# 设置初始大小和位置
root.geometry('800x600+100+100')
# 不显示标题栏和"最小化""最大化""关闭"按钮
# 如果不允许缩放窗口，可以把下面一行代码解除注释
# 然后再修改代码让程序窗口占满整个屏幕
# root.overrideredirect(True)
# 设置顶端显示，不被其他窗口遮挡
root.attributes('-topmost', True)
# 使用Label显示图像，自带双缓冲，避免图像闪烁
lbImage = Label(root)
lbImage.pack(fill=BOTH, expand=YES)

# 缓冲区大小
BUFFER_SIZE = 61 * 1024
# 用来接收一帧图像数据的临时集合
data = set()

def show_image(image_bytes, image_size):
    # 获取程序窗口尺寸
    screen_width = root.winfo_width()
    screen_height = root.winfo_height()

    # 必须把im声明为全局变量，否则会不显示图像
    global im
    # 重建图像，如果接收图像数据不完整就直接放弃
    try:
        # 按分块序号进行升序排序，防止UDP乱序带来的错误
        image_bytes = sorted(image_bytes, key=lambda item: int(item[0]))
        # itemgetter(1)是一个可调用对象，用来获取可迭代对象中下标为1的元素
        # 拼接接收到的图像数据，然后解压缩、重建图像
        image_bytes = b''.join(map(itemgetter(1), image_bytes))
        image_bytes = decompress(image_bytes)
        im = frombytes('RGB', image_size, image_bytes)
    except:
        return

    # 把接收到的图像缩放至和程序窗口大小一致，然后显示到Label组件上
    im = im.resize((screen_width,screen_height))
    im = PhotoImage(im)
```

```python
        lbImage['image'] = im
        lbImage.image = im

def recv_image():
    global receiving, im
    # 创建UDP套接字，绑定用来接收屏幕广播的端口
    sock = socket(AF_INET, SOCK_DGRAM)
    sock.bind(('', 22222))

    while receiving:
        # 等待接收开始标志，防止半路加入的客户端从中间开始接收，导致图像不完整
        while receiving:
            chunk, _ = sock.recvfrom(BUFFER_SIZE)
            # 收到开始标志
            if chunk == b'start':
                break
            # 发送端不再发送图像，已关闭套接字，等待下次广播
            elif chunk == b'close':
                sleep(0.1)
        else:
            # 发送端已关闭，接收端不再接收数据
            break

        while receiving:
            # 开始接收图像数据
            chunk, _ = sock.recvfrom(BUFFER_SIZE)
            # 一幅图像传输结束，重建图像并显示
            if chunk.startswith(b'_over'):
                image_size = eval(chunk[5:])
                image_data = data.copy()
                data.clear()
                thread_show = Thread(target=show_image,
                                     args=(image_data,image_size))
                thread_show.daemon = True
                thread_show.start()
                break
            elif chunk == b'close':
                break
            else:
                # 集合中每个数据都带有发送时的分块编号
                data.add(tuple(chunk.split(b'_', maxsplit=1)))

# 创建子线程，接收并更新屏幕截图
```

```
receiving = True
thread_sender = Thread(target=recv_image)
thread_sender.daemon = True
thread_sender.start()

# 退出程序时自动调用该函数
# 如果正在接收就停止接收再退出，保证线程安全
def close_window():
    global receiving
    receiving = False
    sleep(0.3)
    root.destroy()
root.protocol('WM_DELETE_WINDOW', close_window)

# 启动tkinter消息主循环
root.mainloop()
```

发送端运行界面如图3-24所示，请自行运行发送端程序和接收端程序进行测试，可以在一台计算机上运行发送端程序，在同一个局域网内多台计算机上运行客户端程序，然后在发送端程序界面上单击"开始广播"和"停止广播"按钮，观察客户端程序界面变化。

图 3-24　屏幕广播发送端程序界面

例 3-21　编写程序，使用 UDP 协议传输文件，在高层实现可靠传输。UDP 协议本身是不保证服务质量的，丢包和乱序都是正常的，如果要进行可靠传输，需要在应用层来保证。在例 3-20 中，如果接收到的屏幕截图数据不完整就直接丢弃，这样处理并不会影响接收端的视觉效果。屏幕广播软件那样处理没有问题，但是传输文件时这样处理就不行了。在本例程序中，发送端首先对要发送的文件数据进行分块并记录每块的起始地址，然后创建两个子线程分别用来发送文件数据和接收确认信息，如果所有分块都被接收端确认就结束程序。接收端每次收到数据之后就向发送端发送确认信息。

例 3-21 讲解

1. 发送端程序

```
import socket
from time import sleep
from os.path import basename
from threading import Thread, Event

BUFFER_SIZE = 32*1024
```

```python
# 接收端地址
address = ('127.0.0.1', 7777)

fn_path = input('请输入要发送的文件路径：')

# 存放每块数据在文件中的起始地址
positions = []

file_name = [basename(fn_path).encode()]

def sendto(fn_path):
    '''用来发送文件的线程函数'''
    # 读取文件全部内容
    with open(fn_path, 'rb') as fp:
        content = fp.read()
    # 获取文件大小，做好分块传输的准备
    fn_size = len(content)
    print(f'文件大小：{fn_size}字节')
    for start in range(fn_size//BUFFER_SIZE+1):
        positions.append(start*BUFFER_SIZE)

    # 设置事件，可以启动用来接收确认信息的线程了
    e.set()

    # 创建套接字，设置发送缓冲区大小
    sock = socket.socket(socket.AF_INET, socket.SOCK_DGRAM)
    sock.setsockopt(socket.SOL_SOCKET, socket.SO_SNDBUF, BUFFER_SIZE)

    # 发送文件数据，直到所有分块都收到确认，否则就不停地循环发送
    while positions:
        for pos in positions:
            sock.sendto(f'{pos}_'.encode()+content[pos:pos+BUFFER_SIZE],
                        address)
            sleep(0.1)

    # 通知，发送完成
    while file_name:
        sock.sendto(b'over_'+file_name[0], address)

    # 关闭套接字
    sock.close()

def recv_ack():
    '''用来接收确认信息的线程函数'''
```

```python
    # 创建套接字，绑定本地端口，用来接收对方的确认信息
    sock = socket.socket(socket.AF_INET, socket.SOCK_DGRAM)
    sock.bind(('', 7778))

    # 如果所有分块都确认过，就结束循环
    while positions:
        # 预期收到的确认包格式为1234_ack，数据不会超过100字节
        data, _ = sock.recvfrom(100)
        pos = int(data.split(b'_')[0])
        if pos in positions:
            positions.remove(pos)

    # 确认对方收到文件名，并已接收全部数据
    while file_name:
        # 文件名可能会比较长，所以设置参数为1024
        data, _ = sock.recvfrom(1024)
        fn = data.split(b'_', maxsplit=1)[1]
        if fn in file_name:
            file_name.remove(fn)

    sock.close()

t1 = Thread(target=sendto, args=(fn_path,))
t1.start()
e = Event()
e.clear()
# 等待发送文件的线程准备好之后，再启动接收确认信息的线程
e.wait()
t2 = Thread(target=recv_ack)
t2.start()

# 等待发送线程和接收确认线程都结束
t2.join()
t1.join()
```

2. 接收端程序

```python
import socket
from time import time

BUFFER_SIZE = 4 * 1024 * 1024

dst = input('请输入用来保存文件的目标文件夹:')
```

```python
# 用来临时保存数据
data = set()

# 接收数据的Socket，绑定到本机所有IP地址的7777端口
sock_recv = socket.socket(socket.AF_INET, socket.SOCK_DGRAM)
sock_recv.bind(('', 7777))

# 发送端用来接收确认反馈的地址
ack_address = ('127.0.0.1', 7778)
sock_ack = socket.socket(socket.AF_INET, socket.SOCK_DGRAM)

# 用来记录重复收包次数
repeat = 0

# 记录开始接收数据的时间
start = time()

while True:
    buffer, _ = sock_recv.recvfrom(BUFFER_SIZE)
    # 全部接收完成，获取文件名
    if buffer.startswith(b'over_'):
        fn = buffer[5:].decode()
        # 多确认几次文件传输已结束，防止发送方丢包收不到确认
        for i in range(5):
            sock_ack.sendto(b'ack_'+fn.encode(), ack_address)
        break
    # 接收带编号的文件数据，临时保存，发送确认信息
    buffer = tuple(buffer.split(b'_', maxsplit=1))
    if buffer in data:
        repeat = repeat + 1
    else:
        data.add(buffer)
    # 向发送端确认编号为buffer[0]的数据包收到了
    sock_ack.sendto(buffer[0]+b'_ack', ack_address)
# 关闭接收数据和发送确认信息的套接字
sock_recv.close()
sock_ack.close()
print(f'重复接收数据{repeat}次')

# 按正确顺序写入文件
data = sorted(data, key=lambda item: int(item[0]))
with open(rf'{dst}\{fn}', 'wb') as fp:
    for item in data:
```

```
            fp.write(item[1])

print(f'文件接收完成,用时: {time()-start}秒')
```

启动两个命令提示符窗口,分别执行接收端程序和发送端程序,程序运行界面如图 3-25 所示。

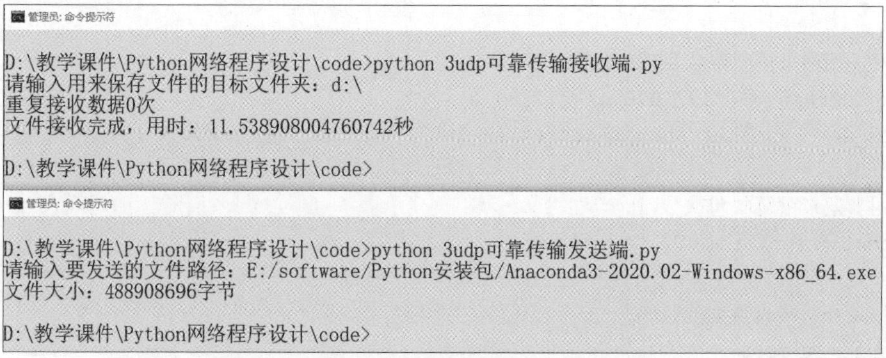

图 3-25 使用 UDP 实现文件可靠传输

例 3-22 UDP 属于无连接协议,使用 UDP 协议的套接字对象不需要建立连接就可以使用 sendto() 方法向指定的套接字发送数据,接收端套接字使用 recvfrom() 方法可以接收任意 UDP 套接字发来的数据并同时返回发送端套接字地址。实际上,UDP 套接字也可以像 TCP 套接字一样使用 connect() 方法连接对方,然后使用 send() 方法发送数据、使用 recv() 方法接收数据。但 UDP 套接字的 connect() 方法并不是像 TCP 套接字一样建立真正意义上的连接,而是进行简单的绑定和标记,在有些场合非常有用。本例通过几段代码来演示 UDP 套接字连接操作的功能和应用场景。

(1)编写接收端程序 3UDP_connect_receiver.py,创建 UDP 套接字,被动接收数据然后做出响应,向发送端发送数据。

```
import socket
from time import sleep
from datetime import datetime

# 创建UDP套接字,被动接收数据,然后做出响应
sock = socket.socket(socket.AF_INET, socket.SOCK_DGRAM)
# 绑定本地地址(ip,port),使用这个IP地址和端口号进行通信/收发信息
# 127.0.0.1表示本地回环地址,不需要联网也可以使用
sock.bind(('127.0.0.1', 3333))

print(f'{str(datetime.now())[:19]},receiver started...')
while True:
    # 接收一个完整的数据报文,返回数据和对方地址
```

```
    # 若接收成功，必然是接收了一个完整的数据报，UDP不会只接收一部分
    data, addr = sock.recvfrom(1024)
    if data == b'bye':
        break
    for i in range(10):
        # 向对方发送响应信息，使用sendto()明确指定接收方地址
        sock.sendto(b'ack from receiver', addr)
        sleep(1)
    # 发送关闭套接字的通知
    sock.sendto(b'close', addr)
print(f'{str(datetime.now())[:19]},receiver stopped...')

# 关闭套接字
sock.close()
```

（2）编写发送端程序 3UDP_connect_sender.py，创建 UDP 套接字，主动向接收端发送数据，然后输出显示接收端反馈回来的数据。

```
import socket
from datetime import datetime

remote_address = ('127.0.0.1', 3333)
local_address = ('127.0.0.1', 5555)

sock = socket.socket(socket.AF_INET, socket.SOCK_DGRAM)
# 绑定本地地址，这样可以明确指定端口，不使用系统自动分配的端口
# 每个套接字对象只能进行一次绑定操作
sock.bind(local_address)
# 主动向接收端发送消息，如果接收端不存在，本消息丢失
# 并且会导致后面调用recvfrom()失败
# 如果没有向通信对方发送消息就直接进入接收模式，recvfrom()不会失败，而是阻塞
sock.sendto(b"I'm sender.", remote_address)
# TCP套接字需要成功调用bind()或connect()之后才可以调用getsockname()
# UDP套接字不需要先建立连接就可以调用getsockname()返回本地地址
print('socket address:', sock.getsockname())

while True:
    # 除了预期通信对方发来的信息，其他任意程序向本地址发送的信息都会被接收
    # 这是个潜在的危险
    data, addr = sock.recvfrom(1024)
    if data == b'close':
        break
    print(str(datetime.now())[:19], data)
```

```
sock.sendto(b'bye', remote_address)

sock.close()
```

启动两个命令提示符窗口，先后执行接收端程序和发送端程序，运行界面如图 3-26 所示。

图 3-26　无连接的 UDP 套接字收发数据界面

（3）编写攻击者程序 3UDP_connect_attacker.py，向指定的 UDP 套接字直接发送干扰信息和关闭指令。

```
import socket
from time import sleep
from datetime import datetime

target_address = ('127.0.0.1', 5555)
sock = socket.socket(socket.AF_INET, socket.SOCK_DGRAM)

print(str(datetime.now())[:19], '发送干扰信息。')
# 直接向正在监听特定端口的UDP套接字发送干扰消息
sock.sendto(b"I'm attacker.", target_address)
sleep(2)
print(str(datetime.now())[:19], '发送关闭指令。')
# 发送关闭指令
sock.sendto(b'close', target_address)

sock.close()
```

然后打开3个命令提示符窗口，分别执行接收端程序、发送端程序和攻击者程序，如图3-27所示。可以看出，发送端程序被攻击者程序提前关闭，导致没有接收完接收端的反馈信息。

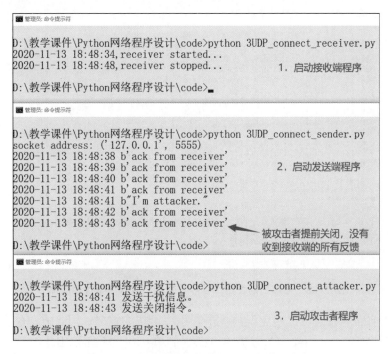

图3-27　攻击者程序提前关闭了发送端程序

（4）如果想避免前面的问题，可以修改代码在UDP套接字接收到数据后检查对方地址，如果不是预期的地址就直接忽略。基于这个思路，修改程序3UDP_connect_sender.py，增加检查对方地址的代码，然后保存为3UDP_connect_sender_new1.py。为了节约篇幅，下面代码只给出了修改后的while循环，其他部分没有改变。

```
while True:
    data, addr = sock.recvfrom(1024)
    # 新增两行代码，检查对方端口号，如果不是原定端口就直接丢弃数据
    # 如果需要也可以增加代码检查IP地址
    if addr[1] != remote_address[1]:
        continue
    if data == b'close':
        break
    print(str(datetime.now())[:19], data)
```

按照前面描述的步骤，打开3个命令提示符窗口，分别执行接收端程序、发送端程序和攻击者程序，结果如图3-28所示。可以发现，发送端程序没有受到攻击者程序的干扰和破坏。

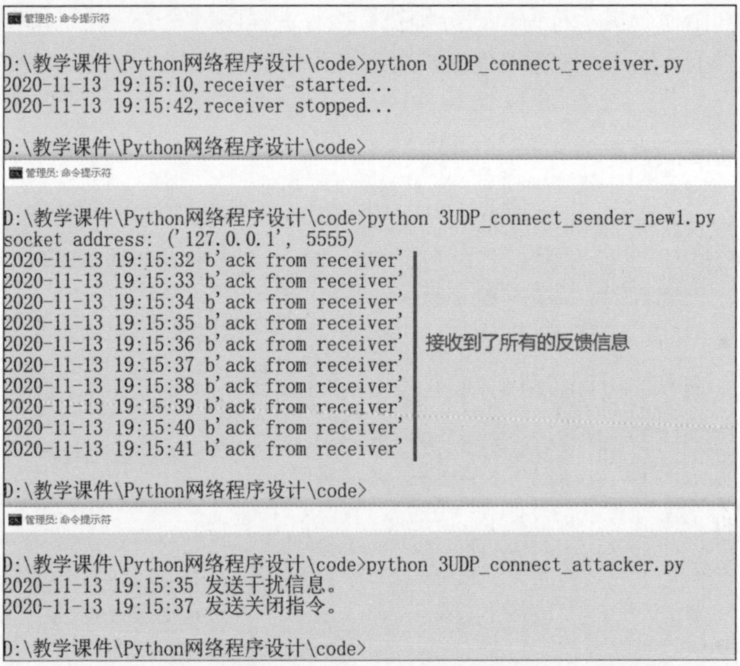

```
管理员: 命令提示符

D:\教学课件\Python网络程序设计\code>python 3UDP_connect_receiver.py
2020-11-13 19:15:10,receiver started...
2020-11-13 19:15:42,receiver stopped...

D:\教学课件\Python网络程序设计\code>
```

```
管理员: 命令提示符

D:\教学课件\Python网络程序设计\code>python 3UDP_connect_sender_new1.py
socket address: ('127.0.0.1', 5555)
2020-11-13 19:15:32 b'ack from receiver'
2020-11-13 19:15:33 b'ack from receiver'
2020-11-13 19:15:34 b'ack from receiver'
2020-11-13 19:15:35 b'ack from receiver'
2020-11-13 19:15:36 b'ack from receiver'
2020-11-13 19:15:37 b'ack from receiver'
2020-11-13 19:15:38 b'ack from receiver'
2020-11-13 19:15:39 b'ack from receiver'
2020-11-13 19:15:40 b'ack from receiver'
2020-11-13 19:15:41 b'ack from receiver'

D:\教学课件\Python网络程序设计\code>
```



```
管理员: 命令提示符

D:\教学课件\Python网络程序设计\code>python 3UDP_connect_attacker.py
2020-11-13 19:15:35 发送干扰信息。
2020-11-13 19:15:37 发送关闭指令。

D:\教学课件\Python网络程序设计\code>
```

图 3-28　修改后的发送端程序不受攻击者程序干扰和破坏

（5）虽然前面的方法可以避免误被攻击者程序干扰的情况，但是方法略显笨拙。如果借助于 UDP 套接字的 connect() 方法，可以更简单一些。下面给出修改后发送端程序代码和相应的注释，可以参考前面的步骤测试程序，运行界面如图 3-28 一样。

```
import socket

remote_address = ('127.0.0.1', 3333)
local_address = ('127.0.0.1', 5555)

sock = socket.socket(socket.AF_INET, socket.SOCK_DGRAM)
# 绑定本地地址，这样可以明确指定端口，不使用系统自动分配的端口
sock.bind(local_address)

# UDP socket的connect()并不是真连接对方，只是在系统中注册一下对方地址
# 这样就可以直接使用send()向对方发送数据，不用sendto()指定对方地址
# 接收时也可以使用recv()接收了，不返回对方地址
# 并且recv()会自动过滤非对方地址发来的任何数据
sock.connect(remote_address)
# 即使已经指定默认地址，仍可以向其他明确指定的地址发送消息
sock.sendto(b'ok', remote_address)
# 向"连接"的默认地址发送消息
sock.send(b"I'm sender.")
print('socket address:', sock.getsockname())
```

```
while True:
    data = sock.recv(1024)
    if data == b'close':
        break
    print(data)

sock.send(b'bye')
sock.close()
```

3.5 嗅探器与网络抓包案例实战

3.5.1 使用标准库socket编写网络嗅探器程序

网卡工作于数据链路层，用于收发数据帧，正常来讲，网卡收到数据帧之后会对目标MAC地址进行检查，如果数据帧是广播、组播且本机属于该组或者定向发给本机的就提交给网络层，否则就直接丢弃数据，上层根本不知道曾经有这样的数据到达。如果设置网卡为混杂模式（promiscuous mode），则不会对收到的数据帧进行检查，而是直接提交给网络层，即使是定向发给其他主机的"过路的"数据。

嗅探器程序可以检测本机所在局域网内的网络流量和数据包收发情况，对网络中的数据帧进行被动地捕捉和监听，是一种常用的收集信息的方法，对于网络管理非常重要，属于系统运维内容之一。为了实现网络流量嗅探，需要将代码设置为混杂模式，并且需要使用管理员权限运行嗅探器程序。为了理解本节例题代码中的协议解析过程，图3-29给出了TCP/IP协议族数据封装过程示意图，图3-30~图3-33分别给出了IP、TCP、UDP等协议以及带ICMP信息的IP数据报的头部结构示意图。

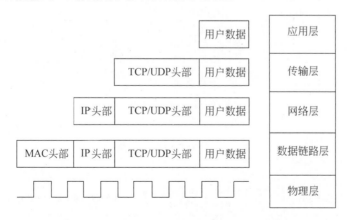

图3-29　TCP/IP协议族数据封装过程示意图

图 3-30　IP 协议头部结构

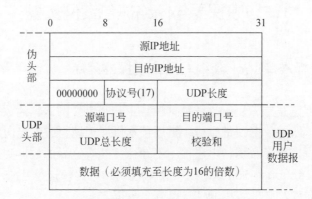

图 3-31　UDP 协议头部结构

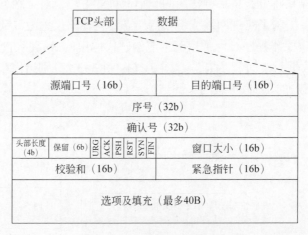

图 3-32　TCP 协议头部结构

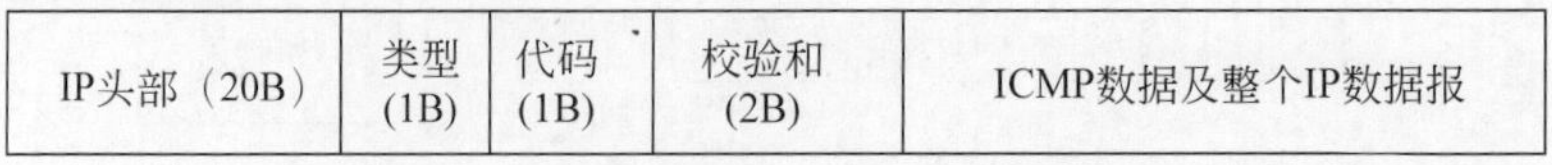

IP头部（20B）	类型 （1B）	代码 （1B）	校验和 （2B）	ICMP数据及整个IP数据报

图 3-33　带 ICMP 信息的 IP 数据报结构

例3-23　编写程序，监听本机收到的所有网络数据，解析每个数据的MAC、IP、ICMP、TCP、UDP等协议头部信息，同时记录不同IP地址发来数据的次数。60秒后停止监听，输出不同IP地址发来数据的次数。如果需要查看其他协议头的信息，可以把代码中注释掉的print()语句解除注释，然后重新运行程序观察结果。请参考TCP/IP协议族数据封装过程再结合各协议的头部信息组织格式来理解代码中的解包过程。

```python
import socket
import ctypes
from time import sleep
from struct import unpack
from threading import Thread

# 记录每个IP地址发来信息的次数
activeDegree = dict()

# eth_addr是使用lambda表达式定义的MAC地址格式转换函数
# 返回6组十六进制数
eth_addr = lambda a: (':'.join(['{:02x}']*6)).format(*a)
def parse_mac(buffer):
    # 处理头部获取MAC信息，使用struct进行反序列化
    # 关注微信公众号"Python小屋"，发送消息"历史文章"可以找到struct的相关文章
    eth_protocol = socket.ntohs(unpack('!6s6sH', buffer)[2])
    msg = f'Destination MAC:{eth_addr(buffer[0:6])}'\
        + f',Source MAC:{eth_addr(buffer[6:12])}'\
        + f',Protocol:{eth_protocol}'
    return msg

def parse_ip(buffer):
    # 解析IP头
    iph = unpack('!BBHHHBBH4s4s', buffer)
    version_ihl = iph[0]
    version = version_ihl >> 4
    ihl = version_ihl & 0xF
    iph_length = ihl * 4
    ttl, protocol = iph[5], iph[6]
    s_addr = socket.inet_ntoa(iph[8])
    d_addr = socket.inet_ntoa(iph[9])
    msg = f'IP => Version:{version}, Header Length:{iph_length},'\
        + f'TTL:{ttl}, Protocol:{protocol}, Source IP:{s_addr},'\
        + f'Destination IP:{d_addr}'
    return iph_length, protocol, msg

def parse_tcp(buffer):
```

```python
        # 解析TCP头
        tcph = unpack('!HHLLBBHHH', buffer)
        s_port, d_port, seq, ack, doff_reserved = tcph[:5]
        tcph_length = doff_reserved >> 4
        msg = f'TCP => Source Port:{s_port}, Dest Port:{d_port}'\
              + f',Sequence Number:{seq},Acknowledgement Number:{ack}'\
              + f',TCP header length: {tcph_length}'
        return msg

def parse_udp(buffer):
    # 解析UDP头
    udph = unpack('!HHHH', buffer)
    s_port, d_port, length, checksum = udph
    msg = f'UDP => Source Port:{s_port}, Dest Port:{d_port}'\
          + f',Length:{length},CheckSum:{checksum}'
    return msg

# ICMP结构体
class ICMP(ctypes.Structure):
    # ICMP各字段
    _fields_ = [('type', ctypes.c_ubyte),
                ('code', ctypes.c_ubyte),
                ('checksum', ctypes.c_ushort),
                ('unused', ctypes.c_ushort),
                ('next_hop_mtu', ctypes.c_ushort)]

    def __new__(self, socket_buffer):
        return self.from_buffer_copy(socket_buffer)

    def __init__(self, socket_buffer):
        pass

def parse_icmp(buffer):
    # 解析ICMP头
    icmp_header = ICMP(buffer)
    msg = f'ICMP => Type:{icmp_header.type},'\
          + f'Code:{icmp_header.code},CheckSum:{icmp_header.checksum}'
    return msg

def main():
    # 获取本地计算机所有IP地址
    HOST = socket.gethostbyname_ex(socket.gethostname())[2]
    # 创建原始套接字，Windows之外的系统，要把IPPROTO_IP替换为IPPROTO_ICMP
```

```python
sock = socket.socket(socket.AF_INET, socket.SOCK_RAW,
                     socket.IPPROTO_IP)
sock.bind((HOST[-1], 0))
# 设置包含IP头
sock.setsockopt(socket.IPPROTO_IP, socket.IP_HDRINCL, 1)
# 开启混杂模式，接收所有包，需要以管理员权限运行程序
sock.ioctl(socket.SIO_RCVALL, socket.RCVALL_ON)

print('开始监听...')
while flag:
    # 接收一个数据包
    data, (host, port) = sock.recvfrom(65565)
    # 解析MAC信息，Windows系统中不可用
    # mac_len = 14
    # mac_info = parse_mac(data[:mac_len])
    # print(mac_info)
    # IP头部基本长度为20字节，最大可能长度为60字节
    ip_len, protocol, ip_info = parse_ip(data[:20])
    # print(ip_info)
    # IP头部中的协议为1表示ICMP，2表示IGMP，6表示TCP
    # 8表示EGP，17表示UDP，41表示IPv6，89表示OSPF
    if protocol == 6:
        # TCP头部基本长度为20字节，最大可能长度为60字节
        tcp_info = parse_tcp(data[ip_len:ip_len+20])
        payload = data[ip_len+20:]
        # print(tcp_info)
    elif protocol == 17:
        # UDP头部基本长度为8字节
        start = mac_len + ip_len
        udp_info = parse_udp(data[start:start+8])
        payload = data[start+8:]
        # print(udp_info)
    elif protocol == 1:
        icmp_part = data[ip_len:ip_len+ctypes.sizeof(ICMP)]
        icmp_info = parse_icmp(icmp_part)
        payload = data[ip_len+ctypes.sizeof(ICMP):]
        # print(icmp_info)

    # 统计不同IP地址发来数据的次数
    activeDegree[host] = activeDegree.get(host, 0) + 1
    # 如果想看本次嗅探到的具体数据，可以删除下面一行代码的len()函数
    print(len(payload), (host, port))
```

```
            # 关闭混杂模式,关闭套接字
            sock.ioctl(socket.SIO_RCVALL, socket.RCVALL_OFF)
            sock.close()

        # 创建线程,60秒后结束线程停止嗅探
        flag = True
        t = Thread(target=main)
        t.start()
        sleep(60)
        flag = False
        t.join()

        print('监听结束...')
        # 输出每个IP地址发来数据包的次数
        for item in activeDegree.items():
            print(item)
```

3.5.2 使用扩展库Scapy嗅探网络流量

Scapy是一款使用Python开发的强大工具,依赖于软件NPCAP、WinPcap或Wireshark,可以用来对网络数据进行构造、发送和解析以及对本机网络流量进行监听,既可以在命令行直接执行scapy命令启动类似于Python Shell的Scapy环境,也可以在Python程序中导入和使用扩展库scapy中提供的功能;scapy既可以使用sniff()函数实时捕捉网络流量数据,也可以使用rdpcap()函数打开pcap或其他格式的离线数据进行解析(或者使用sniff()函数的offline参数实现同样功能)。

Scapy提供了Ether、ARP、IP、ICMP、TCP、UDP等多个用来构造不同协议数据包的类,用来在第三层发送数据包的send()函数和在第二层发送数据包的sendp()函数,用来在第三层发送和接收数据包的sr()函数,用来在第三层发送数据包并返回第一个应答的sr1()函数,用来在第二层发送和接收数据包的srp()函数,以及用于捕获路过本机网卡的数据包的sniff()函数和异步嗅探类AsyncSniffer。

本书重点介绍使用Wireshark+Scapy这个组合来监听本机网络流量的用法,数据包构造、发送的内容请自行查阅资料(参考文档地址:https://scapy.readthedocs.io/en/latest/usage.html)。首先安装用于捕捉和分析网络流量的软件Wireshark(本书配套资源里已提供),然后进入命令提示符环境并切换到Python安装目录中的scripts文件夹中执行命令pip install scapy安装扩展库scapy,安装完成后执行命令scapy,出现如图3-34所示的界面就算安装成功了。

接下来在开始菜单中找到并启动Wireshark软件,界面如图3-35所示。

作者的笔记本电脑用的是无线网络,所以选择图中箭头所指的WLAN,双击进入监听界面,如图3-36所示,双击某一条记录可以打开新窗口查看详情。

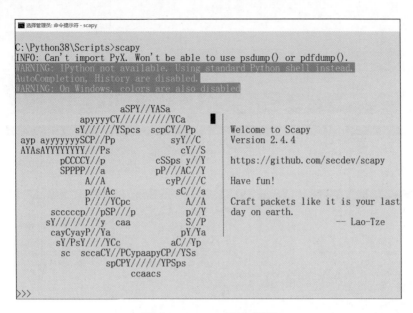

图 3-34　Scapy 运行界面

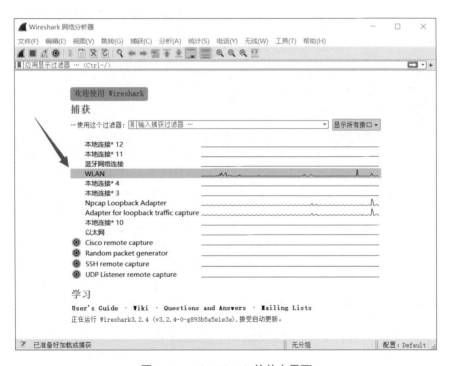

图 3-35　Wireshark 软件主界面

单击 Wireshark 界面中的红色按钮停止监听，启动 Python IDLE，然后执行代码测试 scapy 的网络分组监听功能，如图 3-37 所示。可以使用语句 dir(pkts) 和 dir(pkts[0]) 查看完整的方法列表。

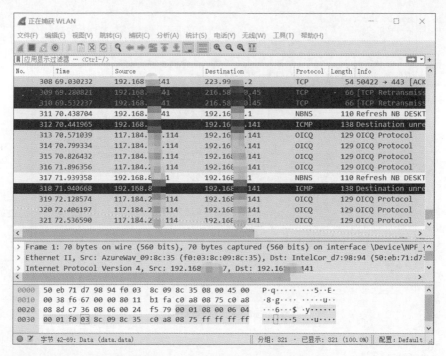

图 3-36　Wireshark 监听界面

图 3-37　在 Python 中使用 scapy 捕捉网络分组

可以执行 help(sniff) 语句查看 sniff() 函数的详细用法，其中比较常用的重要的参数如下。

（1）count 用来设置要捕捉的包的数量，0 表示不限制。

（2）prn 用来设置要应用到每个包的回调函数。

（3）filter 用来设置过滤规则，语法与 Wireshark 中过滤规则的语法一致，也就是 Berkeley Packet Filter（BPF）语法。

（4）lfilter 用来设置应用到每个包的函数，决定是否要进行下一步的操作。

（5）timeout 用来设置停止监听的时间，默认值 None 表示不限制，可以按组合键 Crtl+C 停止监听并返回捕捉到的数据包。

（6）opened_socket 用来指定监听哪些具有 recv() 方法的对象，例如套接字。

（7）stop_filter 用来设置应用到每个包的函数，用来决定捕捉这个包之后是否需要停止监听。

（8）iface 用来设置要监听的网络接口，默认值 None 表示监听所有接口。

例 3-24　编写程序，使用扩展库 Scapy 嗅探本机网络流量 60 秒，然后输出嗅探到的数据包的 IP 地址和端口号信息。

```
from re import findall
from time import sleep
from threading import Thread
from scapy.all import AsyncSniffer

sniffer = AsyncSniffer()
sniffer.start()
print('正在监听，请稍等。')
def wait():
    sleep(60)
    sniffer.stop()
t = Thread(target=wait)
t.start()
t.join()

print('监听结束，结果如下：')
for pkt in sniffer.results:
    if 'IP' in pkt:
        IP = pkt['IP']
        print('{}=>{}'.format(IP.src, IP.dst), end=';')
        if 'UDP' in pkt:
            print('UDP:{0.sport}=>{0.dport}'.format(pkt['UDP']))
        elif 'TCP' in pkt:
            print('TCP:{0.sport}=>{0.dport}'.format(pkt['TCP']))
        elif 'ICMP' in pkt:
            # 参数dump=True时返回详情，dump=False时输出信息并返回None
            # 如果使用pkt.code会得到数字，不是对应的字符串信息
            icmp_info = pkt.show(dump=True)
            code = findall('code\s+?=\s+?(.+?)\n', icmp_info)[0]
            print('ICMP:code_{}'.format(code))
```

作为补充，使用 sniff() 函数或类 AsyncSniffer 时可以通过参数 filter 来指定过滤规则，只捕捉符合规则的数据包，下面列出了部分常用的规则，可以自行测试和验证。

（1）sniff(filter='ip src host 192.168.8.141', count=10)：捕捉源 IP 地址是 192.168.8.141 的 10 个数据包。

（2）sniff(filter='icmp and host 192.168.8.141', count=2)：捕捉 IP 地址是 192.168.8.141 的 2 个 ICMP 数据包。

（3）sniff(iface='eth0', count=10)：捕捉 eth0 网卡的 10 个数据包。

（4）sniff(filter='port 8000')：捕捉端口号是 8000 的数据包。

（5）sniff(filter='dst port 8000')：捕捉目的端口号是 8000 的数据包。

（6）sniff(filter='tcp port 443')：捕捉端口号是 443 的 TCP 数据包。

（7）sniff(filter='port [8000,443]')：捕捉端口号是 8000 或 443 的数据包。

（8）sniff(filter='portrange 8000-50000')：捕捉端口号范围在 8000~50000 的数据包。

（9）sniff(filter='!port 443')：捕捉除 443 之外其他端口号的数据包。

（10）sniff(filter='src host 192.168.8.141 && dst port 80')：捕捉源 IP 地址为 192.168.8.141 且目的端口号为 80 的数据包。

（11）sniff(filter='inbound and tcp', timeout=5)：捕捉入站的 TCP 数据包，持续 5 秒。

（12）sniff(filter='outbound and udp', timeout=5)：捕捉出站方向的 UDP 数据包，持续 5 秒。

3.6　SSL/TLS 协议编程案例实战

TCP 协议是明文传输的，并不对信息进行加密，有可能被窃听和还原。重要信息不适合使用 TCP 直接传输，需要进行加密传输，具体的实现有很多种，其中一种是安全套接字 SSL（升级版本叫传输层安全协议 TLS，英文全称为 Transport Layer Security）。

TLS 对 TCP 连接进行封装和加密，可以用于保护请求 URL 的 HTTPS 连接和返回的内容、密码或 cookie 等可能在套接字传递的任意认证信息，只对发送的数据进行保护，服务端和客户端的 IP 地址以及端口号仍然是明文传输的。

例 3-25　编写程序，使用安全套接字实现信息的加密传输。限于篇幅，本例只给出改进后的程序代码，使用 TLS 传输和直接使用 TCP 进行传输的区别，SSL 证书的制作等详细操作步骤可以关注微信公众号 "Python 小屋"，然后发送消息 "历史文章"，打开给出的链接地址，然后搜索 "传输层安全协议" 找到相关文章进行阅读和了解。

1.服务端程序

```
import ssl
import socket
from struct import pack, unpack, calcsize
```

```python
# 创建默认上下文
cxt = ssl.create_default_context(ssl.Purpose.CLIENT_AUTH)
cxt.load_default_certs(ssl.Purpose.CLIENT_AUTH)
# 加载证书
cxt.load_cert_chain(certfile='python_xiaowu.cer',
                    keyfile='python_xiaowu.key')

server_address = ('127.0.0.1', 6666)

with socket.socket(socket.AF_INET, socket.SOCK_STREAM) as sock:
    # 绑定本地地址
    sock.bind(server_address)
    # 开始监听，只能同时为一个客户端服务
    sock.listen(1)
    # 创建安全套接字，接收连接后返回的所有套接字都是安全的
    with cxt.wrap_socket(sock, server_side=True) as ssock:
        while True:
            # 如果客户端非常多，可以在服务端使用多线程改写
            conn, addr = ssock.accept()
            print(f'本地服务端地址：{ssock.getsockname()}')
            print(f'客户端地址：{addr}')
            size = calcsize('i')
            # 考虑高并发网络服务器，不一定能一次接收完数据
            # 接收一个整数的字节串，表示接下来实际传输的数据长度
            data = []
            while size > 0:
                temp = conn.recv(size)
                data.append(temp)
                size = size - len(temp)
            size = unpack('i', b''.join(data))[0]

            # 接收客户端实际发送的字节串
            data = []
            while size > 0:
                temp = conn.recv(size)
                data.append(temp)
                size = size - len(temp)
            print(b''.join(data).decode())

            # 向客户端发送应答信息，然后关闭套接字
            reply = b'received'
            conn.sendall(pack('i', len(reply)) + reply)
            conn.close()
```

2. 客户端程序

```python
import ssl
import socket
from struct import pack, unpack, calcsize

s_address = ('127.0.0.1', 6666)

# 自己搭建服务器，不验证服务器证书
cxt = ssl._create_unverified_context()
cxt.load_default_certs()

# socket.socket()默认使用IPv4和TCP
with cxt.wrap_socket(socket.socket(),
                     server_hostname=s_address[0]) as ssock:
    ssock.connect(s_address)
    print(f'本地地址：{ssock.getsockname()}')
    msg = b'hello'
    ssock.sendall(pack('i', len(msg)) + msg)
    # 客户端暂时不考虑高并发，认为一次接收几字节没问题
    size = calcsize('i')
    size = unpack('i', ssock.recv(size))[0]
    print(ssock.recv(size).decode())
    ssock.close()
```

3.7 端口扫描器案例实战

绝大多数成功的网络攻击都是从端口扫描开始的。在网络安全和黑客领域，端口扫描是经常用到的技术，可以探测指定主机上是否开放了特定端口，进一步判断主机上是否正在运行某些重要的网络服务，最终判断是否存在潜在的安全漏洞，这从一定意义上讲也属于系统运维的范畴。

3.7.1 使用标准库socket进行TCP端口扫描

使用标准库 socket 进行 TCP 端口扫描的基本原理：创建 TCP 套接字之后，使用 connect() 方法连接远程主机的指定端口，如果能够连接成功则表示对方端口处于开放状态，如果连接失败则表示处于关闭状态。

例3-26 编写程序，实现多进程版 TCP 端口扫描器。为了加快扫描速度，下面的代码使用了进程池，多个进程同时工作，请自行运行和测试程序。

例3-26 讲解

```python
import socket
from multiprocessing import Pool

def get_ports():
    # 获取常用端口对应的服务名称
    ports_service = {}
    for port in list(range(1,1024))+[1433, 3389, 8080]:
        try:
            ports_service[port] = socket.getservbyport(port)
        except socket.error:
            pass
    return ports_service

def ports_scan(host, ports_service):
    # 获取主机host上的开放端口
    ports_open = []
    for port in ports_service:
        try:
            sock = socket.socket(socket.AF_INET, socket.SOCK_STREAM)
            # 设置超时时间，避免端口不开放时长时间等待
            sock.settimeout(1)
            # 尝试连接指定端口
            sock.connect((host, port))
            # 记录处于打开状态的端口
            ports_open.append(port)
        except:
            pass
        finally:
            sock.close()
    return ports_open

# 多进程版本的程序需要在选择结构中运行
if __name__ == '__main__':
    # 要扫描的端口号
    ports_service =  get_ports()

    # 下一行代码需要替换为自己的局域网IP地址
    net = '192.168.9.'
    results = dict()
    # 创建进程池，最多允许8个进程同时运行
    pool = Pool(processes=8)
    # 设置要扫描的主机IP地址范围，扫描一个C类网段
    for host_number in map(str, range(1,255)):
        host = net + host_number
```

```
        # 创建一个新进程，同时记录其运行结果
        # apply_async()方法是异步执行，不阻塞
        results[host] = pool.apply_async(ports_scan,
                                        (host, ports_service))
        print('start scaning '+host+'...')
    # 必须先调用close()再调用join()
    pool.close()
    pool.join()

    # 打印输出结果
    for host, opened_ports in results.items():
        print('='*30)
        print(host, '.'*10)
        # opened_ports是个结果对象，需要使用get()获取其中的数据
        for port in opened_ports.get():
            print(port, ':', ports_service[port])
```

3.7.2 使用扩展库Scapy进行TCP端口扫描

使用 Scapy 实现 TCP 端口扫描的原理：实现 TCP 连接最重要的就是三次握手的建立，所以通过 Scapy 构造一个 SYN 数据包，发送之后如果收到目的主机的 SYN+ACK 数据包，就说明目的主机的端口是开放的。

例 3-27　编写程序，使用扩展库 Scapy 向目标主机的若干端口发送 TCP 数据并设置标志位为 SYN，然后检查返回的响应数据判断端口是否处于开放状态。请自行修改目标主机 IP 地址并运行和测试程序。

```
from scapy.all import *

host = '192.168.8.141'
# 也可以写作下面的形式
# pkt = IP(dst=host)/TCP(dport=[80,3389], flags='S')/b'test'
pkt = IP(dst=host)/TCP(dport=[80,3389], flags='S')/Raw(load='test')
# verbose=0时不回显
ans, unans = sr(pkt, timeout=10, verbose=0)
for pkt in ans:
    print(pkt[1]['TCP'].sport, '开放。')
```

3.7.3 使用扩展库Scapy进行UDP端口扫描

使用 UDP 发送数据时，如果目标主机存活且目标端口是开放的就直接把数据送达，这

时发送方不会收到任何反馈，除非对方在应用层发回数据。如果目标主机不存活，发送方会收到一个 type 字段值为 3、code 字段值为 1 的 ICMP 数据包表示主机不可达（host unreachable）。如果目标主机存活但目标端口没有开放，发送方会收到一个 type 字段值为 3、code 字段值为 3 的 ICMP 数据包表示端口不可达（port unreachable）。根据这个特点可以扫描并判断目标主机是否存活以及目标主机上哪些端口处于开放状态或关闭状态。

例 3-28　基于上面的原理编写程序，结合扩展库 scapy 的数据包构造和收发功能，实现端口扫描。

```
from scapy.all import UDP, IP, ICMP, sr

host = '192.168.8.117'
ans, unans = sr(IP(dst=host)/UDP(sport=12345, dport=(1,1024)),
                timeout=10, verbose=1)
for pkt in ans:
    if pkt.haslayer('ICMP') and pkt.haslayer('UDPerror'):
        if pkt['ICMP'].type == 3 and pkt['ICMP'].code == 3:
            print(pkt['UDPerror'].sport, '不可达。')
```

3.8　扩展库psutil应用案例实战

Python 扩展库 psutil 可以用来查询进程以及 CPU、内存、硬盘以及网络等系统资源占用情况，常用于系统运行状态检测和运行中进程的管理。2.2.6 节介绍了 psutil 在进程管理方面的应用，本节简单演示 pstuil 在网络资源管理方面的应用。

例 3-29　编写程序，获取本机所有联网应用程序的信息。在本例中给出了两种方法：一种是使用标准库函数 os.popen() 执行带选项 -nbo 的 Windows 命令 netstat 来获取联网应用程序的信息，另一种是借助于 Python 扩展库 psutil。请自行查阅和验证 Windows 命令 netstat 的完整用法。

1. 借助于 Windows 命令

```
from os import popen

# 建议在命令提示符环境执行下面的命令，观察执行结果格式
cmd = 'netstat -nbo'
# 执行命令，获取执行结果
text = popen(cmd).readlines()
print('协议,本地地址,远程地址,状态,程序文件名')
for index, line in enumerate(text):
```

```
            line = line.strip()
            if line.startswith('['):
                # 忽略最后的进程ID
                pre_line = text[index-1].split()[:-1]
                if pre_line and pre_line[-1]=='ESTABLISHED':
                    print(','.join(pre_line), line[1:-1], sep=',')
```

2. 使用 Python 扩展库 psutil

```
from os.path import basename
from psutil import net_connections, Process

for conn in net_connections('all'):
    laddr, raddr, status, pid = conn[3:]
    if not raddr:
        continue
    try:
        filename = basename(Process(pid).exe())
    except:
        pass
    else:
        msg = ('程序文件名：{}\n本地地址：{}\n远程地址：{}\n连接状态：{}'
               .format(filename, laddr, raddr, status))
        print(msg)
```

例 3-30　编写程序，使用标准库 tkinter 设计椭圆形半透明窗口，使用扩展库 psutil 计算本机网络上行和下行速率，然后实时显示到程序窗口上。要求可以使用鼠标左键按住并拖动显示网速的窗口，右击时退出程序。使用标准库 tkinter 开发 GUI 程序不是本书的重点，可以参考作者其他教材或者微信公众号"Python 小屋"中的相关文章进行学习。

例 3-30 讲解

```
import tkinter
from time import sleep
from threading import Thread
from psutil import net_io_counters
from PIL import Image, ImageTk, ImageDraw

# 椭圆形窗口的宽度和高度
width, height = 160, 80

# 创建应用程序主窗口，设置初始大小和位置
root = tkinter.Tk()
```

```python
# 注意，宽度和高度之间是小写字母x，不是乘号符号
root.geometry(f'{width}x{height}+1300+650')
# 两个方向都不允许修改大小
root.resizable(False, False)
# 不显示标题栏
root.overrideredirect(True)
# 设置白色透明色，这样图片中所有白色区域都被认为是透明的了
root.attributes('-transparentcolor', 'white')
# 顶层显示，不被其他窗口遮挡
root.attributes('-topmost', True)

# 标签组件的背景图片，第四个颜色分量表示透明度
image = Image.new('RGBA', (width,height), (255,255,255,255))
draw = ImageDraw.Draw(image)
# 在图片上填充一个椭圆形
draw.ellipse((0,0,width,height), fill=(200,200,200,30))
image_tk = ImageTk.PhotoImage(image)
# 创建标签组件，设置字体、字号、对齐方式和背景图片
lbTraffic = tkinter.Label(root, text='', font=('楷体',14),
                          foreground='red', bg='#ffffff',
                          # 这个参数非常重要
                          compound=tkinter.CENTER,
                          anchor='center', image=image_tk)
lbTraffic.place(x=0, y=0, width=width, height=height)

# 鼠标左键按下时设置为True表示可移动窗口，抬起后不可移动
canMove = tkinter.BooleanVar(root, False)
# 记录鼠标左键按下的位置
X = tkinter.IntVar(root, value=0)
Y = tkinter.IntVar(root, value=0)

# 鼠标左键按下时的事件处理函数
def onLeftButtonDown(event):
    X.set(event.x)
    Y.set(event.y)
    canMove.set(True)
root.bind('<Button-1>', onLeftButtonDown)

# 鼠标左键抬起时的事件处理函数
def onLeftButtonUp(event):
    canMove.set(False)
root.bind('<ButtonRelease-1>', onLeftButtonUp)

# 鼠标移动时的事件处理函数
```

```python
    def onLeftButtonMove(event):
        if not canMove.get():
            return
        newX = root.winfo_x() + (event.x-X.get())
        newY = root.winfo_y() + (event.y-Y.get())
        g = f'{width}x{height}+{newX}+{newY}'
        root.geometry(g)
root.bind('<B1-Motion>', onLeftButtonMove)

# 鼠标右键抬起时的事件处理函数
def onRightButtonUp(event):
    # 停止刷新网速显示器
    running.set(False)
    # 关闭主程序窗口
    root.destroy()
root.bind('<ButtonRelease-3>', onRightButtonUp)

def compute_traffic():
    '''net_io_counters()函数的返回结果格式为: snetio(bytes_sent=13994797, bytes_recv=516280747, packets_sent=139324, packets_recv=429382, errin=0, errout=0, dropin=0, dropout=0)'''
    traffic_io = net_io_counters()[:2]
    while running.get():
        sleep(0.5)
        traffic_ioNew = net_io_counters()[:2]
        diff = tuple(map(lambda x, y: (x-y)*2/1024,
                         traffic_ioNew, traffic_io))
        msg = '↑:{:.2f} KB/s\n↓:{:.2f} KB/s'.format(*diff)
        lbTraffic['text'] = msg
        traffic_io = traffic_ioNew

# 用来控制线程函数compute_traffic中循环结束条件的tkinter变量
running = tkinter.BooleanVar(root, True)
# 创建并启动子线程, 更新窗口上的流量数据
Thread(target=compute_traffic).start()

root.mainloop()
```

运行结果如图 3-38 所示。

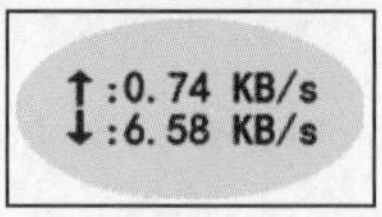

↑:0.74 KB/s
↓:6.58 KB/s

图 3-38　网速监视器运行界面

例 3-31　编写程序，获取本机所有网卡的物理地址。在本例中给出了两种方法：一种方法使用扩展库 psutil；另一种方法使用扩展库 netifaces，这两个扩展库都需要先安装才能使用其中的对象。

1. 使用扩展库 psutil

```python
from psutil import net_if_addrs

for k, v in net_if_addrs().items():
    for item in v:
        address = item[1]
        if '-' in address and len(address)==17:
            print(k, address, sep=': ')
```

2. 使用扩展库 netifaces

```python
import winreg
from itertools import count
import netifaces as nif

nic_information = dict()
# 读取注册表信息，获取网卡注册名称信息
nic_key = ('SYSTEM\ControlSet001\Control\Class\\'
           + '{4d36e972-e325-11ce-bfc1-08002be10318}')
key = winreg.OpenKey(winreg.HKEY_LOCAL_MACHINE, nic_key)
# 从0开始计数，步长为1
for index in count(0, 1):
    try:
        sub_key = winreg.EnumKey(key, index)
        sub_key = winreg.OpenKey(key, sub_key)
        nic_name, _ = winreg.QueryValueEx(sub_key, 'DriverDesc')
        nic_id, _ = winreg.QueryValueEx(sub_key, 'NetCfgInstanceId')
        nic_information[nic_id] = nic_name
    except:
        break

# 获取网卡地址信息
for interface in nif.interfaces():
    # 用来标记是否获得该网络接口的地址信息
    flag = False
    # 网络接口名称
    print(nic_information.get(interface, interface), '='*10)
    # 网络接口的地址信息
```

```
        addresses = nif.ifaddresses(interface)
        for family, information in addresses.items():
            # 输出结果中family为AF_LINK时表示网卡MAC地址
            # 有时候防火墙地址也显示在这里
            # 可以把下一行代码解除注释，重新运行程序并观察结果
            # print(f'\t{nif.address_families[family]}', '='*5)
            for info in information:
                for key, value in info.items():
                    # 如果不使用选择结构而是直接输出，可以看到更多地址信息
                    if ':' in value and len(value)==17:
                        print(f'\t{key}: {value}')
                        flag = True
        if not flag:
            print('\t获取地址信息失败。')
```

本章知识要点

（1）网络体系结构分层设计的好处是，各层可以独立设计和实现，只要保证相邻层之间的接口和调用规范不变，就可以方便、灵活地改变各层的内部实现以进行优化或完成其他需求，不影响其他层的实现。

（2）网络协议是计算机网络中为了进行数据交换而建立的规则、标准或约定的集合。语法、语义和时序是网络协议的三要素。

（3）应用层协议直接与最终用户进行交互，用来确定运行在不同终端系统上的应用进程之间如何交换数据以及数据的具体含义。

（4）在传输层，使用端口号来唯一标识和区分同一台计算机上运行的多个应用层进程，每当创建一个应用层网络进程时系统就会分配一个端口号与之关联，是实现网络上端到端通信的重要基础。

（5）socket 模块最终会把相关的调用转换为底层操作系统的 API，所以 socket 提供的功能是依赖于操作系统的，并不是每个功能都通用于所有操作系统。

（6）TCP 协议适用于对效率要求相对低但对准确性要求高的场合，例如文件传输、电子邮件等；UDP 协议适用于对效率要求相对高但对准确性要求低的场合，例如视频在线点播、网络语音通话等，尤其适合多播和广播的应用。

（7）使用 TCP 协议进行通信时，一定要增加额外代码来保证接收方恰好接收发送方发来的数据，不多不少。

（8）默认情况下，如果对方长时间没有收发数据，TCP 连接会自动断开，以免服务端长期存在半开放的连接浪费资源。如果需要保持长时间，需要设置套接字为长连接模式。

（9）编写套接字程序时，为了使得服务端能够及时响应多个客户端请求和处理客户端

数据，建议在服务端使用多线程或多进程编程技术。

（10）编写套接字程序时，在服务端控制每次发送数据的大小和相邻两次发送数据之间的时间间隔，可以实现对网络速度的控制。

（11）Python 标准库 socketserver 提供了 TCPServer、UDPServer 类用来快速创建服务端程序，同时还提供了配套的 TCP 请求处理类 StreamRequestHandler 和 UDP 请求处理类 DatagramRequestHandler，大幅度简化了网络服务器程序的编写。

（12）多路复用（multiplexing）技术使得可以在单线程中同时处理多个网络连接的 I/O 操作，不停地轮询已注册的所有套接字，当某个套接字有数据到达时，就通知已注册的对应的回调函数来处理数据，这也称作基于事件驱动的 I/O 操作。

（13）UDP 协议本身是不保证服务质量的，丢包和乱序都是正常的，如果要进行可靠传输，需要在应用层来保证。

（14）UDP 套接字也可以像 TCP 套接字一样使用 connect() 方法连接对方，然后使用 send() 方法发送数据、使用 recv() 方法接收数据。但 UDP 套接字的 connect() 方法并不是像 TCP 套接字一样建立真正意义上的连接，而是进行简单的绑定和标记，在有些场合非常有用。

（15）网卡工作于数据链路层，用于收发数据帧，正常来讲，网卡收到数据帧之后会对目标 MAC 地址进行检查，如果数据帧是广播、组播且本机属于该组或者定向发给本机的就提交给网络层，否则就直接丢弃数据，上层根本不知道有这样的数据到达。如果设置网卡为混杂模式，则不会对收到的数据帧进行检查，而是直接提交给网络层，即使是定向发给其他主机的"过路的"数据。

（16）Scapy 是一款使用 Python 开发的强大工具，依赖于软件 NPCAP、WinPcap 或 Wireshark，可以用来对网络数据进行构造、发送和解析以及对本机网络流量进行监听。既可以在命令行直接执行 scapy 命令启动类似于 Python Shell 的 Scapy 环境，也可以在 Python 程序中导入和使用扩展库 scapy 中提供的功能。scapy 既可以使用 sniff() 函数实时捕捉网络流量数据，也可以使用 rdpcap() 函数打开 pcap 或其他格式的离线数据进行解析（或者使用 sniff() 函数的 offline 参数实现同样功能）。

（17）Scapy 提供了 Ether、ARP、IP、ICMP、TCP、UDP 等多个用来构造不同协议数据包的类，用来在第三层发送数据包的 send() 函数和在第二层发送数据包的 sendp() 函数，用来在第三层发送和接收数据包的 sr() 函数，用来在第三层发送数据包并返回第一个应答的 sr1() 函数，用来在第二层发送和接收数据包的 srp() 函数，以及用于捕获路过本机网卡的数据包的 sniff() 函数和异步嗅探类 AsyncSniffer。

（18）TLS 对 TCP 连接进行封装和加密，可以用于保护请求 URL 的 HTTPS 连接和返回的内容、密码或 cookie 等可能在套接字传递的任意认证信息，只对发送的数据进行保护，服务端和客户端的 IP 地址以及端口号仍然是明文传输的。

（19）使用标准库 socket 进行 TCP 端口扫描的基本原理：创建 TCP 套接字之后，使用 connect() 方法连接远程主机的指定端口，如果能够连接成功则表示对方端口处于开放状态，如果连接失败则表示处于关闭状态。

（20）使用 Scapy 实现 TCP 端口扫描原理：实现 TCP 连接最重要的就是三次握手的建立，所以通过 Scapy 构造一个 SYN 数据包，发送之后如果收到目的主机的 SYN+ACK 数据包，就说明目的主机的端口是开放的。

（21）使用 UDP 协议发送数据时，如果目标主机不存活，发送方会收到一个 type 字段值为 3、code 字段值为 1 的 ICMP 数据包表示主机不可达。如果目标主机存活但目标端口没有开放，发送方会收到一个 type 字段值为 3、code 字段值为 3 的 ICMP 数据包表示端口不可达。

（22）Python 扩展库 psutil 可以用来查询进程以及 CPU、内存、硬盘以及网络等系统资源占用情况，常用于系统运行状态检测和运行中进程的管理以及网络资源管理。

习 题

一、判断题

1. 使用 TCP 和 UDP 协议通过网络传输数据时，发送端和接收端应遵守同样的规范并按照正确的顺序收发数据。

2. 使用套接字编程的 Python 程序可以直接从 Windows 操作系统直接移植到 Linux 操作系统，不需要任何修改且不影响程序功能。

3. 使用 TCP 协议进行通信时，客户端套接字不能进行绑定操作，只能使用系统分配的端口号。

4. 使用 TCP 协议进行通信时，如果一方已关闭套接字，那么另一方接收数据时返回空字节串。

5. 使用 TCP 协议进行通信时，服务端监听套接字对象的 accept() 方法返回客户端的地址和一个新的用于实际数据收发的套接字对象。

6. 使用 TCP 协议进行通信时，一方调用套接字对象的 listen() 方法之后才会成为服务端。

7. 使用 TCP 协议进行通信时，如果对方发送来的数据长度大于变量 size 的值，那么接收方套接字对象的 recv(size) 方法一定能够接收长度为 size 的字节串。

8. 使用 TCP 协议进行通信时，网络正常的情况下套接字对象的 send(buffer) 方法可以把字节串 buffer 一次全部发送出去。

9. 使用 TCP 协议进行通信时，网络正常的情况下套接字对象的 sendall(buffer) 方法可以把字节串 buffer 一次全部发送出去。

10. 使用 TCP 或 UDP 协议进行通信时，套接字对象发送和接收的数据都必须是字节串。

11. 在使用标准库函数 socket.socket() 创建套接字时，第一个参数为 socket.AF_INET 时表示使用 IPv4 地址，为 socket.AF_INET6 时表示使用 IPv6 地址。

12. 在使用标准库函数 socket.socket() 创建套接字时，第二个参数为 socket.SOCK_STREAM 时表示使用 TCP 协议，为 socket.SOCK_DGRAM 时表示使用 UDP 协议。

13. 在使用 TCP 协议进行通信时，一般建议先通知对方接下来要发送的实际数据长度，或者双方约好结束标记。

14. 在使用 TCP 协议进行通信时，一定要保证接收方恰好收完发送方发送的数据，不多不少，这一点非常重要。

15. 使用 TCP 和 UDP 协议进行通信时，为了保证服务端能够及时响应和处理客户端的请求和数据，可以在服务端使用多线程或多进程编程技术，为每个客户端连接创建新的线程或进程。

16. 字符串方法 encode() 和字节串方法 decode() 默认使用 'UTF8' 编码格式，如果使用其他编码格式，必须显式传递参数进行指定。

17. 使用标准库函数 socket.socket() 创建的套接字对象的 bind() 方法绑定本地地址时，如果使用空字符串做主机 IP 地址，表示本地计算机所有 IP 地址。

18. 假设已导入标准库 socket，并且已知 sock = socket.socket()，那么语句 sock.connect('127.0.0.1', 8080) 的功能是连接本地回环地址的 8080 端口。

19. UDP 协议本身不能保证数据到达接收端，也不能保证按序到达，如果需要保证这一点，需要程序员自己编写代码在应用层实现可靠传输。

20. UDP 协议是无连接的，使用 UDP 协议进行通信时，如果调用套接字对象的 connect() 方法连接对方地址，代码会引发异常。

21. UDP 套接字只能使用 recvfrom() 方法接收数据，不能使用 recv() 方法。

22. TCP 协议不支持广播和组播，UDP 协议支持。

23. 创建 UDP 套接字对象后可以使用 sendto() 方法直接向地址 ('255.255.255.255', 5050) 广播发送数据。

24. UDP 套接字对象可以使用 sendto() 方法直接向主机所在 C 类局域网广播地址 ('192.168.8.255', 5050) 发送数据。

25. UDP 套接字对象如果要以 '255.255.255.255' 作为目标主机 IP 地址进行广播发送数据，需要先调用 setsockopt(SOL_SOCKET, SO_BROADCAST, True) 方法设置为广播模式。

26. 使用 UCP 或 UDP 协议进行通信时，为了减少对网络带宽的占用，可以使用标准库函数 zlib.compress() 在发送端压缩数据，并在接收端使用标准库函数 zlib.decompress() 进行解压缩。

27. 默认情况下，UDP 套接字对象 recvfrom() 方法调用会进入阻塞模式，直到有数据到达才会返回并继续执行后面的代码。

28. 默认情况下，网卡收到数据帧之后会对目标 MAC 地址进行检查，如果数据帧是广播、组播且本机属于该组或者定向发给本机的就提交给网络层，否则就直接丢弃数据，上层根本不知道有这样的数据到达。

29. 为了实现网络流量嗅探，需要将代码设置为混杂模式，并且需要使用管理员权限运行嗅探器程序。

30. TLS 协议对 TCP 连接进行封装和加密，可以用于保护请求 URL 的 HTTPS 连接和返回的内容、密码或 cookie 等可能在套接字传递的任意认证信息，只对发送的数据进行保护，服务端和客户端的 IP 地址以及端口号仍然是明文传输的。

31. 通过 Python 扩展库 Scapy 构造一个标志位为 SYN 的 TCP 数据包，发送之后如果收到目的主机的 SYN+ACK 数据包，就说明目的主机的端口是开放的。

二、填空题

1. 网络协议三要素有_____、_____、_____。
2. 网络应用层协议 HTTP 默认使用的端口号是_____。
3. 网络应用层协议 HTTPS 默认使用的端口号是_____。
4. 网络应用层协议 POP3 默认使用的端口号是_____。
5. IPv4 地址是_____位二进制数。
6. 网卡 MAC 地址是_____位二进制数。
7. 在 Windows 操作系统中用来查看网络接口信息和 IP 地址、MAC 地址、子网掩码、DNS 等配置信息的命令是_____。
8. 标准库 socket 中的_____函数可以用来获取本地计算机名。
9. 标准库 socket 中的_____函数可以根据计算机名返回对应的 IP 地址。
10. 标准库 socket 中的_____函数可以用来创建套接字对象。
11. 使用 TCP 协议进行通信时，一方套接字调用_____方法后变为服务端。
12. 使用 TCP 协议进行通信时，套接字对象的_____方法可以设置套接字连接和收发数据操作的超时时间。
13. 假设已导入标准库 struct，已知 size = struct.pack('i', 4)，那么表达式 struct.unpack('i', size) 的值为_____。
14. 使用 TCP 协议进行通信时，服务端监听套接字对象的_____方法用来接收客户端连接。
15. 使用标准库函数 socket.socket() 创建的套接字对象的_____方法用来绑定本地地址，参数为包括目标主机 IP 地址和端口号的元组。
16. 使用 UDP 协议的套接字不需要建立连接，可以使用套接字对象的_____方法直接向对方发送数据。
17. UDP 套接字对象的_____方法用来接收数据并返回对方地址和接收到的数据。
18. Python 扩展库 scapy 的 sniff() 函数可以用来嗅探网络流量，该函数的参数_____用来设置过滤规则。
19. 使用 UDP 协议发送数据时，如果目标主机存活且目标端口是开放的就直接把数据送达，这时发送方不会收到任何反馈，除非对方在应用层发回数据。如果目标主机不存活，发送方会收到一个 type 字段值为 3、code 字段值为_____的 ICMP 数据包，表示主机不可达。
20. 使用 UDP 协议发送数据时，如果目标主机存活且目标端口是开放的就直接把数据送达，这时发送方不会收到任何反馈，除非对方在应用层发回数据。如果目标主机存活但目标端口没有开放，发送方会收到一个 type 字段值为 3、code 字段值为_____的

ICMP 数据包表示端口不可达。

三、编程题

编写屏幕广播程序，使用 tkinter 设计界面，服务端通过 UDP 协议广播通知局域网内所有机器将要进行屏幕广播，然后所有客户端通过 TCP 协议连接服务器获取屏幕截图图像，服务端使用多线程技术和 TCP 协议为每个客户端发送屏幕截图。

四、简答题

1. 简单解释 ISO/OSI 参考模型和 TCP/IP 协议族采用分层设计的好处。
2. 简单解释传输层协议 TCP 和 UDP 的区别、优缺点和适用场合。
3. 简单解释使用 TCP 协议进行通信时限制网速的原理。
4. 简单解释使用 TCP 协议进行通信时为什么要增加额外代码来保证恰好接收完发送方发送的数据，不多不少。
5. 简单解释网络嗅探器程序的基本原理。
6. 简单解释 TCP 和 UDP 端口扫描的基本原理。

第 4 章 网络爬虫

▲ 本章学习目标

（1）了解 HTML 的基本语法与常见标签。
（2）理解页面参数提交方式 GET 和 POST 的区别。
（3）熟练掌握使用标准库 urllib 和 re 编写网络爬虫程序的方法。
（4）熟练掌握使用扩展库 Requests 和 bs4 编写网络爬虫程序的方法。
（5）熟练掌握使用扩展库 Scrapy 编写网络爬虫项目的方法。
（6）熟练掌握 Scrapy 中的 XPath 和 CSS 选择器语法与应用。
（7）熟练掌握扩展库 Selenium 和 MechanicalSoup 在网络爬虫程序中的应用。

4.1 HTML基础

在编写网络爬虫时，通过分析网页源代码来准确确定要提取的内容所在位置是非常重要的一步，是成功进行数据爬取和采集的重要前提条件。如果只是编写爬虫程序，毕竟不是开发网站，只要能够看懂超文本标记语言（HyperText Markup Language，HTML）和层叠样式表（Cascading Style Sheets，CSS）代码基本上就可以了，不要求能够编写。对于一些高级爬虫和特殊的网站，还需要具有一定的 JavaScript 功底，甚至 JQuery、AJAX 等知识。本节重点介绍 HTML 基础和动态网页参数提交方式，也是编写网络爬虫程序时使用最多的基础知识。

4.1.1 常见HTML标签语法与功能

HTML 标签用来描述和确定页面上内容的布局，标签名不区分大小写，例如 `<ul>` 和 `<UL>` 是等价的。大部分 HTML 标签是闭合的，由开始标签和结束标签构成，二者之间是要显示的内容，例如：`<title>`网页标题`</title>`。也有的 HTML 标签是没有结束标签的，例如换行标签 `<br />` 和水平线标签 `<hr>`。每个标签都支持很多属性对显示的内容进行详细设置，不同标签支持的属性有所不同，下面介绍一些常用的 HTML 标签及其常用属性。

1. html 标签

`<html>` 和 `</html>` 是一个 HTML 文档的最外层标签，分别用来限定文档的开始和结束，告知浏览器这是一个 HTML 文档。一般来说其他标签都需要放在一对 `<html></html>` 标签之中，但如果 HTML 文档没有最外层 `<html></html>` 标签，浏览器也可以正确理解和显示。

2. head 标签

`<head>` 和 `</head>` 用来定义文档的基本信息，一般来说会出现在比较靠前的位置。

3. title 标签

`<title>` 和 `</title>` 必须放在 `<head></head>` 的内部，用来定义文档的标题，也就是在浏览器标题栏上显示的文字。

4. meta 标签

`<meta>` 标签必须放在 `<head></head>` 的内部，用来定义文档的一些元信息，例如作者、描述信息、编码格式、搜索关键字。该标签的用法为

```
<meta charset="utf-8">
<meta name="author" content="董付国">
<meta name="description" content="《Python网络程序设计》教材示例">
<meta name="keywords" content="Python小屋,董付国,Python系列教材" />
```

5. script 标签

<script> 和 </script> 用来定义客户端脚本（现在一般是 JavaScript 代码，通常用于图像操作、表单验证以及动态内容更改），既可以直接包含代码，也可以使用 src 属性指定外部 js 文件然后使用其中的代码。JavaScript 语言不是本书的重点，请自行查阅相关资料。

6. style 标签

<style> 和 </style> 用来定义页内的 CSS 代码，用来确定页面内容的显示样式。CSS 不是本书的重点，请自行查阅相关资料。

7. body 标签

<body> 和 </body> 用来定义文档的主体部分，用来包含页面上显示的所有内容，比如文本、链接、图像、表格、列表。

8. form 标签

<form> 和 </form> 标签用来创建供用户输入内容的表单，可以用来包含按钮、文本框、密码输入框、单选按钮、复选框、下拉列表、颜色选择框、日期选择框等组件，使用 action 属性指定用户提交数据时执行的代码文件路径，使用 method 属性指定用户提交数据的方式。

9. input 标签

<input> 标签应放在 <form> 和 </form> 标签内部，用来定义用户输入组件实现参数输入并与服务器交互，使用 type 属性指定组件类型，可以是 button（按钮）、radio（单选按钮）、checkbutton（复选框）、text（文本框）、password（密码输入框）、file（文件上传组件）、image（图像形式的提交按钮）、reset（重置按钮）、submit（提交按钮）、hidden（隐藏字段）等。该标签的用法为

```
<input type="text" />定义用户可输入文本的单行输入字段
<input type="password" id="userPwd" />定义密码输入框
<input name="sex" type="radio" value="" />定义单选按钮
<input type="file" />定义文件上传组件
```

10. div 标签

 和 标签用来创建一个块，其中可以包含段落、表格、下拉列表、按钮或其他标签，可以实现复杂版式的设计，style 属性用来定义样式。该标签的用法为

```
<div id="yellowDiv" style="background-color:yellow;border:#FF0000 1px solid;">
    <ol>
        <li>红色</li>
        <li>绿色</li>
        <li>蓝色</li>
```

```
        </ol>
    </div>
    <div id="reddiv" style="background-color:red">
        <p>第一段</p>
        <p>第二段</p>
    </div>
```

11. h 标签

标签 h1~h6 表示不同级别的标题,其中 h1 级别的标题字号最大,h6 级别的标题字号最小。该标签的用法为

```
<h1>一级标题</h1>
<h2>二级标题</h2>
<h3>三级标题</h3>
```

12. p 标签

`<p>` 和 `</p>` 标签表示段落,页面上相邻两个段落之间在显示时会自动插入换行符。该标签的用法为

```
<p>这是一个段落</p>
```

13. a 标签

`<a>` 和 `</a>` 标签表示超链接(也称锚点,anchor),使用时通过属性 href(单词 hyperlink 和 reference 的缩写)指定超链接跳转地址,target 属性用来指定在哪里打开指定的页面,值为 "_blank" 时表示在新的浏览器窗口中打开,开始标签和闭合标签之间的文本是在页面上显示的内容。该标签的用法为

```
<a href="链接跳转地址" target="_blank">在页面上显示的文本</a>
<a href="https://mp.weixin.qq.com/s/u9FeqoBaA3Mr0fPCUMbpqA">Python小屋1000篇历史文章清单</a>
```

14. img 标签

`<img>` 标签用来在页面上显示一个图像,使用 src 属性指定图像文件地址,可以使用本地文件,也可以指定网络上的图片链接地址。该标签的用法为

```
<img src="Python可以这样学.png" width="200" height="300" />
<img src="http://www.tup.tsinghua.edu.cn/upload/bigbookimg/072406-01.jpg" width="200" height="300" />
```

15. table、tr、td 标签

`<table>` 和 `</table>` 标签用来创建表格，`<tr>` 和 `</tr>` 用来创建表格中的行，`<td>` 和 `</td>` 用来创建表格每行中的单元格。这几个标签的用法为

```html
<table border="1">
    <tr>
        <td>第一行第一列</td>
        <td>第一行第二列</td>
    </tr>
    <tr>
        <td>第二行第一列</td>
        <td>第二行第二列</td>
    </tr>
</table>
```

16. ul、ol、li 标签

`<ul>` 和 `</ul>` 标签用来创建无序列表，`<ol>` 和 `</ol>` 标签用来创建有序列表，`<li>` 和 `</li>` 标签用来创建其中的列表项。ul 和 li 标签的用法为

```html
<ul id="rgb" name="rgbColor">
    <li>红色</li>
    <li>绿色</li>
    <li>蓝色</li>
</ul>
```

17. span、strike、strong、i、u、sub、sup 标签

`<span>` 和 `</span>` 标签用来定义行内文本；`<strike>` 和 `</strike>` 标签用来设置文字带有删除线；`<strong>` 和 `</strong>` 标签用来设置文字加粗表示强调；`<i>` 和 `</i>` 标签用来设置文字的斜体样式；`<u>` 和 `</u>` 标签用来设置文字带有下画线；`<sub>` 和 `</sub>` 标签用来设置文字为下标；`<sup>` 和 `</sup>` 标签用来设置文字为上标。这几个标签的用法为

```html
<p>
    <span style=" color: red;" ><strike>红色</strike></span>
    <span style="color: green;"><strong>绿色</strong></span>
    <span style="color: blue;"><i>蓝色</i></span>
    <span style="color: black;"><u>黑色</u></span>
</p>
<p>
    1<sup>3</sup>+5<sup>3</sup>+3<sup>3</sup>=153
</p>
```

下面的例题综合演示了前面几个标签的使用。

例 4-1　HTML 常用标签用法综合演示，可以使用记事本、HBuilder X、Dreamweaver 或其他网页设计工具创建文件 4index.html，然后输入下面的代码。

```html
<!DOCTYPE html>
<html>
    <head>
        <meta charset="utf-8">
        <title>网页源代码演示</title>
        <meta name="author" content="董付国">
        <meta name="description" content="《Python网络程序设计》教材示例">
        <meta name="keywords" content="Python小屋,董付国,Python系列教材" />
        <script type="application/javascript">
            //单击按钮时执行的函数
            function btnClick() {
                alert('ok');
            }
        </script>
        <style type="text/css">
            /*设置段落中文字的字号*/
            p {
                font-size: 24px;
            }
            .redText{
                color: red;
            }
            table{
                margin: auto;
                border-collapse: collapse;
            }
        </style>
    </head>
    <body>
        <h1>一级标题</h1>
        <h2>二级标题</h2>
        <h3>三级标题</h3>
        <div style="text-align: center;">
            <h3>网页中的表格</h3>
            <table border="1">
                <tr>
                    <td class="redText">第一行第一列</td>
                    <td>第一行第二列</td>
                </tr>
```

```html
            <tr>
                <td>第二行第一列</td>
                <td>第二行第二列</td>
            </tr>
        </table>
    </div>
    <a href="https://mp.weixin.qq.com/s/u9FeqoBaA3Mr0fPCUMbpqA" target="_blank">Python小屋1000篇历史文章清单</a>
    <p>
        <span style="color: red;"><strike>红色</strike></span>
        <span style="color: green;"><strong>绿色</strong></span>
        <span style="color: blue;"><i>蓝色</i></span>
        <span style="color: black;"><u>黑色</u></span>
    </p>
    <p>
        1<sup>3</sup>+5<sup>3</sup>+3<sup>3</sup>=153
    </p>
    <div>
        <img src="4Python可以这样学.png" width="200" height="300" />
        <img src="http://www.tup.tsinghua.edu.cn/upload/bigbookimg/072406-01.jpg" width="200" height="300" border="1" />
    </div>
    <br />
    <div id="yellowDiv" style="background-color:#FFFF88;border:#FF0000 1px solid;">
        面向计算机专业相关的Python教材
        <ol id="books1" name="books1" type="1">
            <li onclick="btnClick()">Python程序设计（第3版），董付国，清华大学出版社</li>
            <li>Python程序设计（第2版），董付国，清华大学出版社</li>
            <li>Python网络程序设计，董付国，清华大学出版社</li>
        </ol>
        面向非计算机专业相关的Python教材
        <ol id="books2" name="books2" type="A">
            <li>Python程序设计基础（第2版），董付国，清华大学出版社</li>
            <li>玩转Python轻松过二级，董付国，清华大学出版社</li>
        </ol>
        面向初中高年级和高中低年级的Python图书
        <ol id="books3" name="books3" type="a">
            <li>中学生可以这样学Python（微课版），董付国，清华大学出版社</li>
        </ol>
        自学用书
        <ol id="books4" name="books4" type="i">
```

```html
                <li>Python可以这样学，董付国，清华大学出版社</li>
                <li>Python程序设计开发宝典，董付国，清华大学出版社</li>
            </ol>
        </div>
        <div id="reddiv" style="background-color:red">
            <p>第一段</p>
            <p>第二段</p>
        </div>
    </body>
</html>
```

保存文件，命名为 4index.html，然后使用浏览器（推荐使用 Chrome）打开，效果如图 4-1 所示。

图 4-1　HTML 标签综合运用

4.1.2　动态网页参数提交方式

在动态网页中，用户提交参数，然后服务器根据具体的参数值来获取相应的资源或进行必要的计算，把结果反馈给客户端，最后客户端浏览器进行渲染并显示。参数提交方式有 OPTIONS、GET、HEAD、POST、PUT、DELETE、TRACE、CONNECT，其中 GET 和 POST 使用最多。在网页源代码中通过 `<form>` 标签的 method 属性来设置参数提交方式，另外还需要通过参数 action 设置用来接收并处理参数的程序文件路径。其中 GET 方式适合少量数据的提交，在浏览器地址栏可以看到带参数（经过 UTF-8 或其他编码格式进行编码，由标准库函数 urllib.parse.urlencode() 的参数 encoding 指定，默认为 UTF-8）的详细地址，问号后面是具体的参数，不同参数之间使用 & 分隔，每个参数的名称和值之间使用"="分隔。

```
>>> from urllib.parse import urlencode
>>> para = {'author': '董付国', 'bookname': 'Python网络程序设计', 'press': '清华大学出版社'}
>>> urlencode(para)                                # 默认使用UTF-8编码格式
'author=%E8%91%A3%E4%BB%98%E5%9B%BD&bookname=Python%E7%BD%91%E7%BB%9C%E7%A8%8B%E5%BA%8F%E8%AE%BE%E8%AE%A1&press=%E6%B8%85%E5%8D%8E%E5%A4%A7%E5%AD%A6%E5%87%BA%E7%89%88%E7%A4%BE'
>>> url = 'http://www.demo.com/books/query?{}'.format(urlencode(para))
>>> url
'http://www.demo.com/books/query?author=%E8%91%A3%E4%BB%98%E5%9B%BD&bookname=Python%E7%BD%91%E7%BB%9C%E7%A8%8B%E5%BA%8F%E8%AE%BE%E8%AE%A1&press=%E6%B8%85%E5%8D%8E%E5%A4%A7%E5%AD%A6%E5%87%BA%E7%89%88%E7%A4%BE'
>>> urlencode(para, encoding='gbk')                # 使用GBK编码格式
'author=%B6%AD%B8%B6%B9%FA&bookname=Python%CD%F8%C2%E7%B3%CC%D0%F2%C9%E8%BC%C6&press=%C7%E5%BB%AA%B4%F3%D1%A7%B3%F6%B0%E6%C9%E7'
>>> url = 'http://www.demo.com/books/query?{}'.format(urlencode(para, encoding='gbk'))
>>> url
'http://www.demo.com/books/query?author=%B6%AD%B8%B6%B9%FA&bookname=Python%CD%F8%C2%E7%B3%CC%D0%F2%C9%E8%BC%C6&press=%C7%E5%BB%AA%B4%F3%D1%A7%B3%F6%B0%E6%C9%E7'
```

POST 方式适合大量参数的提交，客户端提交参数并得到反馈之后浏览器地址栏的地址不会发生变化，这是一个典型的特征。如果页面上有隐藏的组件并且需要把组件的值提交到服务器，POST 方式是比较合适的选择。下面的代码演示了某网站使用 POST 方式提交参数的网页源代码核心部分，重点关注 form 标签的参数 method 和 action。

```
<form method="POST" action="/check/login/">
    <div>
        <label for="user">用户名：</label>
        <input type="text" name="usr" id="usr" placeholder="请输入用户名" required="required"/>
        <br />
```

```
            <label for="pwd">密   码: </label>
            <input type="password" name="pwd" id="pwd" placeholder="请输入密码" required="required"/>
            <br />
            <input type="submit" value="登录" />
        </div>
    </form>
```

4.2 使用标准库urllib和正则表达式编写网络爬虫程序

Python 3.x 标准库 urllib 提供了 urllib.request、urllib.response、urllib.parse、urllib.error 和 urllib.robotparser 五个模块，很好地支持了网页内容读取所需要的功能。结合 Python 字符串方法和正则表达式，必要时再结合多线程/多进程编程技术，可以完成采集网页内容的大部分任务，这也是理解和使用其他爬虫扩展库和爬虫框架的基础。

4.2.1 标准库urllib主要用法

模块 urllib.request 中常用的有 urlopen() 函数和 Request 类，其中 urlopen() 函数用来打开指定的 URL 或者 Request 对象，Request 类用来构造请求对象并允许自定义头部信息。模块 urllib.parse 中常用的有函数 urlencode()、urljoin()、quote()、unquote()、quote_plus()、unquote_plus()，可以用来对网址进行编码和处理。

本节接下来先介绍一下 urllib 的基本用法，然后在 4.2.3 节演示综合应用。

1. 读取并显示网页内容

Python 标准库 urllib.request 中的 urlopen() 函数可以用来打开一个指定的 URL 或 Request 对象，完整语法为

```
urlopen(url, data=None, timeout=<object object at 0x000001DDC4D77E80>, *,
        cafile=None, capath=None, cadefault=False, context=None)
```

打开成功之后，可以像读取文件内容一样使用 read() 方法读取网页源代码。要注意的是，读取到的是二进制数据，需要使用 decode() 方法进行正确的解码。对于大多数网站而言，使用 decode() 方法默认的 UTF-8 编码格式是可以正常解码的，或者通过浏览器查看网页源代码中 <meta> 标签中明确指定的编码格式再相应地修改爬虫程序，例如改用 GBK 进行解码。

例 4-2　编写爬虫程序，读取并显示 Python 官方网站首页上的部分内容。

```
from urllib.request import urlopen

# 要访问的Python官方网站首页地址
url = 'https://www.python.org/'

# 使用关键字with，可以自动关闭连接
with urlopen(url) as fp:
    # 读取100字节，输出字节串
    print(fp.read(100))
    # 继续读取100字节，使用UTF-8进行解码后输出
    print(fp.read(100).decode())
```

2．提交网页参数

标准库函数 urllib.request.urlopen() 的第一个参数用来指定要打开的 URL 或 Request 对象，如果需要向服务器提交额外数据可以使用第二个参数（参数名为 data）来指定，默认值 None 表示不需要额外提交参数。标准库 urllib.parse 中提供的 urlencode() 函数可以用来对用户提交的参数进行编码，然后再通过不同的方式传递给 urlopen() 函数。

下面的代码演示了如何使用 GET 方法向百度服务器提交参数指定要搜索的关键字然后读取并显示服务器反馈回来的内容。运行下面的程序会发现，输出的信息中并没有任何实际的数据，这是因为百度服务器设置了反爬的选项，后面就会介绍应对方法，这里可以暂时跳过。

例 4-3　编写网络爬虫程序，使用 GET 方式向百度搜索引擎提交参数，输出搜索到的内容。使用 GET 方式提交参数时可以编码后直接拼接为完整的 URL，不需要 urlopen() 函数的 data 参数进行提交。

```
from urllib.request import urlopen
from urllib.parse import urlencode

# 百度使用参数wd向服务器提交要搜索的关键字
# 使用字典元素表示参数的名称和值，对包含参数的字典进行编码后再进行拼接
params = urlencode({'wd': '董付国 Python小屋'})

# 拼接完整的URL
url = f'https://www.baidu.com/s?{params}'
print(url)
# 读取网页源代码，解码后输出
with urlopen(url) as fp:
    print(fp.read().decode('utf-8'))
```

下面的代码演示了如何使用 POST 方法提交参数并读取指定页面内容。

例 4-4 编写网络爬虫程序，以 POST 方法向目标网页提交参数，并输出使用 UTF-8 解码后的网页源代码字符串，假设目标网页使用 UTF-8 编码格式。

```
from urllib.request import urlopen
from urllib.parse import urlencode

data = urlencode({'spam': 1, 'eggs': 2, 'bacon': 0}).encode('ascii')
# 编码后的参数通过urlopen()函数的第二个参数提交
with urlopen('http://requestb.in/xrbl82xr', data) as f:
    print(f.read().decode('utf-8'))
```

3. 自定义头部信息对抗简单反爬机制

一般来说，网站上的资源是欢迎用户正常访问的，但是并不希望被人用爬虫程序批量获取数据，所以会设置一些反爬机制。

用户在客户端向服务器请求资源时，会携带一些客户端的信息（例如操作系统、IP 地址、浏览器版本、从何处发出的请求等），服务器在响应和处理请求之前会对客户端信息进行检查，如果不符合要求就会拒绝提供资源，这也是常用的反爬机制。另外，服务器也可以检查同一个客户端发来请求的频繁程度，如果过于密集也认为是爬虫程序在采集数据，然后拒绝提供数据，在 4.2.3 节会介绍这种反爬机制的应对措施。

如果服务器发现一个请求不是浏览器发出的（这时头部信息的 User-Agent 字段会带着 Python 的字样或者是空的）或者不是从资源所在的网站内部发起的，可能会拒绝提供资源，爬虫程序运行时会提示 HTTP Error 403 错误、HTTP Error 502 错误或 Remote end closed connection without response。这时可以在爬虫程序中自定义头部信息，假装自己是浏览器并且从站内发出请求，绕过服务器的检查从而获得需要的资源。在本节前面演示 GET 方式提交参数使用百度搜索引擎采集数据时，代码失败的原因就是服务器发现是爬虫程序发出的请求，所以没有返回正确的资源。在标准库 urllib.request 中提供的 Request 类可以向指定的目标网页发起请求，必要时使用参数 headers 设置自定义头部，然后使用标准库函数 urllib.request.urlopen() 打开 Request 对象即可正常访问。Request 类构造方法的完整语法为

```
Request(url, data=None, headers={}, origin_req_host=None,
        unverifiable=False, method=None)
```

下面的代码通过自定义头部的 User-Agent 字段绕过了服务器对客户端浏览器的检查并获取到了实际数据。由于数据量太大，为避免在屏幕显示占用太多空间，把读取到的数据写入了当前目录中的文件 baidu_search.txt，请自行运行程序并验证结果。

例 4-5 编写网络爬虫程序，采集百度搜索特定关键字的结果，向服务

器发起请求时自定义头部假装自己是浏览器，绕过服务器的反爬机制。

```python
from urllib.parse import urlencode
from urllib.request import urlopen, Request

params = urlencode({'wd': '董付国 Python小屋'})

url = f'https://www.baidu.com/s?%{params}'

# 构造Request对象，伪造头部假装自己是浏览器，欺骗服务器
# 'user-agent'与'User-Agent'等价，不区分大小写
req = Request(url=url, headers={'user-agent':'Chrome'})
# 读取网页源代码，解码后写入本地记事本文件
# 也可以用'wb'模式打开文件后直接写入网页源代码字节串，请自行修改和测试
with urlopen(req) as fp1:
    with open('baidu_search.txt', 'w', encoding='utf8') as fp2:
        fp2.write(fp1.read().decode('utf-8'))
```

在自定义头部时，可以在网上很容易地搜到大量可用的 User-Agent 值，也可以直接使用本机浏览器的真实信息来填充这个字段。以 Chrome 浏览器为例，在地址栏输入"chrome：//version/"然后按回车键，即可看到相关信息，如图 4-2 矩形框所示。

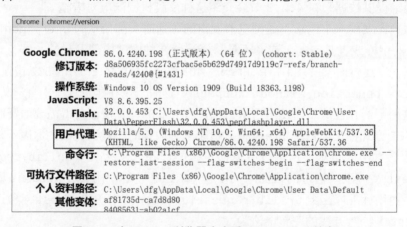

图 4-2 在 Chrome 浏览器中查看 User-Agent 信息

也可以创建一个网页文件"4 查看浏览器 UA.html"（文件名可以任意修改，不影响使用），输入下面的代码并保存，然后使用任意浏览器打开这个文件即可看到当前浏览器对应的 User-Agent 信息。

```html
<html lang="en">
    <head>
        <meta charset="UTF-8">
        <title>查看浏览器UA</title>
```

```
        </head>
        <body>
            <div id="ua"></div>
            <script>
                document.getElementById('ua').innerHTML=navigator.userAgent;
            </script>
        </body>
</html>
```

下面的代码演示了另一种反爬机制的对抗方法，通过伪造头部来假装自己是从目标网站内部发起的请求，从而绕过服务器的防盗链检查机制并获取资源。

例4-6讲解

例 4-6 编写网络爬虫程序，向服务器发起请求时自定义头部假装是在站内请求资源，绕过服务器的防盗链检查。

```
from re import findall
from urllib.parse import urljoin
from urllib.request import urlopen, Request

url = r'http://jwc.sdtbu.edu.cn/info/2002/5418.htm'
headers = {'User-Agent':'Mozilla/5.0 (Windows NT 6.1; Win64; x64) AppleWebKit/537.36 (KHTML, like Gecko) Chrome/62.0.3202.62 Safari/537.36',
           # 不加下面这一项会有防盗链提示
           'Referer': url}

# 自定义头部信息，对抗防盗链设置
req = Request(url=url, headers=headers)
# 读取网页源代码
with urlopen(req) as fp:
    content = fp.read().decode()

# 请自行使用浏览器打开url对应的网页，分析网页源代码
# 这个正则表达式的作用是获取网页中文件的下载地址和文件名
pattern = r'<a href="(.+?)"><span>(.+?)</span>'
# 考虑到通过一个网页上有多个文件下载的情况，使用循环遍历
for fileUrl, fileName in findall(pattern, content):
    if 'javascript' in fileUrl:
        continue
    # 网页上的文件下载地址是相对地址，从网站内部访问没问题
    # 但是从站外无法访问相对地址，需要连接为绝对地址
    fileUrl = urljoin(url, fileUrl)
    # 构造头部，假装是从网站内部请求下载文件
    # 相当于在网页上使用"链接另存为"菜单
```

```
        req = Request(url=fileUrl, headers=headers)
        # 读取网络文件数据，写入本地文件
        # 如果是大文件，可以使用循环下载，边读边写，避免占用内存过多
        with urlopen(req) as fp1:
            with open(fileName, 'wb') as fp2:
                fp2.write(fp1.read())
```

在代码爬取的页面上有个文件，使用浏览器可以正常下载，但是服务器设置了防盗链功能。如果删除代码中 headers 字典中"键"为 'Referer' 的元素，无法绕过服务器的防盗链检查，下载到的文件内容如图4-3所示，在头部中增加 Referer 字段可以绕过服务器的防盗链检查并下载到实际的文件，请自行测试和验证。

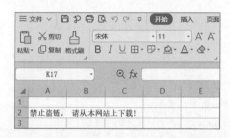

图4-3　没有伪造头部时下载到的文件内容

4．URL 特殊字符转换

在本节前面介绍了使用 GET 和 POST 方式提交参数时对参数进行编码的方法。另外，如果 URL 中包含中文、空格或其他特殊字符，可以使用标准库模块 urllib.parse 中的函数进行处理，下面的代码在 IDLE 交互模式下演示了相关函数的用法。

```
>>> from urllib.parse import quote, quote_plus
>>> url = 'scheme://host/path/中文文件.xlsx'
>>> quote(url)              # 对字符串中的特殊字符进行编码和转义，使用UTF-8编码
                            # 这个用法也可以对SQL语句参数进行检查，防SQL注入攻击
                            # 或者对用户密码进行处理后再保存，不直接存储密码明文
'scheme%3A//host/path/%E4%B8%AD%E6%96%87%E6%96%87%E4%BB%B6.xlsx'
>>> quote(url, encoding='gbk')    # 使用GBK编码，可以增加参数safe =':/'防止冒号被转义
'scheme%3A//host/path/%D6%D0%CE%C4%CE%C4%BC%FE.xlsx'
>>> quote_plus(url)              # 默认情况下对字符"/"也编码转义
'scheme%3A%2F%2Fhost%2Fpath%2F%E4%B8%AD%E6%96%87%E6%96%87%E4%BB%B6.xlsx'
>>> url = 'scheme://host/path/中文 文件.xlsx'
>>> quote(url)                    # 空格被替换为%20
'scheme%3A//host/path/%E4%B8%AD%E6%96%87%20%E6%96%87%E4%BB%B6.xlsx'
>>> quote_plus(url)               # 空格被替换为加号
'scheme%3A%2F%2Fhost%2Fpath%2F%E4%B8%AD%E6%96%87+%E6%96%87%E4%BB%B6.xlsx'
>>> from urllib.parse import urlencode
```

```
>>> urlencode({'a':1, 'b':2, 'c':3})                    # 可以用来对参数进行编码
'a=1&b=2&c=3'
>>> urlencode([('a',1), ('b',2), ('c',3)])
'a=1&b=2&c=3'
>>> urlencode([('a',[1,2,3]), ('b',2), ('c',3)], doseq=True)
'a=1&a=2&a=3&b=2&c=3'
>>> urlencode([('a',[1,2,3]), ('b',2), ('c',3)])        # 使用加号分隔多个值
'a=%5B1%2C+2%2C+3%5D&b=2&c=3'
>>> urlencode([('a',[1,2,3]), ('b',2), ('c',3)],
              quote_via=quote)                           # %20表示空格
'a=%5B1%2C%202%2C%203%5D&b=2&c=3'
>>> print('\x5b', '\x2c')                                # 查看转义字符
[ ,
>>> print(list(map(hex, map(ord, ('[',')))))))          # 字符Unicode编码的十六进制
['0x5b', '0x2c']
```

5．查看头部信息

使用标准库函数 urlopen() 成功访问目标网页之后，返回的对象支持大量属性和方法，可以使用 fp = urlopen(url) 或者 with urlopen(url) as fp 成功访问目标网页之后，使用 dir(fp) 查看所支持的全部属性和方法。

```
>>> from urllib.request import urlopen
>>> with urlopen('https://www.python.org') as fp:
    print(fp.info())

Connection: close
Content-Length: 49421
Server: nginx
Content-Type: text/html; charset=utf-8
X-Frame-Options: DENY
Via: 1.1 vegur, 1.1 varnish, 1.1 varnish
Accept-Ranges: bytes
Date: Fri, 29 Jan 2021 09:08:41 GMT
Age: 1276
X-Served-By: cache-bwi5144-BWI, cache-hkg17923-HKG
X-Cache: HIT, HIT
X-Cache-Hits: 2, 3787
X-Timer: S1611911321.074480,VS0,VE0
Vary: Cookie
Strict-Transport-Security: max-age=63072000; includeSubDomains
>>> fp = urlopen('https://mp.weixin.qq.com/s/yCX4K30aHkD0UKp7cxGvYA')
>>> dir(fp)                                              # 略去了以下画线开头的成员
```

```
[..., 'begin', 'chunk_left', 'chunked', 'close', 'closed', 'code',
'debuglevel', 'detach', 'fileno', 'flush', 'fp', 'getcode', 'getheader',
'getheaders', 'geturl', 'headers', 'info', 'isatty', 'isclosed', 'length',
'msg', 'peek', 'read', 'read1', 'readable', 'readinto', 'readinto1', 'readline',
'readlines', 'reason', 'seek', 'seekable', 'status', 'tell', 'truncate', 'url',
'version', 'will_close', 'writable', 'write', 'writelines']
>>> fp.url                                          # 正在访问的网页地址
'https://mp.weixin.qq.com/s/yCX4K30aHkD0UKp7cxGvYA'
>>> fp.length                                       # 返回内容的长度
483551
>>> fp.code                                         # 返回码，200表示成功
200
>>> dict(fp.headers)                                # 输出结果太多，此处略去
>>> fp.headers['Content-Type']                      # 查看指定的头部信息
'text/html; charset=UTF-8'
>>> fp.headers['Content-Length']
'483551'
>>> fp.getheader('Connection')
'close'
>>> fp.getheader('User-Agent', '没有指定UA')
'没有指定UA'
>>> fp.close()
```

4.2.2 正则表达式语法与re模块函数应用

正则表达式由元字符及其不同组合构成，通过巧妙地构造一类规则去匹配符合该规则的字符串，完成查找、替换、分隔、删除等复杂的字符串处理任务。编写网络爬虫程序时，使用标准库 urllib 读取到网页源代码之后，再使用正则表达式从中提取感兴趣的内容，这是比较常见的流程。本节介绍正则表达式基本语法和标准库 re 中常用函数的功能，关于子模式扩展语法以及更多正则表达式的应用请根据需要自行查阅资料进行学习。

1. 正则表达式元字符及含义

元字符是正则表达式的最小构成单位，用来表示特定的含义，元字符不同的排列构成更加复杂的含义，用来匹配符合某种特征的字符串。常用的正则表达式元字符如表 4-1 所示。

表 4-1 常用的正则表达式元字符

元字符	含 义
.	英文半角圆点字符默认匹配除换行符以外的任意单个字符，使用标志位 re.S 声明为单行模式时也可以匹配换行符。如果要匹配字符串中的圆点字符，需要在前面加反斜线使用 '\.'，在方括号中的圆点是普通字符，只匹配圆点本身

续表

元字符	含 义
*	匹配星号前面的字符或子模式的 0 次或多次重复
+	匹配加号前面的字符或子模式的 1 次或多次重复
-	在 [ ] 之内用来表示范围（例如 '[0-9]' 可以匹配任意单个数字字符），在其他位置表示普通减号字符
|	匹配位于竖线之前或之后的模式，匹配其中任意一个，可以连用表示多选一
^	① 匹配以 ^ 符号后面的字符或模式开头的字符串。 ② 在方括号中开始处表示不匹配方括号里的字符
$	匹配以 $ 符号前面的字符或模式结束的字符串
?	① 表示问号之前的字符或子模式是可选的，可有可无。 ② 当问号紧随 *、+、?、{n}、{n,}、{,m}、{n,m} 这几个元字符后面时，表示匹配模式是"非贪心的"。"非贪心的"模式匹配搜索到的、尽可能短的字符串，而默认的"贪心的"模式匹配搜索到的、尽可能长的字符串。 例 如，re.findall('abc{,3}?', 'abccc') 返 回 ['ab']，re.findall('abc{,3}', 'abccc') 返回 ['abccc']
\num	① num 表示前面子模式的编号（原始字符串或 num 前面有两个反斜线时，按十进制数理解）。 例如，r'(.)\1' 匹配两个连续的相同字符，\1 表示当前正则表达式中编号为 1 的子模式内容在这里又出现了一次。整个正则表达式编号为 0，肉眼可见的第一对圆括号是编号为 1 的子模式，肉眼可见的第二对圆括号是编号为 2 的子模式，以此类推。 ② 转义字符（不使用原始字符串且 num 前面只有一个反斜线时，按八进制数理解）。例如，转义字符 '\101' 匹配字符 'A'，'\141' 匹配 'a'，'\060' 匹配字符 '0'
\f	匹配一个换页符
\n	匹配一个换行符
\r	匹配一个回车符
\b	匹配单词头或单词尾，注意，该符号与转义字符形式相同但含义不一样，表示正则表达式元字符含义时需要使用原始字符串或者使用两个反斜线，否则会被解释为转义字符的退格键
\B	与 '\b' 含义相反，匹配单词内部
\d	匹配任意单个数字字符，'\d' 等价于 '[0-9]'
\D	与 '\d' 含义相反，'\D' 相当于 '[^0-9]'，匹配除数字之外的任意单个字符
\s	匹配任何空白字符，包括空格、制表符、换页符、换行符，'\s' 等价于 '[\f\n\r\t\v]'
\S	与 '\s' 含义相反
\w	匹配任何字母、数字以及下画线，'\w' 相当于 '[a-zA-Z0-9_]'
\W	与 '\w' 含义相反，'\W' 与 '[^A-Za-z0-9_]' 等效
()	将位于圆括号内的内容作为一个整体来对待，称为一个子模式
{m,n}	按花括号中指定的次数进行匹配，{m,n} 表示前面的字符或子模式重复 m~n 次，{m,} 表示前面的字符或子模式至少重复 m 次，{,n} 表示前面的字符或子模式最多重复 n 次，注意花括号内逗号后面不要有空格。例如 {3,8} 表示前面的字符或模式至少重复 3 次而最多重复 8 次
[]	表示范围，匹配位于方括号中的任意一个字符，如果方括号内以 ^ 开始则表示不匹配方括号内的字符。例如，'[a-zA-Z0-9]' 可以匹配单个任意大小写字母或数字，'[^a-zA-Z0-9]' 表示不匹配英文字母和数字字符

如果以反斜线"\"开头的元字符与转义字符形式相同但含义不同，则需要使用两个反斜线"\\"或者在引号前面加上字母 r 或 R 使用原始字符串才能表示正则表达式元字符的含义，例如 '\\b' 或 r'\b'，否则表示转义字符。在字符串前加上字符 r 或 R 之后表示原始字符串，字符串中任意字符都不再进行转义。原始字符串可以减少用户的输入，主要用于正则表达式、文件路径或 url 字符串的场合。如果字符串本身以单个反斜线结束，需要多写一个反斜线，即使在前面加字母 r 或 R 使用原始字符串也不行，例如 r'C:\Windows\system32\\'。

2．re 模块常用函数

Python 标准库 re 中提供了正则表达式的支持，表 4-2 中列出了常用的几个函数，完整清单可以导入模块 re 之后使用 dir(re) 查看。

表 4-2　re 模块常用函数

函　　数	功　能　说　明
compile(pattern, flags=0)	编译正则表达式模式，返回模式对象。如果一个模式需要频繁使用，可以先编译为模式对象，然后调用模式对象的 findall()、match()、search()、split()、sub() 等方法，能够提高处理速度。参数 flags 的值可以是 re.I（大写字母 I，不是数字 1，表示忽略大小写）、re.L（支持本地字符集的字符）、re.M（多行匹配模式）、re.S（单行模式，元字符 '.' 匹配任意字符，包括换行符）、re.U（匹配 Unicode 字符）、re.X（忽略模式中的空格，并可以使用 # 注释）的不同组合（使用"|"进行组合），下同
findall(pattern, string, flags=0)	列出字符串 string 中所有能够匹配模式 pattern 的子串，返回包含所有匹配结果字符串的列表。如果参数 pattern 中包含子模式，返回的列表中只包含子模式匹配到的内容。这个函数是编写网络爬虫程序时使用较多的函数之一，应重点掌握
match(pattern, string, flags=0)	从字符串 string 的开始处匹配模式 pattern，匹配成功返回 Match 对象，否则返回 None
search(pattern, string, flags=0)	在整个字符串 string 中寻找第一个符合模式 pattern 的子串，如果匹配成功就返回 Match 对象，否则返回 None
split(pattern, string, maxsplit=0, flags=0)	所有符合模式 pattern 的子串都作为分隔符，返回分隔后得到的所有子串组成的列表。这个函数是编写网络爬虫程序时使用较多的函数之一，应重点掌握
sub(pattern, repl, string, count=0, flags=0)	将字符串 string 中所有符合模式 pattern 的子串使用 repl 替换，返回新字符串，repl 可以是字符串或返回字符串的可调用对象，该可调用对象作用于每个匹配的 Match 对象。这个函数是编写网络爬虫程序时使用较多的函数之一，应重点掌握

例 4-7　编写程序，使用正则表达式提取多行字符串中符合某些特征的内容。

```python
import re

text = '''Beautiful is better than ugly.
Explicit is better than implicit.
Simple is better than complex.
Complex is better than complicated.
Flat is better than nested.
Sparse is better than dense.
Readability counts.'''

print('所有单词: \n', re.findall(r'\w+', text))
print('以字母y结尾的单词: \n', re.findall(r'\b\w*y\b', text))
print('中间包含字母a和i的单词: \n', re.findall(r'\b\w+[ai]\w+\b', text))
print('含有连续相同字母的单词: ')
for item in re.findall(r'(\b\w*(\w)\2\w*\b)', text):
    print(item[0])
print('含有隔一个字母相同的单词: ')
for item in re.findall(r'(\b\w*(\w)\w\2\w*\b)', text):
    print(item[0])
print('使用换行符切分的结果: \n', re.split(r'\n', text))
print('使用数字切分字符串: \n',
      re.split(r'\d+', r'one1two22three333four4444five'))
print('把小写better全部替换为大写: \n', re.sub('better', 'BETTER', text))
```

运行结果为

```
所有单词:
 ['Beautiful', 'is', 'better', 'than', 'ugly', 'Explicit', 'is', 'better', 'than', 'implicit', 'Simple', 'is', 'better', 'than', 'complex', 'Complex', 'is', 'better', 'than', 'complicated', 'Flat', 'is', 'better', 'than', 'nested', 'Sparse', 'is', 'better', 'than', 'dense', 'Readability', 'counts']
以字母y结尾的单词:
 ['ugly', 'Readability']
中间包含字母a和i的单词:
 ['Beautiful', 'than', 'Explicit', 'than', 'implicit', 'Simple', 'than', 'than', 'complicated', 'Flat', 'than', 'Sparse', 'than', 'Readability']
含有连续相同字母的单词:
better
better
better
better
```

```
better
better
```
含有隔一个字母相同的单词：
```
Explicit
implicit
Readability
```
使用换行符切分的结果：
```
['Beautiful is better than ugly.', 'Explicit is better than implicit.',
'Simple is better than complex.', 'Complex is better than complicated.', 'Flat is
better than nested.', 'Sparse is better than dense.', 'Readability counts.']
```
使用数字切分字符串：
```
['one', 'two', 'three', 'four', 'five']
```
把小写better全部替换为大写：
```
Beautiful is BETTER than ugly.
Explicit is BETTER than implicit.
Simple is BETTER than complex.
Complex is BETTER than complicated.
Flat is BETTER than nested.
Sparse is BETTER than dense.
Readability counts.
```

例 4-8 编写程序，以文本模式读取例 4-1 中 HTML 代码保存的文件 4index.html，读到的内容和浏览器中看到的网页源代码是一样的。然后使用正则表达式提取其中适合计算机专业的 Python 教材信息。

```python
from re import findall, S

fn = '4index.html'
# 读取文件内容
with open(fn, encoding='utf8') as fp:
    content = fp.read()

# 查找type="1"的有序列表ol标签中的列表项
pattern = r'<ol.+?type="1">(.+?)</ol>'
# S表示单行模式，这时圆点可以匹配换行符
books = findall(pattern, content, S)[0]

# 提取并输出ol中每个列表项li标签中的文本
pattern = r'<li.*?>(.+?)</li>'
for book in findall(pattern, books, S):
    print(book)
```

4.2.3 urllib+re爬虫案例实战

本节通过几个实战案例介绍如何使用标准库 urllib 和 re 编写网络爬虫程序，除了技术层面的内容，编写和使用网络爬虫程序时还应遵守一定的规范和规则，不能利用自己掌握的技术在网络上随意妄为对别人造成伤害。在编写爬虫程序时至少需要考虑以下几个方面的内容：①是否涉及著作权及机密；②采集的信息中是否包含个人隐私或商业机密；③对方是否同意或授权采集这些信息；④对方是否同意公开或授权转载这些信息，不可擅作主张转载到自己的平台；⑤采集到的信息如何使用，公开展示时是否需要脱敏处理，是否用于营利；⑥网络爬虫程序运行时是否会对对方服务器造成伤害，例如拖垮死机、影响正常业务。

例4-9　编写网络爬虫程序，爬取糗事百科网站首页上每个笑话的摘要、跳转地址和详情，如果包含图片或视频就下载到本地。

```
from time import sleep
from random import choice
from os.path import splitext
from re import findall, sub, S
from urllib.parse import urljoin
from urllib.request import Request, urlopen

# 多准备几个备用的浏览器UA信息
UAs = ('Chrome/70.0.3538.110 Safari/537.36', 'IE/12.0', 'Edge/17.17134')

# 要爬取的目标网页
url = r'https://www.qiushibaike.com'
# 创建Request对象，随机选择一个浏览器信息来自定义头部
headers = {'User-Agent': choice(UAs)}
req = Request(url=url, headers=headers)
# 获取网页源代码
with urlopen(req) as fp:
    content = fp.read().decode()

# 需要先使用浏览器打开目标网页，分析源代码，确定要提取的内容结构
# 然后再对应着写正则表达式提取感兴趣的信息
# ()中是要提取的内容，()外的.*?用来跳过一些无关的内容
pattern = r'<a class="recmd-content" href="(.+?)".*?>(.+?)</a>'
content = findall(pattern, content)
for index, (every_url, title) in enumerate(content):
    # 每个笑话之间分隔一下，删除标题中的HTML标签
    print('='*30)
    title = sub('<.*?>|[*]', '', title)
```

```python
            if not every_url.startswith('/article'):
                continue
            headers = {'User-Agent': choice(UAs)}
            print(headers)

            # 拼接完整的URL，分析每个笑话的页面，无法访问就直接跳过
            every_url = urljoin(url, every_url)
            req = Request(url=every_url, headers=headers)
            try:
                with urlopen(req) as fp:
                    content = fp.read().decode()
            except:
                print(f'跳过：{title}__{every_url}')
                continue

            # 提取笑话页面的内容
            pattern = r'<div class="content">(.+?)</div>'
            detail = findall(pattern, content)
            if detail:
                # 输出每个笑话的编号、摘要和链接地址
                print(index, title, every_url, sep=':')
                # 输出笑话的详情文字，把HTML换行标签删除
                # 如果详情和摘要一样，就不重复输出了
                detail = detail[0].replace('<br/>', '')
                if detail != title:
                    print(detail)

            # 下载该笑话的图片或视频
            pattern = (rf'<img src="(.+?)" alt="{title}" />' +
                       r'|<video.*?<source src="(.+?)"')
            for item in findall(pattern, content, S):
                # 可以把下一行解除注释，便于理解正则表达式含义
                # print(item)
                for every_url in item:
                    # 如果没有图片或视频，会得到空字符串，跳过
                    # 跳过太长的URL，认为无效
                    if not every_url or len(every_url) > 100:
                        continue
                    every_url = urljoin(url, every_url)
                    # 读取图片或视频数据，写入本地文件
                    req = Request(url=every_url, headers=headers)
                    with urlopen(req) as fp1:
                        fn = f'{index}{splitext(every_url)[1]}'
```

```
        with open(fn, 'wb') as fp2:
            fp2.write(fp1.read())
    # 每隔3秒爬一条笑话，避免速度太快被服务器拒绝
    sleep(3)
```

例4-10　编写网络爬虫程序，读取目标网页上表格中的数据，写入本地Excel文件。本例以微信公众号"Python小屋"推送的《Python程序设计基础（第2版）》配套教学大纲的链接为例，提取其中的章节学时分配表数据，然后保存为本地Excel文件。微信公众号的文章也是普通网页，使用微信打开链接之后，复制链接地址使用普通浏览器一样可以访问，也就可以使用网络爬虫程序读取其中的信息。在下面的代码中，使用扩展库openpyxl创建Excel文件并写入数据和保存，需要先使用pip install openpyxl命令安装这个扩展库，然后再编写和运行程序，更多关于Excel文件操作的内容请参考作者其他书籍或微信公众号"Python小屋"推送的系列文章。

例4-10讲解

```
from re import findall, sub
from urllib.request import urlopen
from openpyxl import Workbook

url = 'https://mp.weixin.qq.com/s/RtFzEm2TnGHnLTHMz9T4Aw'

with urlopen(url) as fp:
    # 一定要先使用浏览器打开目标网页，确定是否使用UTF-8编码格式
    content = fp.read().decode()

# 创建空白Excel文件，删除自动生成的空白工作表
wb = Workbook()
wb.remove(wb.worksheets[0])

# 一定要在浏览器中查看网页源代码，对照着理解和编写正则表达式
pattern = '<table.*?><tbody>(.+?)</tbody></table>'
for index, table in enumerate(findall(pattern, content), start=1):
    # 为网页上每个表格创建一个工作表
    ws = wb.create_sheet(f'Sheet{index}')
    # 提取每一行，结合网页源代码编写和理解正则表达式
    pattern = '<tr.*?>(.+?)</tr>'
    for row in findall(pattern, table):
        # 提取一行中的单元格文本，删除其中的HTML标签
        pattern = '<td.*?>(.+?)</td>'
        cells = findall(pattern, row)
        cells = [sub('<.+?>| ', '', cell) for cell in cells]
```

```
        # 写入Excel文件
        ws.append(cells)

wb.save('网页中的表格信息.xlsx')
```

在上面的代码中,使用正则表达式函数 sub() 把 HTML 实体 " " 替换为空格,在本章后面的例 4-14 和例 4-16 中也有这样的用法。如果页面文本中有大量这样的 HTML 实体需要替换为对应的字符再写入文件的话,可以使用 Python 标准库 html 进行处理。例如:

```
>>> import html
>>> html.unescape('&ang;&empty;&delta;&clubs;&forall;')
'∠∅δ♣∀'
>>> html.unescape('&copy;版权所有:董付国')
'©版权所有:董付国'
>>> html.unescape('&lt;every good&gt;')
'<every good>'
```
如果需要进行相反的操作,可以参考下面的代码:
```
>>> from html.entities import entitydefs
>>> def convert(s):
    table = {v: f'&{k};' for k, v in entitydefs.items()}
    return ''.join(table.get(ch,ch) for ch in s)

>>> convert('∠∅δ♣∀')
'&ang;&empty;&delta;&clubs;&forall;'
>>> convert('©版权所有:董付国')
'&copy;版权所有:董付国'
>>> convert('<every good>')
'&lt;every good&gt;'
```

例 4-11 编写网络爬虫程序,实现支持断点续传的网络文件下载功能。所谓断点续传是指,由于网络故障或其他原因导致下载过程中断后,再次启动下载时可以继续之前的进度而不需要从头重新下载。代码要点为:①自定义请求对象的头部信息,使用 Range 字段来指定要获取的数据起始字节位置,如果成功就从该位置开始读取数据;②在写入本地文件时使用 'ab' 模式而不是使用 'wb' 模式,这样可以把读取到的网络文件数据追加到本地文件已有数据的后面,不会覆盖已有的文件内容。

```
from urllib.error import HTTPError
from urllib.request import urlopen, Request
```

```python
from os.path import getsize, basename, exists

BUFFER_SIZE = 8*1024

url = input('输入要下载的文件URL: ')
filename = basename(url)

size = 0
# 如果文件已存在，获取文件大小
if exists(filename):
    size = getsize(filename)

# 自定义头部信息，指定要访问的数据范围
headers = {'Range': f'bytes={size}-'}
req = Request(url, headers=headers)
try:
    # 如果size等于文件大小，无数据可下载，下面的with语句会抛出异常
    with urlopen(req) as fp_web:
        if size > 0:
            print('文件已存在但不完整，开始续传。')
        else:
            print('文件不存在，开始下载。')
        # 分块读取网络文件数据并写入本地文件
        # 'ab'表示追加二进制数据，不覆盖文件中已有的数据
        with open(filename, 'ab') as fp_local:
            # Python 3.8以后的版本支持":="运算符
            # 低版本可以改为while True和break的组合实现同样功能
            while data := fp_web.read(BUFFER_SIZE):
                fp_local.write(data)
            print('成功下载所有数据。')
except HTTPError as e:
    # 416错误表示请求的数据范围不合法
    if e.code==416:
        print('文件已存在并且下载完整，不需要下载')
```

在 cmd 命令提示符环境执行程序，输入要下载的网络文件地址，在下载完成之前按组合键 Ctrl+C 强行中止，然后重新执行程序并继续下载至全部结束。运行效果如图 4-4 所示。

删除刚才下载的文件，再打开一个 cmd 命令提示符窗口，执行程序，输入要下载的网络文件路径，等待下载完成，然后再次执行程序并输入同一个网络文件路径，效果如图 4-5 所示。

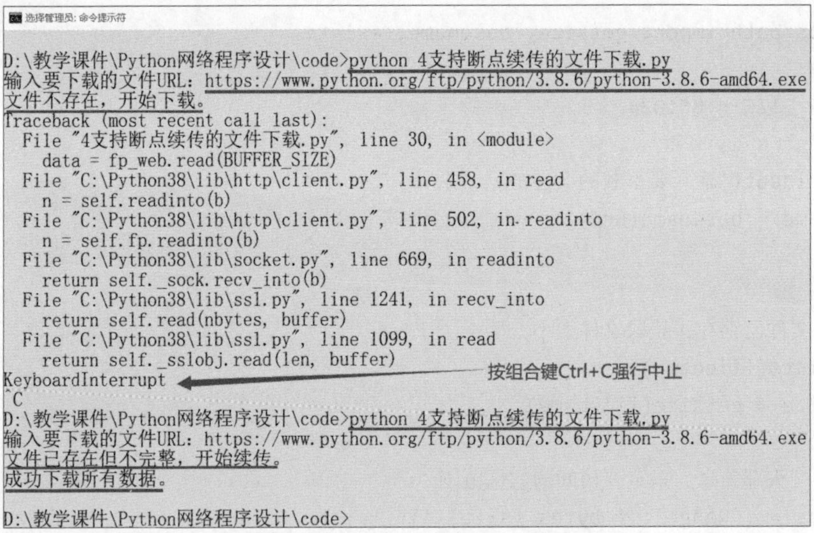

```
选择管理员:命令提示符
D:\教学课件\Python网络程序设计\code>python 4支持断点续传的文件下载.py
输入要下载的文件URL: https://www.python.org/ftp/python/3.8.6/python-3.8.6-amd64.exe
文件不存在, 开始下载。
Traceback (most recent call last):
  File "4支持断点续传的文件下载.py", line 30, in <module>
    data = fp_web.read(BUFFER_SIZE)
  File "C:\Python38\lib\http\client.py", line 458, in read
    n = self.readinto(b)
  File "C:\Python38\lib\http\client.py", line 502, in readinto
    n = self.fp.readinto(b)
  File "C:\Python38\lib\socket.py", line 669, in readinto
    return self._sock.recv_into(b)
  File "C:\Python38\lib\ssl.py", line 1241, in recv_into
    return self.read(nbytes, buffer)
  File "C:\Python38\lib\ssl.py", line 1099, in read
    return self._sslobj.read(len, buffer)
KeyboardInterrupt                     按组合键Ctrl+C强行中止
^C
D:\教学课件\Python网络程序设计\code>python 4支持断点续传的文件下载.py
输入要下载的文件URL: https://www.python.org/ftp/python/3.8.6/python-3.8.6-amd64.exe
文件已存在但不完整, 开始续传。
成功下载所有数据。
D:\教学课件\Python网络程序设计\code>
```

图 4-4 断点续传下载文件的效果

```
管理员:命令提示符
D:\教学课件\Python网络程序设计\code>python 4支持断点续传的文件下载.py
输入要下载的文件URL: https://www.python.org/ftp/python/3.8.6/python-3.8.6-amd64.exe
文件不存在, 开始下载。
成功下载所有数据。

D:\教学课件\Python网络程序设计\code>python 4支持断点续传的文件下载.py
输入要下载的文件URL: https://www.python.org/ftp/python/3.8.6/python-3.8.6-amd64.exe
文件已存在并且下载完整, 不需要下载

D:\教学课件\Python网络程序设计\code>
```

图 4-5 再次下载已经下载完成的文件时的效果

例 4-12 编写程序,使用多线程和多进程下载文件。在使用标准库函数 urllib.request.urlopen() 函数打开网络资源时,如果指定的资源是网上的一个文件,那么成功打开之后,使用 read() 方法读取其中的数据再写入文本文件,即可实现文件下载的功能。在本例中,首先获取网络文件的总大小,然后根据线程或进程数量对原始文件进行分块,每个线程或进程负责下载其中一部分,等所有分块都下载完成之后,再把这些分块拼接起来得到完整的文件。

例 4-12 讲解

```python
from time import sleep, time
from threading import Thread
from os.path import basename
from os import listdir, remove
from multiprocessing import Process
from urllib.request import urlopen, Request


# 缓冲区大小
BUFFER_SIZE = 64*1024
```

```python
# 存放所有进程/线程
workers = []

def download_func(url, start, end, thread_num):
    # 设置当前线程/进程负责下载的数据范围
    headers = {'Range': f'bytes={start}-{end}'}
    req = Request(url, headers=headers)
    # 每个线程/进程下载的部分文件，前面带编号，方便进行合并
    current_fn = f't_{thread_num}_{basename(url)}'
    # 每个进程/线程下载目标文件的一部分
    with open(current_fn, 'wb') as fp_local:
        with urlopen(req) as fp_web:
            while True:
                # 分块下载，若读不到数据则结束
                data = fp_web.read(BUFFER_SIZE)
                if not data:
                    break
                # 写入本地文件
                fp_local.write(data)
    print(f'编号为{thread_num}的线程/进程已收工。')

def download(url, count):
    '''url:要下载的文件地址。count:线程数量'''
    # 获取网络文件总大小，以便进行分块下载
    req = Request(url, headers={'Range': 'bytes=0-0'})
    with urlopen(req) as fp:
        # 文件总大小，单位：字节
        length = int(fp.getheader('Content-Range').split('/')[1])
    print(f'文件总大小：{length}字节')

    # 计算每个线程负责下载的字节数量，length-1是为了保证最后一个线程有活干
    each = (length-1) // count
    # 创建线程/进程，开始下载
    # i初始值设置为-1是为了防止下面的range对象为空（例如count=1）时,
    # 最后一个进程/线程因为i没定义而创建失败
    i = -1
    for i in range(count-1):
        start, end = i*each, (i+1)*each
        t = Thread_Process(target=download_func, args=(url,start,end-1,i))
        t.start()
        workers.append(t)
        # 每隔1秒启动一个线程
        sleep(1)
```

```python
        # 最后一个线程/进程
        t = Thread_Process(target=download_func,
                           args=(url,each*(i+1),length,i+1))
        t.start()
        workers.append(t)

if __name__ == '__main__':
    url = input('请输入要下载的文件路径URL: ')
    count = int(input('请输入进程/线程数量: '))
    flag = input('1表示多进程, 0表示多线程: ')
    Thread_Process = Process if flag=='1' else Thread
    # 下载文件
    start_time = time()
    download(url, count)
    print('等待下载完成...')
    for t in workers:
        t.join()

    # 获取所有临时文件, 按编号顺序拼接
    temp_files = [fn for fn in listdir() if fn.startswith('t_')]
    temp_files.sort(key=lambda fn: int(fn.split('_')[1]))
    with open(basename(url), 'wb') as fp_final:
        for fn in temp_files:
            with open(fn, 'rb') as fp_temp:
                fp_final.write(fp_temp.read())
    # 删除所有临时文件, 可以合并到上一个for循环, 请自行修改和测试
    for fn in temp_files:
        remove(fn)

    print('文件下载完成。')
    print(f'用时: {time()-start_time}秒')
```

图4-6演示了使用多线程和多进程两种方式下载文件的用法，可以根据自己计算机CPU的数量和核数调整线程或进程数量并观察多次程序运行的效果。

例4-13 编写程序，使用网络爬虫技术获取本机所属的公网IP地址。众所周知，IPv4地址几乎已经用完，近几年已经开始全面普及IPv6。虽然主流网络设备和个人计算机都已经支持IPv6，但基于IPv4的通信目前仍是主流。为了解决IPv4地址不够的问题，通过家用路由器上网的个人设备以及单位、学校的计算机都被分配了内网IP地址，通过服务器的网络地址转换（Network Address Translation，NAT）或端口映射技术来访问外网资源，本例代码用于内网计算机获取自己所在的网络中负责对外通信的服务器公网IP地址。在网络上有不少网页可以实现这个功能，使用浏览器打开指定的网页URL即可查看自己的公网IP地址，基于这个功能，也可以使用网络爬虫技术来获取自己的公网IP

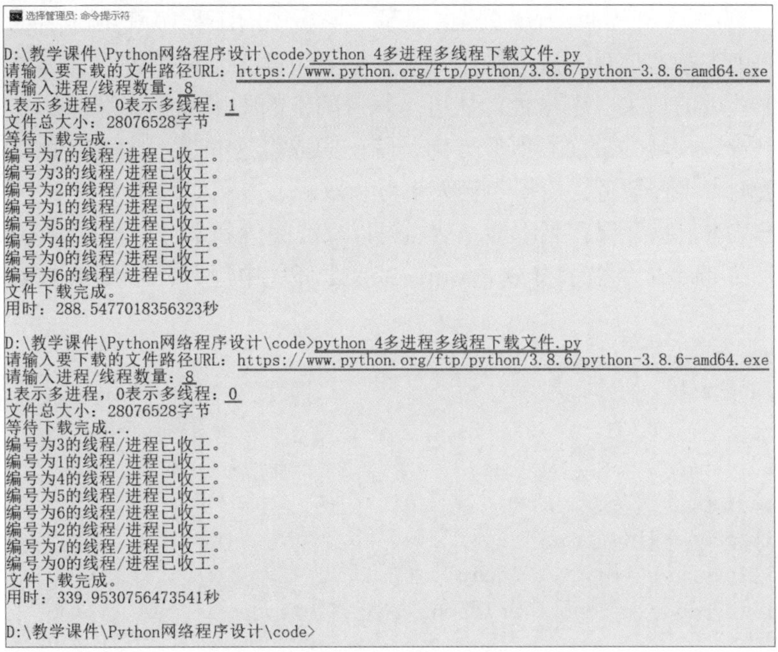

图 4-6　多线程/多进程下载文件效果

地址。下面的两段代码可以自行使用浏览器打开指定的网页，根据网页源代码来理解代码的思路。

（1）有的网页打开之后页面上直接显示本机所在公网的 IP 地址，直接读取网页源代码然后解码即可。

```
from urllib.request import urlopen

with urlopen(r'http://ip.42.pl/raw') as fp:
    print(fp.read().decode())
```

（2）也有的网页使用浏览器打开之后会在页面上显示 JSON 格式的数据，这时使用 Python 标准库 json 解析并获取 IP 地址即可。

```
import json
from urllib.request import urlopen

with urlopen(r'https://jsonip.com/') as fp:
    content = fp.read().decode()

ip = json.loads(content)['ip']
print(ip)
```

例 4-14　编写多进程版的网络爬虫程序，采集中国工程院院士的学术成就和公开的个人基本信息。成为院士是一个学者至高无上的荣耀，是国家和业界对每个领域的顶尖学者最大的认可。每位院士的学术成就，都像是一盏明灯在指引着该领域的最前沿研究方向，院士们取得这些学术成就的研究历程也时刻激励着年轻学者，值得年轻人学习和敬佩。本例代码用于采集中国工程院网站上公开的院士基本信息并保存到本地，然后可以离线阅读和学习。把下面的代码保存为程序文件，然后在 cmd 命令提示符或 Power Shell 环境中运行，不要在 IDLE 中直接执行程序。

例 4-14 讲解

```python
import re
import os
import os.path
from time import sleep
from multiprocessing import Pool
from urllib.parse import urljoin
from urllib.request import urlopen

# 把采集到的信息保存到当前目录下的YuanShi子文件夹中
# 如果不存在该文件夹，就创建一个
dstDir = 'YuanShi'
if not os.path.isdir(dstDir):
    os.mkdir(dstDir)


# 读取首页源代码，使用UTF-8解码
start_url = r'http://www.cae.cn/cae/html/main/col48/column_48_1.html'
with urlopen(start_url) as fp:
    content = fp.read().decode()


# 提取每位院士的页面链接和姓名
# 可以使用浏览器打开首页，然后查看网页源代码
# 对照着网页源代码理解正则表达式的作用
pattern = (r'<li class="name_list"><a href="(.+?)"' +
           r' target="_blank">(.+?)</a></li>')
result = re.findall(pattern, content)

def crawl_everyUrl(item):
    '''用于采集每位院士信息的函数，item是正则表达式提取到的信息，
       也就是上面result列表中的每个元素
    '''
    perUrl, name = item
    # 把站内相对地址连接为绝对地址
    perUrl = urljoin(start_url, perUrl)
```

```
        name = os.path.join(dstDir, name)
        print('正在采集: ', perUrl)
        try:
            with urlopen(perUrl) as fp:
                content = fp.read().decode()
        except:
            print('出错了,一秒后自动重试...')
            sleep(1)
            crawlEveryUrl(item)
            # 这个return语句非常重要
            return

        # 解析图片链接地址,正则表达式一定要精准
        pattern = r'<img src="(.+?)" style=.*?/>'
        imgUrls = re.findall(pattern, content)
        if imgUrls:
            # 使用[0]是因为findall()返回列表,即使只有一项也是返回列表
            imgUrl = urljoin(start_url, imgUrls[0])
            try:
                # 下载图片,无法下载就直接跳过
                with urlopen(imgUrl) as fp1:
                    with open(name+'.jpg', 'wb') as fp2:
                        fp2.write(fp1.read())
            except:
                pass

        # 提取个人学术成就信息
        pattern = r'<p>(.+?)</p>'
        intro = re.findall(pattern, content, re.M)
        if intro:
            intro = '\n'.join(intro)
            intro = re.sub(' | |<a href.*?</a>', '', intro)
            with open(name+'.txt', 'w', encoding='utf8') as fp:
                fp.write(intro)

if __name__ == '__main__':
    with Pool(10) as p:
        p.map(crawl_everyUrl, result)
```

例 4-15　编写网络爬虫程序,批量下载微信公众号"Python 小屋"中文章"《Python 程序设计(第 3 版)》课后习题答案"中的所有图片,保存为本地 PNG 格式的图片文件,以从数字 1 开始编号命名。

例 4-15 讲解

```python
from re import findall
from urllib.request import urlopen

# 公众号文章链接地址
url = 'https://mp.weixin.qq.com/s/68TqrkSWdt921UkiIFErUg'
# 读取网页源代码字节串,以UTF-8格式解码为字符串
with urlopen(url) as fp:
    content = fp.read().decode()

# 建议使用浏览器查看网页源代码,定位图片位置,辅助理解正则表达式的含义
# 如果运行结果不对,可能是网页源代码结构有变化,需要修改正则表达式
pattern = ('<img class="rich_pages js_insertlocalimg"'+
           ' data-ratio=".*?" data-s=".*?"'+
           ' data-src="(.+?)" data-type="jpeg"'+
           ' data-w=".*?" style=""  />')
result = findall(pattern, content)

# 枚举每个图片的链接地址,同时获得从1开始的数字编号
for index, item in enumerate(result, start=1):
    with urlopen(item) as fp_web:
        # 读取网络图片数据,写入本地图片文件,以数字编号命名
        fn = f'{index}.png'
        with open(fn, 'wb') as fp_local:
            fp_local.write(fp_web.read())
        print(fn, '下载完成。')
```

例4-16 编写网络爬虫程序,采集某高校新闻网站最新的100条新闻中的文本和图片并保存到本地,每条新闻创建一个对应的文件夹。采集完最新的100条新闻之后,对采集到的文本进行分词,最后输出出现次数最多的前10个词语。程序中用到了扩展库jieba,需要先安装,可以参考1.1.3节的介绍。下面直接给出参考代码,请自行使用浏览器打开目标网站,然后查看网页源代码并对照着理解代码中用到的正则表达式。

```python
from os import mkdir
from re import findall, sub, S
from collections import Counter
from urllib.parse import urljoin
from urllib.request import urlopen
from os.path import basename, isdir
from jieba import cut

# 用来记录采集到的所有新闻文本
```

```python
sentences = []
# 某高校首页地址
url = r'https://www.sdtbu.edu.cn'
with urlopen(url) as fp:
    content = fp.read().decode()
# 查找最新的一条新闻
pattern = r'<UL class="news-list".*?<li><a href="(.+?)"'
# 把相对链接地址转换为绝对地址
url = urljoin(url, findall(pattern, content)[0])

# 用来存放新闻正文文本和图片的文件夹
root = '山商新闻'
if not isdir(root):
    mkdir(root)

# 采集最多100条新闻的信息
# 改为while True可以爬完整个新闻网站
# 也可以在循环中提取新闻时间，只爬取指定日期之后的新闻
for i in range(100):
    # 获取网页源代码
    with urlopen(url) as fp:
        content = fp.read().decode()

    # 提取标题，删除其中可能存在的HTML标签和反斜线、双引号
    pattern = r'<h1.+?>(.+?)</h1>'
    title = findall(pattern, content)[0]
    title = sub(r'<.+?>| |\\|"', '', title)
    # 每个新闻用一个子文件夹存储，使用新闻标题作为文件夹名称
    child = rf'{root}\{title}'
    fn = rf'{child}\{title}.txt'

    if not isdir(child):
        mkdir(child)
        print(title)

        # 提取段落文本，写入本地文件
        pattern = r'<p class="MsoNormal".+?>(.+?)</p>'
        with open(fn, 'w', encoding='utf8') as fp:
            for item in findall(pattern, content, S):
                # 删除段落文本中的HTML标签和两端的空白字符
                item = sub(r'<.+?>| ', '', item).strip()
                if item:
                    # 记录段落文本，后面分词的时候用
```

```
                    sentences.append(item)
                    fp.write(item+'\n')

            # 提取图片,下载到本地
            pattern = r'<img width=.+?src="(.+?)"'
            for item in findall(pattern, content):
                # 把相对链接地址转换为绝对链接地址
                item = urljoin(url, item)
                with urlopen(item) as fp1:
                    # 创建本地二进制文件,写入网络图像的数据
                    with open(rf'{child}\{basename(item)}', 'wb') as fp2:
                        fp2.write(fp1.read())
        else:
            print(title, '已存在,跳过...')
            # 如果是多次运行程序,不重复采集网页上的信息
            # 但是读取已存在的文件内容用于后面的分词,保证多次运行本程序后的结果一样
            with open(fn, encoding='utf8') as fp:
                sentences.extend(fp.readlines())

    # 获取下一条新闻地址,继续采集
    pattern = r'下一条: <a href="(.+?)"'
    next_url = findall(pattern, content)
    if not next_url:
        break
    next_url = urljoin(url, next_url[0])
    url = next_url

# 分词,只保留长度大于1的词语
text = ''.join(sentences)
words = filter(lambda word: len(word)>1, cut(text))
# 统计词频,输出出现最多的前10个词语
freq = Counter(words)
print(freq.most_common(10))
```

例4-17 编写网络爬虫程序,采集2021年拟在山东招生普通高校专业(类)选考科目要求。选考科目要求每年年底会提前在山东省考试院官方网站公布,高考填报志愿结束后过一段时间会撤销这些信息,并且每年的网址可能会略有不同,2021年信息的网址为http://xkkm.sdzk.cn/web/xx.html,该页面使用POST方式提交参数进行查询,此处略去网页源代码分析过程(可以关注微信公众号"Python小屋"在后台发送消息"2021山东选考"获取分析过程,在文章链接里有2020年采集信息的分析过程与步骤,基本思路是一样的),直接给出了爬虫程序代码,可以参考代码中的注释自行分析网页源代码来理解程序代码思路和执行过程。

```python
from time import sleep
from re import findall, sub, S
from urllib.request import urlopen
from urllib.parse import urlencode, quote
from openpyxl import Workbook

# 从主页获取网页源代码，提取每个学校的基本信息
# 如果程序无法运行，可以到官方网址获取最新地址
start_url = r'http://xkkm.sdzk.cn/web/xx.html'
with urlopen(start_url) as fp:
    content = fp.read().decode('utf8')

# 创建空白Excel文件，获取工作表，准备后面写入数据
wb = Workbook()
ws = wb.worksheets[0]
ws.append(['省份', '学校名称', '层次', '专业（类）名称',
           '选考科目要求', '类中所含专业'])

# 提取(省份，代码，学校名称)
pattern = (r'<tr>.*?<td.+?></td>.*?<td.+?>(.+?)</td>'
           '.*?<td.+?>(.+?)</td>.*?<td.+?>(.+?)</td>')
# findall()函数的第三个参数S表示单行模式，使得圆点可以匹配换行符
for item in findall(pattern, content, S):
    if len(item[0]) > 5:
        continue
    shengfen, dm, mc = item
    # 输出当前正在爬取的学校名称
    print(mc)
    # POST方式提交参数，获取每个学校选考信息的网页源代码
    # 如果程序无法运行，可以重新分析网页源代码获取最新的参数提交方式
    url = r'http://xkkm.sdzk.cn/xkkm/queryXxInfor'
    data = urlencode({'dm': dm, 'mc': quote(mc),
                      'yzm':'ok'}).encode('ascii')
    
    with urlopen(url, data) as fp:
        xuexiao_content = fp.read().decode()
    # 获取该学校选考信息，写入Excel文件
    xuexiao_pattern = (r'<tr.*?<td.+?<td.+?>(.+?)</td>.*?<td.+?>(.+?)'+
                       r'</td>.*?<td.*?>(.+?)</td>.*?<td.*?>(.+?)</td>')
    
    for item in findall(xuexiao_pattern, xuexiao_content, S):
        # 处理该学校每条信息，删除干扰字符
        item_temp = [(text.replace('<br/>', '\n').strip()
                     .replace('\t', ''))
```

```
                    for text in item[:-1]]
        item_temp.append(sub(r'<!--.+?-->', '', item[-1])
                         .replace('<br/>', '\n')
                         .replace('<br>', '\n').strip())
        item_temp.insert(0, mc)
        item_temp.insert(0, shengfen)
        ws.append(item_temp)
    sleep(5)

# 保存Excel文件
wb.save('2021山东选考科目.xlsx')
```

4.3 使用扩展库Requests和bs4编写网络爬虫程序

使用标准库 urllib 和 re 编写网络爬虫对程序员要求比较高，并且容易出错，尤其是正则表达式的编写要求非常严格，多写或少写一个空格、大小写错误都会导致运行结果不正确，网页布局发生改变更是会直接导致程序运行失败。扩展库 Requests 获取网页源代码的方式比标准库 urllib 更加简单，扩展库 bs4 解析网页源代码也比正则表达式简单很多，对网页 HTML 代码的微调不会特别敏感，这两个扩展库的组合大幅度降低了编写网络爬虫程序的门槛。

本节首先介绍这两个扩展库的基本用法，然后通过实战案例演示这两个扩展库的组合应用，请自行参考第 1 章内容安装这两个扩展库。

4.3.1 扩展库Requests简单使用

扩展库 Requests 支持通过 get()、post()、put()、delete()、head()、options() 等函数以不同方式请求指定 URL 的资源，请求成功之后会返回一个 Response 对象，通过 Response 对象的属性 request 可以访问创建 Request 对象时使用的所有信息。例如：

```
>>> import requests
>>> r = requests.get('https://www.python.org')
>>> r                              # 状态码200表示成功
<Response [200]>
>>> dir(r)                         # Response对象支持的所有成员
                                   # 略去了以双下画线开始和结束的特殊成员
[..., 'apparent_encoding', 'close', 'connection', 'content', 'cookies',
'elapsed', 'encoding', 'headers', 'history', 'is_permanent_redirect', 'is_
redirect', 'iter_content', 'iter_lines', 'json', 'links', 'next', 'ok', 'raise_
```

```
for_status', 'raw', 'reason', 'request', 'status_code', 'text', 'url']
    >>> r.headers                          # 服务器返回的头部
    {'Connection': 'keep-alive', 'Content-Length': '50458', 'Server': 'nginx',
'Content-Type': 'text/html; charset=utf-8', 'X-Frame-Options': 'DENY', 'Via':
'1.1 vegur, 1.1 varnish, 1.1 varnish', 'Accept-Ranges': 'bytes', 'Date': 'Mon,
21 Dec 2020 13:13:35 GMT', 'Age': '1834', 'X-Served-By': 'cache-bwi5148-BWI,
cache-hnd18731-HND', 'X-Cache': 'HIT, HIT', 'X-Cache-Hits': '1, 1605', 'X-Timer':
'S1608556416.678661,VS0,VE0', 'Vary': 'Cookie', 'Strict-Transport-Security':
'max-age=63072000; includeSubDomains'}
    >>> r.request
    <PreparedRequest [GET]>
    >>> r.request.headers                  # 访问服务器时Request对象的头部
                                           # 尤其注意User-Agent字段,默认不是浏览器
    {'User-Agent': 'python-requests/2.23.0', 'Accept-Encoding': 'gzip, deflate',
'Accept': '*/*', 'Connection': 'keep-alive'}
```

通过 Response 对象的 status_code 属性可以查看状态码,通过 text 属性可以查看网页源代码字符串(有时可能会出现乱码,此时可以尝试设置 Response 对象的 encoding 属性进行正确解码),通过 content 属性可以返回字节串形式的网页源代码,通过 encoding 属性可以查看和设置编码格式(默认情况下 requests 会首先检查 HTTP 头部中的编码格式,如果是 none 则会使用扩展库 chardet 尝试猜测编码格式),通过 headers 属性可以查看头部信息,通过 url 属性可以查看正在访问的目标网页地址 URL。

1. 增加头部并设置用户代理

在使用扩展库 Requests 的 get() 函数打开指定的 URL 时,可以给参数 headers 传递一个字典来指定头部信息。例如:

```
from requests import get

url = 'https://edu.csdn.net/course/detail/27875'
headers = {'User-Agent': 'IE/12.0'}
r = get(url, headers=headers)
print(r.text[:150])
```

2. 使用 GET 方式提交参数

如果要以 GET 方式向服务器提交数据,可以使用 get() 函数的 params 参数,形式为字典,以参数的名字作为字典元素的"键",以参数的值作为字典元素的"值"。例如:

```
from requests import get

url = 'https://www.baidu.com/s'
parameters = {'wd': '董付国'}
```

```
headers = {'User-Agent': 'Firefox/13.0'}
r = get(url, params=parameters, headers=headers)
print(len(r.text))
print(r.url)
```

3. 访问网页并提交数据

在使用扩展库 Requests 的 post() 方法打开目标网页时,可以通过字典形式的参数 data 或 json 来提交信息。例如:

```
>>> payload = {'key1': 'value1', 'key2': 'value2'}
>>> r = requests.post('http://httpbin.org/post', data=payload)
>>> print(r.text)              # 查看网页信息,略去输出结果
>>> url = 'https://api.github.com/some/endpoint'
>>> payload = {'some': 'data'}
>>> r = requests.post(url, json=payload)
>>> print(r.text)              # 查看网页信息,略去输出结果
>>> print(r.headers)           # 查看头部信息,略去输出结果
>>> print(r.headers['Content-Type'])
application/json; charset=utf-8
>>> print(r.headers['Content-Encoding'])
gzip
```

4. 获取和设置 cookies

下面的代码演示了使用 get() 方法获取网页信息时 cookies 属性的用法:

```
>>> r = requests.get('http://www.baidu.com/')
>>> r.cookies                                           # 查看cookies
<RequestsCookieJar[Cookie(version=0, name='BDORZ', value='27315', port=None,
port_specified=False, domain='.baidu.com', domain_specified=True, domain_initial_
dot=True, path='/', path_specified=True, secure=False, expires=1521533127,
discard=False, comment=None, comment_url=None, rest={}, rfc2109=False)]>
```

下面的代码演示了使用 get() 方法获取网页信息时设置 cookies 参数的用法:

```
>>> url = 'http://httpbin.org/cookies'
>>> cookies = dict(cookies_are='working')
>>> r = requests.get(url, cookies=cookies)              # 设置cookies
>>> print(r.text)
{
  "cookies": {
    "cookies_are": "working"
  }
}
```

5. 创建并使用会话

在同一个会话中，不同的请求可以共用同样的参数以及创建会话时设置的 cookies，这些参数会被持久化并跨越多个请求起作用，Request 对象的参数无法做到这一点。在一次会话中向同一台主机发出多次请求时，底层的 TCP 连接会被重复使用，不需要反复连接和断开，省去了建立连接和拆除连接所需要的三次握手，从而获得大幅度的性能提升。如果通过 Session 对象的方法创建 Request 时指定的参数和 Session 对象的参数有冲突，会暂时覆盖 Session 对象的参数。最后，Session 对象支持上下文管理关键字 with，可以自动关闭会话。为了方便交互演示，下面的代码没有使用 with 语句。

```
>>> import requests
>>> session = requests.Session()
>>> session.headers.update({'User-Agent': 'Chrome/87.0.4280.88'})
>>> r = session.get('https://www.python.org/')
>>> r.request.headers['User-Agent']
'Chrome/87.0.4280.88'
>>> r = session.get('https://mp.weixin.qq.com/s/yCX4K30aHkD0UKp7cxGvYA')
>>> r.request.headers['User-Agent']
'Chrome/87.0.4280.88'
>>> session.close()
```

例 4-18　编写程序，给定网络图片地址，使用扩展库 requests 下载并保存到本地图片文件。

```
from requests import get

picUrl = r'https://mmbiz.qpic.cn/mmbiz_png/xXrickrc6JTMWrZfsASUv3gPOwysYuz9RdaJdoV5HgQzGEu30ibBfxYm1g7n6Ghiac9tMmNHNl8fZYb2OfMBiaXnhw/640?wx_fmt=png'
r = get(picUrl)
if r.status_code == 200:
    with open('pic.png', 'wb') as fp:
        fp.write(r.content)          # 把网络图片文件的数据写入本地文件
```

4.3.2　扩展库 bs4 简单使用

BeautifulSoup 是一个非常优秀的 Python 扩展库，可以用来从 HTML 或 XML 文件中提取感兴趣的数据，允许使用不同的解析器，可以节约程序员大量的宝贵时间。另外，使用 BeautifulSoup 从网页源代码中提取信息不需要对正则表达式有太多了解，降低了对程序员的要求。

可以使用 pip install beautifulsoup4 直接进行安装，安装之后使用 from bs4 import beautifulsoup 导入并使用，本书编写时最新版本为 4.9.2。这里简单介绍一下

BeautifulSoup 的强大功能，更加详细完整的学习资料请参考 https://www.crummy.com/software/BeautifulSoup/bs4/doc/。

1. 代码补全

大多数浏览器能够容忍一些残缺不完整的 HTML 代码，某些不闭合的标签也可以正常渲染和显示。但是如果把读取到的网页源代码直接使用正则表达式进行分析，会出现误差。这个问题可以使用 BeautifulSoup 来解决。在使用给定的文本或网页代码创建 BeautifulSoup 对象时，会自动补全缺失的标签，也可以自动添加必要的标签。

以下代码为几种代码补全的用法，包括自动添加标签、自动补齐标签、指定解析器将 HTML 代码更优雅地展现。

1）自动添加标签

```
>>> from bs4 import BeautifulSoup
>>> BeautifulSoup('hello world!', 'lxml')           # 自动添加标签
<html><body><p>hello world!</p></body></html>
```

2）自动补齐标签

```
>>> BeautifulSoup('<span>hello world!', 'lxml')     # 自动补全标签
<html><body><span>hello world!</span></body></html>
>>> BeautifulSoup('<table><tr><td>hello world!<td>Python', 'lxml')
<html><body><table><tr><td>hello world!</td><td>Python</td></tr></table></body></html>
>>> BeautifulSoup('<p>hello world!<hr', 'lxml')
<html><body><p>hello world!</p><hr/></body></html>
>>> BeautifulSoup('hello world!</p><hr', 'lxml')
<html><body><p>hello world!</p><hr/></body></html>
```

3）指定 HTML 代码解析器

以下是测试用的网页代码，是一段标题为 The Dormouse's story 英文故事。注意，这部分代码最后缺少了一些闭合的标签，例如 </body>、</html>。BeautifulSoup 把这些缺失的标签进行了自动补齐。

```
>>> html_doc = """
<html><head><title>The Dormouse's story</title></head>
<body>
<p class="title"><b>The Dormouse's story</b></p>

<p class="story">Once upon a time there were three little sisters; and their names were
<a href="http://example.com/elsie" class="sister" id="link1">Elsie</a>,
<a href="http://example.com/lacie" class="sister" id="link2">Lacie</a> and
```

```
<a href="http://example.com/tillie" class="sister" id="link3">Tillie</a>;
and they lived at the bottom of a well.</p>

<p class="story">...</p>
"""
>>> soup = BeautifulSoup(html_doc, 'html.parser')
                                        # 也可以指定lxml或其他解析器
>>> print(soup.prettify())              # 以优雅的方式显示出来
                                        # 可以执行print(soup)并比较输出结果
<html>
 <head>
  <title>
   The Dormouse's story
  </title>
 </head>
 <body>
  <p class="title">
   <b>
    The Dormouse's story
   </b>
  </p>
  <p class="story">
   Once upon a time there were three little sisters; and their names were
   <a class="sister" href="http://example.com/elsie" id="link1">
    Elsie
   </a>
   ,
   <a class="sister" href="http://example.com/lacie" id="link2">
    Lacie
   </a>
   and
   <a class="sister" href="http://example.com/tillie" id="link3">
    Tillie
   </a>
   ;
and they lived at the bottom of a well.
  </p>
  <p class="story">
   ...
  </p>
 </body>
</html>
```

2. 获取指定标签的内容或属性

构建 BeautifulSoup 对象并自动添加或补全标签之后,可以通过该对象来访问和获取特定标签中的内容。接下来仍以上边经过补齐标签后的这段 The Dormouse's story 代码为例介绍 BeautifulSoup 的更多用法。

```
>>> soup.title                          # 访问<title>标签的内容
<title>The Dormouse's story</title>
>>> soup.title.name                     # 查看标签的名字
'title'
>>> soup.title.text                     # 查看标签的文本
"The Dormouse's story"
>>> soup.title.string                   # 查看标签的文本
"The Dormouse's story"
>>> soup.title.parent                   # 查看上一级标签
<head><title>The Dormouse's story</title></head>
>>> soup.head
<head><title>The Dormouse's story</title></head>
>>> soup.b                              # 访问<b>标签的内容
<b>The Dormouse's story</b>
>>> soup.body.b                         # 访问<body>中<b>标签的内容
<b>The Dormouse's story</b>
>>> soup.name                           # 把整个BeautifulSoup对象看作标签对象
'[document]'
>>> soup.body                           # 查看body标签内容
<body>
<p class="title"><b>The Dormouse's story</b></p>
<p class="story">Once upon a time there were three little sisters; and their names were
<a class="sister" href="http://example.com/elsie" id="link1">Elsie</a>,
<a class="sister" href="http://example.com/lacie" id="link2">Lacie</a> and
<a class="sister" href="http://example.com/tillie" id="link3">Tillie</a>;
and they lived at the bottom of a well.</p>
<p class="story">...</p>
</body>
>>> soup.p                              # 查看段落信息
<p class="title"><b>The Dormouse's story</b></p>
>>> soup.p['class']                     # 查看标签属性
['title']
>>> soup.p.get('class')                 # 也可以这样查看标签属性
['title']
>>> soup.p.text                         # 查看段落文本
"The Dormouse's story"
>>> soup.p.contents                     # 查看段落内容
```

```
[<b>The Dormouse's story</b>]
>>> soup.a
<a class="sister" href="http://example.com/elsie" id="link1">Elsie</a>
>>> soup.a.attrs                    # 查看标签所有属性
{'class': ['sister'], 'href': 'http://example.com/elsie', 'id': 'link1'}
>>> soup.find_all('a')              # 查找所有<a>标签
[<a class="sister" href="http://example.com/elsie" id="link1">Elsie</a>, <a class="sister" href="http://example.com/lacie" id="link2">Lacie</a>, <a class="sister" href="http://example.com/tillie" id="link3">Tillie</a>]
>>> soup.find_all(['a', 'b'])       # 同时查找<a>和<b>标签
[<b>The Dormouse's story</b>, <a class="sister" href="http://example.com/elsie" id="link1">Elsie</a>, <a class="sister" href="http://example.com/lacie" id="link2">Lacie</a>, <a class="sister" href="http://example.com/tillie" id="link3">Tillie</a>]
>>> import re
>>> soup.find_all(href=re.compile("elsie"))
                                    # 查找href包含特定关键字的标签
[<a class="sister" href="http://example.com/elsie" id="link1">Elsie</a>]
>>> soup.find(id='link3')           # 查找属性id='link3'的标签
<a class="sister" href="http://example.com/tillie" id="link3">Tillie</a>
>>> soup.find_all('a', id='link3')  # 查找属性id='link3'的所有<a>标签
[<a class="sister" href="http://example.com/tillie" id="link3">Tillie</a>]
>>> for link in soup.find_all('a'):
        print(link.text,':',link.get('href'))

Elsie : http://example.com/elsie
Lacie : http://example.com/lacie
Tillie : http://example.com/tillie
>>> print(soup.get_text())          # 返回所有文本
The Dormouse's story
The Dormouse's story
Once upon a time there were three little sisters; and their names were
Elsie,
Lacie and
Tillie;
and they lived at the bottom of a well.
...
>>> soup.a['id'] = 'test_link1'     # 修改标签属性的值
>>> soup.a
<a class="sister" href="http://example.com/elsie" id="test_link1">Elsie</a>
>>> soup.a.string.replace_with('test_Elsie')        # 修改标签文本
'Elsie'
>>> soup.a.string
```

```
'test_Elsie'
>>> print(soup.prettify())                    # 查看修改后的结果
<html>
 <head>
  <title>
   The Dormouse's story
  </title>
 </head>
 <body>
  <p class="title">
   <b>
    The Dormouse's story
   </b>
  </p>
  <p class="story">
   Once upon a time there were three little sisters; and their names were
   <a class="sister" href="http://example.com/elsie" id="test_link1">
    test_Elsie
   </a>
   ,
   <a class="sister" href="http://example.com/lacie" id="link2">
    Lacie
   </a>
   and
   <a class="sister" href="http://example.com/tillie" id="link3">
    Tillie
   </a>
   ;
and they lived at the bottom of a well.
  </p>
  <p class="story">
   ...
  </p>
 </body>
</html>
>>> for child in soup.body.children:          # 遍历直接子标签
    print(child)


<p class="title"><b>The Dormouse's story</b></p>
<p class="story">Once upon a time there were three little sisters; and their
names were
<a class="sister" href="http://example.com/elsie" id="test_link1">test_Elsie</a>,
<a class="sister" href="http://example.com/lacie" id="link2">Lacie</a> and
```

```
<a class="sister" href="http://example.com/tillie" id="link3">Tillie</a>;
and they lived at the bottom of a well.</p>
<p class="story">...</p>
>>> for string in soup.strings:               # 遍历所有文本,结果略
    print(string)

>>> test_doc = '<html><head></head><body><p></p><p></p></body></heml>'
>>> s = BeautifulSoup(test_doc, 'lxml')
>>> for child in s.html.children:             # 遍历直接子标签
    print(child)

<head></head>
<body><p></p><p></p></body>
>>> for child in s.html.descendants:          # 遍历子孙标签
    print(child)

<head></head>
<body><p></p><p></p></body>
<p></p>
<p></p>
```

4.3.3 requests+bs4爬虫案例实战

本节通过一个实战案例演示如何使用扩展库 requests、beautifulsoupu4 编写网络爬虫程序采集信息。很多网站的网页源代码结构会经常变化,本来运行正常的网络爬虫程序突然有一天无法运行是正常现象。一般来说,遇到这种情况时整个程序的框架不用修改,只需要查看网页源代码,然后对应着修改涉及正则表达式或者获取元素标签属性的局部代码即可。

例4-19　编写网络爬虫程序,批量采集微信公众号"Python 小屋"推送的所有历史文章,把每篇文章的内容下载并保存到本地,每篇文章生成一个 Word 文件,保持原来页面上内容的顺序和基本结构。如果原文中有图片也在 Word 文件中插入图片,如果原文中有表格也在 Word 文件中创建相应的表格,如果原文中有链接也在 Word 文件中创建相应的链接,原文中的普通文本直接写入 Word 文件。

```
from re import sub
from time import sleep
from os.path import isdir
from os import mkdir, remove
import requests
```

```python
from bs4 import BeautifulSoup
from docx.shared import Inches
from docx import Document, opc, oxml


# 用来存放Word文件的文件夹，如果不存在就创建
dstDir = 'Python小屋历史文章'
if not isdir(dstDir):
    mkdir(dstDir)

# 获取公众号"Python小屋"1000篇历史文章清单
#关注微信公众号之后通过菜单"最新资源"→"历史文章"获取下面的链接
url = r'https://mp.weixin.qq.com/s/u9FeqoBaA3Mr0fPCUMbpqA'
content = requests.get(url)
content.encoding = 'utf8'
soupMain = BeautifulSoup(content.text, 'lxml')

# 遍历每篇文章的链接，分别生成独立的Word文件
for a in soupMain.find_all('a', target="_blank"):
    # 每隔5秒爬一篇文章，也可以间隔时间再长一点，避免自己的IP地址被封
    sleep(5)
    # text属性会自动忽略内部的所有HTML标签
    # 替换文章标题中不能在文件名使用的反斜线和竖线符号
    title = sub(r'[/\\:|()]', '', a.text)
    print(title)

    # 每篇文章的链接地址
    link = a['href']

    # 创建空白Word文件，需要先安装扩展库python-docx
    currentDocument = Document()
    # 写入文章标题
    currentDocument.add_heading(title)
    # 读取文章链接的网页源代码，创建BeautifulSoup对象
    content = requests.get(link)
    content.encoding = 'utf8'
    # 查找id为js_content的div，也就是包含正文内容的div
    soup = BeautifulSoup(content.text, 'lxml').find('div', id='js_content')
    # 如果没有符合条件的div就跳过
    if not soup:
        continue

    # 按先后顺序遍历该div下的所有的直接子节点
    for child in soup.children:
```

```python
        child = BeautifulSoup(str(child), 'lxml')
        # 包含<a>的子节点，在Word文件中插入链接
        # 如果不包含<a>标签，child.a的值为空值None
        if child.a:
            p = currentDocument.add_paragraph(text=child.text)
            try:
                p.add_run()
                r_id = p.part.relate_to(child.a['href'],
                                    (opc.constants
                                     .RELATIONSHIP_TYPE.HYPERLINK),
                                    is_external=True)
                hyperlink = oxml.shared.OxmlElement('w:hyperlink')
                hyperlink.set(oxml.shared.qn('r:id'), r_id)
                hyperlink.append(p.runs[0]._r)
                p._p.insert(1, hyperlink)
            except:
                pass

        # 包含<img>的子节点，在Word文件中插入对应的图片，保持原来的尺寸
        elif child.img:
            pic = 'temp.png'
            with open(pic, 'wb') as fp:
                fp.write(requests.get(child.img['data-src']).content)
            try:
                currentDocument.add_picture(pic)
            except:
                pass
            finally:
                remove(pic)

        # 包含<tr>的子节点，在Word文件中插入表格
        elif child.tr:
            # 获取表格中的<tr>，也就是行
            rows = child.find_all('tr')
            # 获取表格中第一列中的<td>，也就是列
            cols = rows[0].find_all('td')
            # 创建空白表格，指定行数和列数
            table = currentDocument.add_table(len(rows), len(cols))
            # 往对应的单元格中写入内容
            for rindex, row in enumerate(rows):
                for cindex, col in enumerate(row.find_all('td')):
                    try:
                        cell = table.cell(rindex, cindex)
```

```
                    cell.text = col.text
                except:
                    pass
    # 纯文字,直接写入Word文件
    else:
        currentDocument.add_paragraph(text=child.text)

# 保存当前文章的Word文件
currentDocument.save(rf'{dstDir}\{title}.docx')
```

4.4 使用扩展库Scrapy编写网络爬虫程序

Scrapy 是一套基于 Twisted 的异步处理框架,是纯 Python 实现的开源爬虫框架,支持使用 XPath 选择器和 CSS 选择器从网页上快速提取指定的内容,对编写网络爬虫程序需要的功能进行了高度封装,用户甚至不需要懂太多原理,只需要按照标准套路创建爬虫项目之后填写几个文件的内容就可以轻松完成一个爬虫程序,使用非常简单,大幅度降低了编写网络爬虫程序的门槛。即便如此,网络爬虫也是一种时效性非常强的程序,也是一种非常"不稳定"的程序,本来运行很好的程序突然无法运行是常有的事情,尤其是启用了登录和验证码的网站,需要重新分析目标网页以及服务器的反爬机制进行调整代码,甚至修改整个爬虫程序的框架和思路。

可以使用命令 pip install scrapy 直接在线安装,网速较慢可以指定国内源。安装 Scrapy 时会自动安装依赖的所有扩展库,在这些依赖库中 Twisted 比较容易失败,如果失败可以先下载 Twisted 的离线 whl 文件进行安装,然后再重新安装 Scrapy。

4.4.1 XPath选择器与CSS选择器语法及应用

Scrapy 使用自带的 XPath 选择器和 CSS 选择器来选择 HTML 文档中特定部分的内容,XPath 是用来选择 XML 和 HTML 文档中节点的语言,CSS 是为 HTML 文档元素应用层叠样式表的语言,也可以用来选择具有特定样式的 HTML 元素。使用 XPath 选择器和 CSS 选择器解析网页的速度要比 4.3 介绍的 BeautifulSoup 快一些。

开发 Scrapy 爬虫项目时,至少需要创建一个爬虫类,使用数据成员 start_urls 列表表示要爬取的页面地址,在爬虫类中使用成员方法(在爬虫程序中作为回调函数使用,往往也称回调函数)parse() 处理每个页面的数据。爬虫程序读取目标网页成功后,自动调用成员方法 parse(),参数 response 表示服务器返回的响应,response 对象的 selector 属性可以创建相应的选择器对象,然后再调用 xpath() 或 css() 方法获取指定的内容,也可以直接使用 response 对象的 xpath() 和 css() 方法创建选择器对象,然后调用 get() 方法获取第一项结果、调用 getall() 和 extract() 方法获取包含所有结果的列表、调用 re() 和 re_first() 方法使用正则表达式对提取到的内容进行二次筛选（后者只返回第一项结果）。

表 4-3 和表 4-4 分别列出了 XPath 选择器和 CSS 选择器的常用语法。

表 4-3　XPath 选择器的常用语法

语 法 示 例	功 能 说 明
div	选择当前节点的所有 div 子节点（或称 <div> 标签，下同）
/div	选择根节点 div
//div	选择所有 div 节点，包括根节点和子节点
//ul/li	选择所有 ul 节点的子节点 li
//div/@id	选择所有 div 节点的 id 属性
//title/text()	选择所有 title 节点的文本
//div/span[2]	选择 div 节点内部的第 2 个 span 节点，下标从 1 开始
//div/a[last()]	选择 div 节点内部最后一个 a 节点
//div/a[last()-1]	选择 div 节点内部倒数第二个 a 节点
//a[position()>3]	选择每组中第 4 个开始往后的 a 节点
//a[starts-with(@href, "i")]	选择所有 href 属性以 "i" 开头的 a 节点
//a[contains(@href, "image")]	选择所有 href 属性中包含 "image" 的 a 节点
//a[contains(@href, "image") and contains(@href, "4")]	选择所有 href 属性同时包含 "image" 和 "4" 的 a 节点
//td[has-class("redText")]/text()	选择 class="redText" 的 td 节点的文本
//div[has-class("a", "c")]/text()	选择 class 属性中同时包含 "a" 和 "c" 的 div 节点的文本
//@src	选择所有节点的 src 属性
//@*	选择所有节点的任意属性
//img[@src]	选择所有具有 src 属性的 img 节点
//div[@id="images"]	选择所有 id="images" 的 div 节点
//a[text()="下页"]/@href	文本为 "下页" 的链接地址
//a[contains(text(), "下页")]/@href	文本包含 "下页" 的链接地址
//img | //title	选择所有 img 和 title 节点
//br//../img	选择所有 br 节点的父节点下面的 img 子节点
./img	选择当前节点中的所有 img 子节点

表 4-4　CSS 选择器的常用语法

语法示例	功能说明
#images	选择所有 id="images" 的所有节点
.redText	选择所有 class="redText" 的节点
.redText,.blueText	分组选择器，选择所有 class="redText" 或 class="blueText" 的节点
div.redText	选择所有 class="redText" 的 div 节点
ul li	选择所有位于 ul 节点内部的 li 子节点

续表

语法示例	功能说明
ul>li	选择所有位于 ul 节点内的直接子节点 li
base+title	选择紧邻 base 节点后面第一个平级的 title 节点
br~img	选择所有与 br 节点相邻的平级 img 节点
div#images [href]	选择 id="images" 的 div 中所有带有 href 属性的子节点
div:not(#images)	选择所有 id 不等于 "images" 的 div 节点
a:nth-child(3)	选择第 3 个 a 节点
a:nth-child(2n+1)	选择所有第奇数个 a 节点
a:nth-child(2n)	选择所有第偶数个 a 节点
li:last-child	选择每组中最后一个 li 节点
li:first-child	选择每组中第一个 li 节点
[href$=".html"]	选择所有 href 属性以 ".html" 结束的节点
[href^="image"]	选择所有 href 属性以 "image" 开头的节点
a[href*="3"]	选择所有 href 属性中包含 "3" 的 a 节点
a::text	选择所有 a 节点的文本
a::attr(href)	选择所有 a 节点的 href 属性值,与 a::attr("href") 等价

为了演示 XPath 选择器和 CSS 选择器的语法和使用,下面的代码根据 4.1.1 节中的文件 4index.html 内容直接创建了 response 对象,请自行打开文件 4index.html 并对照其中的内容理解下面的代码,其中的选择器用法同样适用于 scrapy 爬虫项目中爬虫类的成员方法 parse() 中的 response 对象的选择器。

```
>>> from scrapy.selector import Selector
>>> with open('4index.html', encoding='utf8') as fp:
    body = fp.read()
>>> selector = Selector(text=body)                          # 直接创建选择器对象
>>> selector.xpath('//title//text()').get()                 # 提取<title>标签的文本
'网页源代码演示'
>>> selector.xpath('//title//text()').extract()             # extract()方法返回列表
['网页源代码演示']
>>> selector.css('title::text').get()                       # 使用CSS选择器
'网页源代码演示'
>>> selector.css('head *::text').getall()
                                                            # 返回<head>标签所有子孙标签中的文本
['\n        ', '\n        ', '网页源代码演示', '\n        ', '\n        ', '\n    ', '\n        ', "\n            //单击按钮时执行的函数\n            function btnClick() {\n                alert('ok');\n            }\n        ", '\n        ', '\n            /*设置段落中文字的字号*/\n            p {\n                font-size: 24px;\n            }\n            .redText{\n                color: red;\n            }\n            table{\n                margin: auto;\n                border-collapse: collapse;\n            }\n        ', '\n    ']
```

```
>>> selector.xpath('//img/text()').get('不存在')         # 指定不存在时返回的默认值
'不存在'
>>> selector.css('div').attrib                           # 查看元素所有属性
{'style': 'text-align: center;'}
>>> selector.xpath('//div').attrib
{'style': 'text-align: center;'}
>>> selector.xpath('//div/@id').get()                    # 提取第一个<div>的id属性值
'yellowDiv'
>>> selector.xpath('//a[1]').get()                       # 提取第一个<a>标签
'<a  href="https://mp.weixin.qq.com/s/u9FeqoBaA3Mr0fPCUMbpqA"  target=
"_blank">Python小屋1000篇历史文章清单</a>'
>>> selector.xpath('//a/text()').get()                   # 返回第一个<a>标签的文本
'Python小屋1000篇历史文章清单'
>>> selector.xpath('//a/text()').getall()
                                                         # 返回全部，getall()等价于extract()
['Python小屋1000篇历史文章清单']
>>> selector.xpath('//a/text()').extract()
                                                         # 返回全部，新版本中不推荐使用extract()了
['Python小屋1000篇历史文章清单']
>>> selector.xpath('//a/@href').extract()                # 提取链接地址
['https://mp.weixin.qq.com/s/u9FeqoBaA3Mr0fPCUMbpqA']
>>> selector.css('a').xpath('@href').getall()
                                                         # XPath和CSS选择器混合使用
['https://mp.weixin.qq.com/s/u9FeqoBaA3Mr0fPCUMbpqA']
>>> selector.css('a::attr(href)').getall()               # 使用CSS选择器
['https://mp.weixin.qq.com/s/u9FeqoBaA3Mr0fPCUMbpqA']
>>> selector.xpath('//a[starts-with(@href, "https")]/text()').getall()
                                                         # starts-with()用于对标签的属性进行约束
                                                         # 要求href属性以字母"https"开始
['Python小屋1000篇历史文章清单']
>>> selector.xpath('//li[last()]/text()').getall()
                                                         # 每组中的最后一个<li>标签的文本
['Python网络程序设计，董付国，清华大学出版社', '玩转Python轻松过二级，董付国，清华大
学出版社', '中学生可以这样学Python（微课版），董付国，清华大学出版社', 'Python程序设计开
发宝典，董付国，清华大学出版社']
>>> selector.css('li:last-child::text').getall()
                                                         # 使用::text提取标签中的文本
['Python网络程序设计，董付国，清华大学出版社', '玩转Python轻松过二级，董付国，清华大
学出版社', '中学生可以这样学Python（微课版），董付国，清华大学出版社', 'Python程序设计开
发宝典，董付国，清华大学出版社']
>>> selector.xpath('//img/@src').getall()                # 提取所有图片地址
['4Python可以这样学.png', 'http://www.tup.tsinghua.edu.cn/upload/
bigbookimg/072406-01.jpg']
```

```
>>> selector.xpath('//a/img/@src').getall()    # 提取标签<a>中<img>的src属性
[]
>>> selector.xpath('//a').xpath('img/@src').getall()
                            # 使用相对路径选择器
                            # xpath()和css()的返回结果是选择器对象列表
                            # 可以继续调用xpath()和css()方法
[]
>>> selector.xpath('//a').xpath('.//img/@src').getall()
                            # 使用相对路径选择器
[]
>>> selector.css('img').xpath('@src').getall()
['4Python可以这样学.png', 'http://www.tup.tsinghua.edu.cn/upload/bigbookimg/072406-01.jpg']
>>> selector.xpath('//div[contains(@style, "background-color")]/p/text()').getall()
                            # contains()用于对元素的属性进行约束
                            # 要求style属性包含字符串"background-color"
['第一段', '第二段']
>>> selector.css('div[id*=red]::attr(id)').getall()
                            # 使用::attr()提取特定属性的值
                            # 所有属性id包含"red"的<div>标签的id属性值
                            # 下一行是等价的写法
['reddiv']
>>> selector.css('div[id*="red"]::attr(id)').getall()
['reddiv']
>>> selector.css('img').attrib['src']       # 返回第一个图片的地址
'4Python可以这样学.png'
>>> selector.css('img::attr(src)').get()    # 使用::attr()提取特定属性的值
'4Python可以这样学.png'
>>> [image.attrib['src'] for image in selector.css('img')]
                            # 返回所有图片的地址，列表推导式语法
['4Python可以这样学.png', 'http://www.tup.tsinghua.edu.cn/upload/bigbookimg/072406-01.jpg']
>>> selector.css('img::attr(src)').getall()
['4Python可以这样学.png', 'http://www.tup.tsinghua.edu.cn/upload/bigbookimg/072406-01.jpg']
>>> selector.xpath('//ol[@type="A"]/li/text()').get()
                            # 提取type属性为"A"的<ol>标签中第一个<li>标签的文本
'Python程序设计基础（第2版），董付国，清华大学出版社'
>>> selector.xpath('//ol[contains(@type, "A")]/li/text()').re(r'(.+?)，董付国')
                            # 使用正则表达式提取信息
['Python程序设计基础（第2版）', '玩转Python轻松过二级']
>>> selector.xpath('//ol[contains(@type, "A")]/li/text()').re_first(r'(.+?)，董付国')
```

```
 'Python程序设计基础（第2版）'
>>> selector.css('title::text,a::text').getall()     # 同时选择多个标签
                                                      # CSS分组选择器语法
['网页源代码演示', 'Python小屋1000篇历史文章清单']
>>> selector.css('title,a').xpath('text()').getall()
['网页源代码演示', 'Python小屋1000篇历史文章清单']
>>> len(selector.css('#books2').xpath('li'))
                         # id="books2"的标签中<li>标签的数量
2
>>> selector.css('div[id="yellowDiv"]>img')          # 父子选择器
                         # img不是id="yellowDiv"的<div>的直接子节点
                         # 所以返回结果为空，没有选择到
[]
>>> selector.css('div>img')      # <img>是另一个<div>的直接子节点
[<Selector xpath='descendant-or-self::div/img' data='<img src="4Python%E5%8
F%AF%E4%BB%A5%E...'>, <Selector xpath='descendant-or-self::div/img' data='<img
src="http://www.tup.tsinghua.edu...'>]
>>> selector.css('div li::text').getall()
                         # 后代选择器，<li>不必须是<div>的直接子节点
                         # 只要是<div>的子节点就行
['Python程序设计（第3版），董付国，清华大学出版社', 'Python程序设计（第2版），董付
国，清华大学出版社', 'Python网络程序设计，董付国，清华大学出版社', 'Python程序设计基础
（第2版），董付国，清华大学出版社', '玩转Python轻松过二级，董付国，清华大学出版社', '中
学生可以这样学Python（微课版），董付国，清华大学出版社', 'Python可以这样学，董付国，清华
大学出版社', 'Python程序设计开发宝典，董付国，清华大学出版社']
>>> selector.css('br+div').attrib['style']
                         # 兄弟且紧邻选择器
                         # 选择与<br>平级的第一个<div>的style属性值
'background-color:#FFFF88;border:#FF0000 1px solid;'
>>> selector.css('[style]').xpath('@style').getall()
                         # 所有具有style属性的标签的style属性值
['text-align: center;', 'color: red;', 'color: green;', 'color: blue;',
'color: black;', 'background-color:#FFFF88;border:#FF0000 1px solid;',
'background-color:red']
>>> selector.css('span[style]').xpath('@style').getall()
                         # 所有具有style属性的<span>标签的style属性值
['color: red;', 'color: green;', 'color: blue;', 'color: black;']
>>> selector.css('span:nth-child(3)').xpath('@style').getall()
                         # 第三个<span>标签的style属性值
['color: blue;']
>>> selector.css('span:nth-child(2n)').xpath('@style').getall()
                         # 第偶数个<span>标签的style属性值
['color: green;', 'color: black;']
>>> selector.css('span:nth-child(2n+1)').xpath('@style').getall()
```

```
                                          # 第奇数个<span>标签的style属性值
['color: red;', 'color: blue;']
>>> selector.css('li[onclick]::text').getall()
                                          # 有onclick属性的<li>标签的文本
['Python程序设计(第3版),董付国,清华大学出版社']
>>> selector.css('ol[id*="ok"]').xpath('@id').getall()
                                          # id属性包含"ok"的<ol>标签的id属性
['books1', 'books2', 'books3', 'books4']
>>> selector.css('ol[id$="4"]').xpath('@id').getall()
                                          # id属性以"4"结束的<ol>标签的id属性
['books4']
>>> selector.css('img[src^="http"]').xpath('@src').getall()
                                          # src属性以"http"开头的<img>标签的src属性
['http://www.tup.tsinghua.edu.cn/upload/bigbookimg/072406-01.jpg']
>>> selector.css('div#yellowDiv [onclick]::text').getall()
               # id为"yellowDiv"的<div>标签中带有onclick属性的标签的文本
['Python程序设计(第3版),董付国,清华大学出版社']
>>> selector.css('.redText::text').getall()
                                          # class="redText"的标签的文本
['第一行第一列']
>>> selector.xpath('//td[has-class("redText")]/text()').getall()
['第一行第一列']
>>> selector.css('td.redText::text').getall()
                                          # class="redText"的<td>标签的文本
['第一行第一列']
>>> selector.css('span[style="color: green;"]+span').getall()
                                          # 紧邻绿色<span>的第一个兄弟<span>
['<span style="color: blue;"><i>蓝色</i></span>']
>>> selector.css('span[style="color: green;"]~span').getall()
                                          # 绿色<span>后面的兄弟<span>
['<span style="color: blue;"><i>蓝色</i></span>', '<span style="color: black;"><u>黑色</u></span>']
>>> selector.css('sup::text').getall()    # 所有上标文本
['3', '3', '3']
```

4.4.2 Scrapy爬虫案例实战

例4-20 编写网络爬虫程序,采集天涯小说"宜昌鬼事"全文并保存为本地记事本文件。为节约篇幅,下面直接给出爬虫程序代码,请自行使用浏览器打开代码中给出的网页URL并查看源代码来理解代码中选择器的含义。把代码保存为文件"4 爬取天涯小说.py",然后切换到命令提示符环境cmd

例4-20 讲解

或PowerShell，执行命令"scrapy runspider 4爬取天涯小说.py"运行爬虫程序，稍等几分钟即可在当前文件夹中得到小说全文的文件result.txt。如果无法正常运行，检查一下扩展库Scrapy是否安装正确，并确保安装了扩展库Scrapy的Python安装路径在系统环境变量Path中。如果本机有多个Python版本，确保Path变量中带Scrapy的Python安装路径在其他版本Python的前面。

```python
from re import sub
from os import remove
import scrapy
from scrapy.utils.url import urljoin_rfc


# 类的名字可以修改，但必须继承scrapy.spiders.Spider类
class MySpider(scrapy.spiders.Spider):
    # 爬虫的名字，每个爬虫必须有不同的名字
    name = 'spiderYichangGuishi'
    # 要爬取的小说首页
    # 运行爬虫程序时，自动请求start_urls列表中指定的页面
    # 如果需要跟踪链接并继续爬取，需要自己提取下一页的链接并创建Response对象
    start_urls = ['http://bbs.tianya.cn/post-16-1126849-1.shtml']

    def __init__(self):
        # 类的构造方法，创建爬虫对象时自动调用
        # 每次运行爬虫程序时，尝试删除之前的文件
        try:
            remove('result.txt')
        except:
            pass

    def parse(self, response):
        # 对start_urls列表中每个要爬取的页面，会自动调用这个方法
        # 13357319是小说作者的天涯账号
        # 遍历作者主动发的所有帖子所在的div节点
        for author_div in response.xpath('//div[@_hostid="13357319"]'):
            # 提取class属性中包含".bbs-content"的节点文本
            # 也就是作者发帖内容
            j =  author_div.css('.bbs-content::text').getall()
            for c in j:
                # 删除空白字符和干扰符号
                c = sub(r'\n|\r|\t|\u3000|\|', '', c.strip())
                # 把提取到的文本追加到文件中
                with open('result.txt', 'a', encoding='utf8') as fp:
                    fp.write(c+'\n')
```

```
# 获取下一页网址并继续爬取
next_url = response.xpath('//a[text()="下页"]/@href').get()
if next_url:
    # 把相对地址转换为绝对地址
    next_url = urljoin_rfc(response.url, next_url).decode()
    # 指定使用parse()方法处理服务器返回的Response对象
    yield scrapy.Request(url=next_url, callback=self.parse)
```

例 4-21　编写网络爬虫程序，采集山东省各城市未来 7 天的天气预报数据。在例 4-20 中演示了只包含单个 Python 程序的简单 Scrapy 爬虫，不适合复杂的大型数据采集任务。对于复杂的爬虫，需要创建一个项目（或称作工程）自动生成大部分文件作为框架，然后像搭积木和填空一样逐步完善相应的文件（也可以根据需要创建必要的新文件）。本例一步一步地演示创建和运行 Scrapy 爬虫工程的完整流程。

例 4-21 讲解

（1）使用浏览器（编写网络爬虫程序前分析网页源代码时建议使用 Chrome 浏览器）打开山东省天气预报首页地址 http://www.weather.com.cn/shandong/index.shtml，查看网页源代码，定位山东省各地市天气预报链接地址，如图 4-7 中矩形框所示（图中左侧数字为浏览器显示的网页源代码行号）。

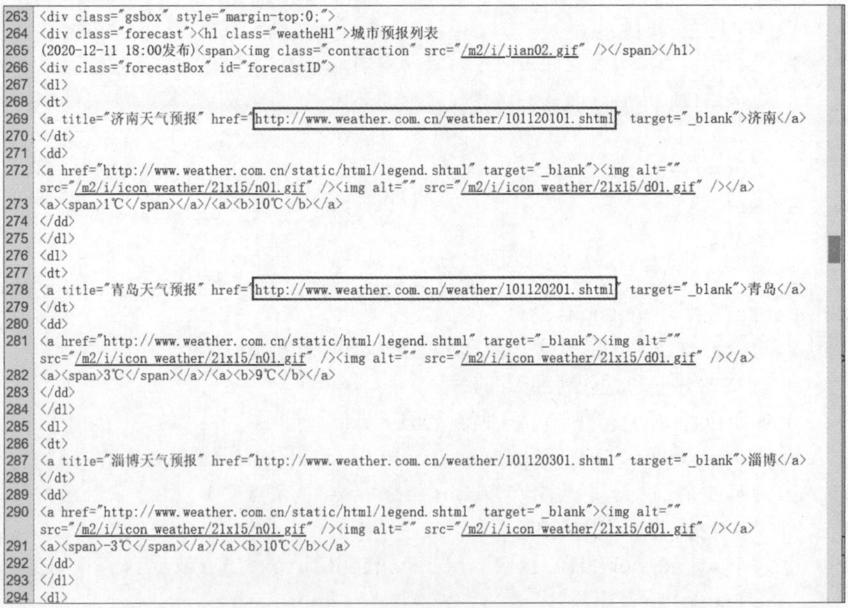

图 4-7　山东省各地市天气预报链接地址

（2）在页面上找到并打开烟台市天气预报链接，查看网页源代码，定位未来 7 天的天气预报数据所在位置，如图 4-8 中矩形框所示，其他各地市的天气预报页面结构与此相同。

```
600  <ul class="t clearfix">
601  <li class="sky skyid lv1 on">
602  <h1>11日（今天）</h1>
603  <big class="png40"></big>
604  <big class="png40 n01"></big>
605  <p title="多云" class="wea">多云</p>
606  <p class="tem">
607  <i>0℃</i>
608  </p>
609  <p class="win">
610  <em>
611  <span title="北风" class="N"></span>
612  </em>
613  <i>3-4级</i>
614  </p>
615  <div class="slid"></div>
616  </li>
617  <li class="sky skyid lv1">
618  <h1>12日（明天）</h1>
619  <big class="png40 d01"></big>
620  <big class="png40 n14"></big>
621  <p title="多云转小雪" class="wea">多云转小雪</p>
622  <p class="tem">
623  <span>9℃</span>/<i>0℃</i>
624  </p>
625  <p class="win">
626  <em>
627  <span title="南风" class="S"></span>
628  <span title="西南风" class="SW"></span>
629  </em>
630  <i>3-4级</i>
631  </p>
632  <div class="slid"></div>
633  </li>
634  <li class="sky skyid lv3">
635  <h1>13日（后天）</h1>
636  <big class="png40 d15"></big>
637  <big class="png40 n14"></big>
638  <p title="中雪转小雪" class="wea">中雪转小雪</p>
```

图 4-8　每个城市的天气预报信息格式

（3）打开命令提示符窗口，切换到工作目录下，执行命令 scrapy startproject sdWeatherSpider 创建爬虫项目，其中 sdWeatherSpider 是爬虫项目的名字，如图 4-9 所示。

```
D:\教学课件\Python网络程序设计\code>scrapy startproject sdWeatherSpider
New Scrapy project 'sdWeatherSpider', using template directory 'c:\python
38\lib\site-packages\scrapy\templates\project', created in:
    D:\教学课件\Python网络程序设计\code\sdWeatherSpider

You can start your first spider with:
    cd sdWeatherSpider
    scrapy genspider example example.com

D:\教学课件\Python网络程序设计\code>
```

图 4-9　创建爬虫项目

按照图 4-9 中执行命令成功后的提示信息，继续执行命令 cd sdWeatherSpider 进入爬虫项目的文件夹，然后执行命令 scrapy genspider everyCityinSD www.weather.com.cn 创建爬虫程序，如图 4-10 所示。

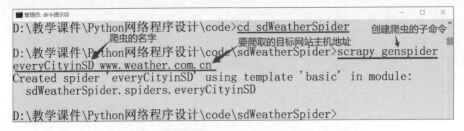

图4-10 进入爬虫项目文件夹并创建爬虫程序

此时已经成功创建了爬虫项目和爬虫程序,可以使用资源管理器查看爬虫项目文件夹的结构,也可以在命令提示符 cmd 或 Powershell 中使用 Windows 的 dir 命令查看,爬虫项目文件夹结构与主要文件功能如图 4-11 所示。完成此操作后不要关闭命令提示符窗口,后面还要使用。

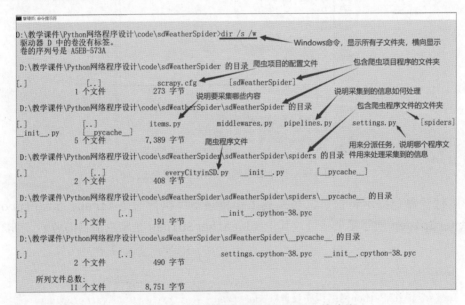

图4-11 爬虫项目文件夹结构与主要文件功能

(4)打开文件 sdWeatherSpider\sdWeatherSpider\items.py,删除其中的 pass 语句,增加下面代码中的最后两行,新增两个数据成员 city 和 weather,指定要采集的信息包括城市名称和天气信息。

```
import scrapy

class SdweatherspiderItem(scrapy.Item):
    # define the fields for your item here like:
    city = scrapy.Field()
    weather = scrapy.Field()
```

(5)打开文件 sdWeatherSpider\sdWeatherSpider\spiders\everyCityinSD.py,

增加代码，实现信息采集的功能。

```python
import scrapy
from os import remove
from sdWeatherSpider.items import SdweatherspiderItem


class EverycityinsdSpider(scrapy.Spider):
    name = 'everyCityinSD'
    allowed_domains = ['www.weather.com.cn']
    # 首页，爬虫开始工作的页面
    start_urls = ['http://www.weather.com.cn/shandong/index.shtml']

    try:
        remove('weather.txt')
    except:
        pass

    def parse(self, response):
        # 获取每个地市的链接地址
        urls = response.css('dt>a[title]::attr(href)').getall()
        for url in urls:
            # 针对每个链接地址发起请求
            # 指定使用parse_city()方法处理服务器返回的Response对象
            yield scrapy.Request(url=url, callback=self.parse_city)

    def parse_city(self, response):
        '''处理每个地市天气预报链接地址的实例方法'''
        # 用来存储采集到的信息的对象
        item = SdweatherspiderItem()
        # 获取城市名称
        city = response.xpath('//div[@class="crumbs fl"]/a[3]/text()')
        item['city'] = city.get()

        # 定位包含天气预报信息的ul节点，其中每个li节点存放一天的天气
        selector = response.xpath('//ul[@class="t clearfix"]')[0]

        weather = []
        # 遍历当前ul节点中的所有li节点，提取每天的天气信息
        for li in selector.xpath('./li'):
            # 提取日期
            date = li.xpath('./h1/text()').get()
            # 云的情况
            cloud = li.xpath('./p[@title]/text()').get()
```

```
                    # 晚上页面中不显示高温
                    high = li.xpath('./p[@class="tem"]/span/text()').get('none')
                    low = li.xpath('./p[@class="tem"]/i/text()').get()
                    wind = li.xpath('./p[@class="win"]/em/span[1]/@title').get()
                    wind += ','+li.xpath('./p[@class="win"]/i/text()').get()
                    weather.append(f'{date}:{cloud},{high}/{low},{wind}')
            item['weather'] = '\n'.join(weather)
            return [item]
```

（6）打开文件 sdWeatherSpider\sdWeatherSpider\pipelines.py，增加代码，把采集到的信息写入本地文本文件 weather.txt 中。

```
class SdweatherspiderPipeline(object):
    def process_item(self, item, spider):
        with open('weather.txt', 'a', encoding='utf8') as fp:
            fp.write(item['city']+'\n')
            fp.write(item['weather']+'\n\n')
        return item
```

（7）打开文件 sdWeatherSpider\sdWeatherSpider\settings.py，找到下面代码中的字典 ITEM_PIPELINES，解除注释并设置值为 1，该操作用来分派任务，指定处理采集到的信息的管道。

```
ITEM_PIPELINES = {
    'sdWeatherSpider.pipelines.SdweatherspiderPipeline':1,
}
```

（8）至此，爬虫项目全部完成。切换到命令提示符窗口，确保当前处于爬虫项目文件夹中，执行命令 scrapy crawl everyCityinSD 运行爬虫项目，观察运行过程，如果运行正常的话会在爬虫项目的文件夹中得到文本文件 weather.txt。如果运行失败，可以仔细阅读运行过程中给出的错误提示，然后检查上面的步骤是否有遗漏或代码是否有错误，修改后重新运行爬虫项目，直到得到正确结果。

（9）多次运行爬虫程序，观察生成的结果文件会发现，每次城市的顺序都不一样。这是因为 Scrapy 对不同页面的请求是异步的，对每个页面返回的数据是并发处理的，不是顺序执行的。如果想保证顺序，有两个常用方法：一是在每个请求之后使用标准库函数 time.sleep() 等待一定时间；二是修改文件 sdWeatherSpider\sdWeatherSpider\settings.py，修改语句 #CONCURRENT_REQUESTS = 32 为 CONCURRENT_REQUESTS = 1，使得每个时刻只处理一个请求。

例 4-22　使用 Scrapy 编写网络爬虫程序，重做例 4-15。本例重点介绍和演示如何使用 Scrapy 的图片下载功能，以及自定义图片文件名的用法。

（1）打开命令提示符窗口，切换至工作文件夹，执行命令 scrapy startproject PythonXiaowuPicture 创建爬虫项目 PythonXiaowuPicture。

（2）继续执行命令 cd PythonXiaowuPicture 和 scrapy genspider pictureSpider mp.weixin.qq.com 创建爬虫程序。

（3）打开 PythonXiaowuPicture/PythonXiaowuPicture/items.py 文件，增加代码，定义要采集的内容。

```
import scrapy

class PythonxiaowupictureItem(scrapy.Item):
    # define the fields for your item here like:
    image_urls = scrapy.Field()
    images = scrapy.Field()
    image_path = scrapy.Field()
```

（4）打开 PythonXiaowuPicture/PythonXiaowuPicture/spiders/pictureSpider.py 文件，增加代码，实现爬虫功能。

```
import scrapy
from PythonXiaowuPicture.items import PythonxiaowupictureItem

class PicturespiderSpider(scrapy.Spider):
    name = 'pictureSpider'
    allowed_domains = ['mp.weixin.qq.com']
    # 要采集的包含图片的公众号"Python小屋"文章页面
    start_urls = ['https://mp.weixin.qq.com/s/68TqrkSWdt921UkiIFErUg']

    def parse(self, response):
        item = PythonxiaowupictureItem()
        # 要下载的图片链接地址，结合网页源代码理解选择器含义
        urls = response.css('section>img::attr(data-src)').getall()
        item['image_urls'] = urls
        return item
```

（5）打开 PythonXiaowuPicture/PythonXiaowuPicture/pipelines.py 文件，增加代码，继承图片下载管道类 ImagesPipeline，实现图片下载和命名。另外，Scrapy 还提供了用于下载文件的管道类 FilesPipeline，用法与 ImagesPipeline 类似，本书不再演示。

```
from scrapy.http import Request
from scrapy.pipelines.images import ImagesPipeline
```

```python
class PythonxiaowupicturePipeline(object):
    def process_item(self, item, spider):
        return item

class PythonXiaowuSavepicturePipeline(ImagesPipeline):
    def get_media_requests(self, item, info):
        # 获取所有图片的链接地址, 也就是item中image_urls列表
        self.image_urls_ = item.get(self.images_urls_field, [])
        return [Request(x) for x in self.image_urls_]

    def file_path(self, request, response=None, info=None):
        # 以当前图片链接地址在所有图片链接地址的列表中的下标命名图片文件
        # 如果不重写这个方法，默认以哈希值命名
        # 如果链接地址最后是网络图片文件名，也可以以basename(request.url)命名
        index = self.image_urls_.index(request.url)
        return f'{index}.jpg'
```

（6）打开 PythonXiaowuPicture/PythonXiaowuPicture/middlewares.py 文件，修改其中 PythonxiaowupictureDownloaderMiddleware 类的 process_request(self, request, spider) 方法，增加代码，自定义头部对抗服务器的 User-Agent 检查和防盗链检查。

```python
    def process_request(self, request, spider):
        request.headers['User-Agent'] = 'Chrome/Edge/IE'
        request.headers['Referer'] = request.url
        return None
```

（7）打开 PythonXiaowuPicture/PythonXiaowuPicture/settings.py 文件，重点修改下面几处代码，设置不遵守服务器端 robots.txt 文件定义的规则、启用下载中间件、启用自定义的管道 PythonXiaowuSavepicturePipeline、设置图片文件保存位置以及预期图片的最小尺寸。

```python
ROBOTSTXT_OBEY = False

DOWNLOADER_MIDDLEWARES = {
    'PythonXiaowuPicture.middlewares.PythonxiaowupictureDownloaderMiddleware': 1,
}

ITEM_PIPELINES = {
    'PythonXiaowuPicture.pipelines.PythonXiaowuSavepicturePipeline': 1,
    'PythonXiaowuPicture.pipelines.PythonxiaowupicturePipeline': 300,
}
```

```
# 下载的图片保存位置
IMAGES_STORE =r'.\image'
# 小于指定尺寸的图像将被忽略，不下载
# 可以修改数值后重新运行爬虫项目，比较修改前后的结果
IMAGES_MIN_HEIGHT = 500
IMAGES_MIN_WIDTH = 900
```

（8）至此，爬虫项目全部完成。切换到命令提示符环境，确保当前处于爬虫项目文件夹中，执行命令 scrapy crawl pictureSpider 运行爬虫项目。观察运行过程中的提示信息，如果遇到错误，检查前面的步骤是否有遗漏或代码是否有抄写错误，修改后重新运行，直至运行成功，程序自动在爬虫项目文件夹中创建子文件夹 image 并把下载的图片文件保存到 image 子文件夹中，每个图片以数字编号命名。

4.5 使用扩展库Selenium和MechanicalSoup编写网络爬虫程序

Selenium 是一个用于 Web 应用程序自动化测试的工具，支持 Chrome、Firefox、Safari 等主流有界面浏览器和 phantomJS 无界面浏览器。Selenium 直接驱动浏览器并调用浏览器本身的功能，支持与 HTML 元素交互，支持表单填写和提交，支持 JavaScript，可以非常逼真地模拟用户在浏览器界面上的操作。Mechanicalsoup 也是一款非常成熟的爬虫扩展库，功能与 selenium 类似，但不支持 JavaScript。

Selenium 支持 8 种定位页面上元素的方式，分别为用于选择单个元素的 find_element_by_id()（根据元素的 id 属性定位）、find_element_by_name()（根据元素的 name 属性定位）、find_element_by_xpath()（使用 XPath 选择器语法定位）、find_element_by_link_text()（根据完整的链接文本定位）、find_element_by_partial_link_text()（根据部分链接文本定位）、find_element_by_tag_name()（根据标签名定位）、find_element_by_class_name()（根据类名定位，也就是 class 属性）、find_element_by_css_selector()（根据 CSS 选择器语法定位），以及对应的选择多个元素的复数形式 find_elements_* 方法。

另外，Selenium 还提供了可以操控浏览器的方法 set_window_size()（设置窗口大小）、maximize_window()（最大化窗口）、back()（后退到浏览历史的上一个页面）、forward()（前进到浏览历史的下一个页面）、refresh()（刷新）和属性 current_url（当前正在浏览的页面 URL）、title（窗口标题）、name（浏览器名称）。使用上面介绍的 8 种定位方式选择到的页面元素支持 clear()（清除文本）、send_keys(value)（模拟输入内容）、click()（模拟鼠标单击操作）、submit()（提交表单）、get_attribute(name)（获取元素指定属性的值）、is_displayed()（测试元素是否可见）、is_selected()（测试是否处于选中状态）、is_enabled()（测试是否处于启用状态）、size（返回元素的尺

寸）、text（返回元素的文本）等方法和属性。还通过 selenium.webdriver.common.action_chains.ActionChains 类提供了click()、click_and_hold()、context_click()、double_click()、drag_and_drop()、drag_and_drop_by_offset()、key_down()、key_up()、move_by_offset()、move_to_element()、move_to_element_with_offset()、pause()、perform()、release()、reset_actions()、send_keys()、send_keys_to_element() 等大量支持鼠标与键盘事件的方法。

限于篇幅，本节直接通过案例演示 Selenium 和 MechanicalSoup 在编写网络爬虫方面的应用，不再详细介绍它们的基本用法，请自行查阅资料或帮助文档。

例 4-23　编写网络爬虫程序，借助于百度爬取与"Python 小屋"密切相关的文章。

例 4-23 讲解

（1）打开 Chrome 浏览器，在地址栏输入 chrome://version/，查看浏览器的版本号，如图 4-12 所示。

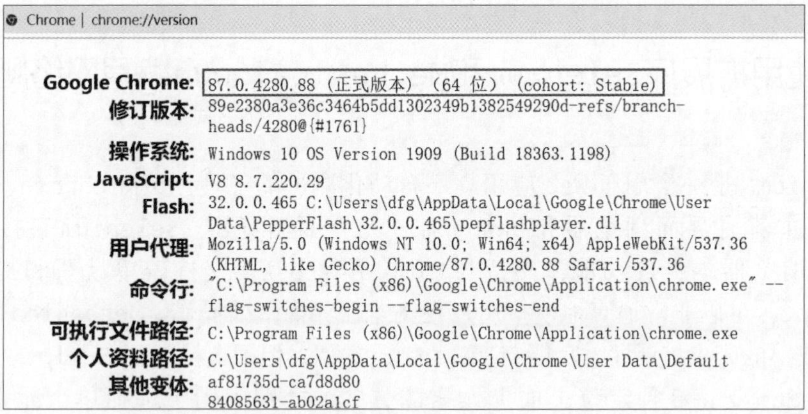

图 4-12　查看 Chrome 浏览器的版本号

（2）打开网址 http://chromedriver.storage.googleapis.com/index.html，找到与本机浏览器版本号一致的文件夹，下载 Windows 版本的浏览器驱动程序，如图 4-13 所示。解压缩下载的文件，把得到的文件 chromedriver.exe 复制到 Python 安装目录中，例如 C:\Python38。

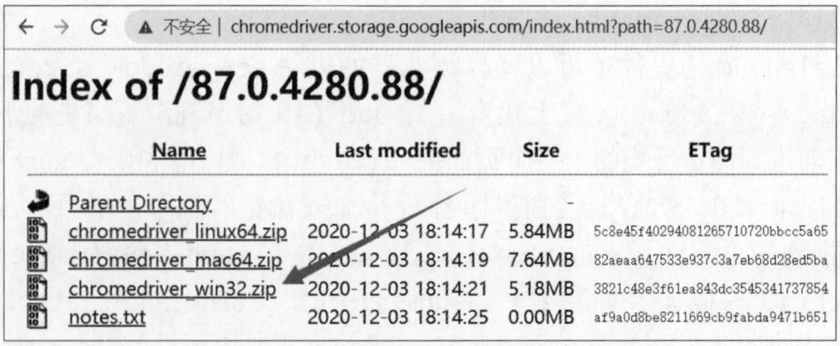

图 4-13　下载 Chrome 浏览器驱动程序

（3）打开命令提示符窗口，进入 Python 安装目录中的 `scripts` 文件夹，执行命令 `pip install selenium mechanicalsoup` 安装扩展库 Selenium 和 MechanicalSoup。

（4）编写代码，使用 Chrome 浏览器分别打开百度首页和微信公众号 "Python 小屋"维护的历史文章清单 https://mp.weixin.qq.com/s/u9FeqoBaA3Mr0fPCUMbpqA，查看网页源代码，帮助理解代码中正则表达式的功能。

```python
from time import sleep
from re import findall, sub
from urllib.request import urlopen
import mechanicalsoup
from selenium import webdriver

# 记录爬取了多少个密切相关的链接
total = 1

def getTitles():
    '''获取微信公众号"Python小屋"历史文章标题'''
    url = r'https://mp.weixin.qq.com/s/u9FeqoBaA3Mr0fPCUMbpqA'
    with urlopen(url) as fp:
        content = fp.read().decode('utf8')
    pattern = r'<p>.*?<a href=".*?" .*?data-linktype="2">(.+?)</a>'
    titles = findall(pattern, content)
    # 过滤标题中可能存在的span代码，只保留纯文本
    return [sub(r'</?span.*?>', '', item) for item in titles]

# 与微信公众号里的文章标题进行比对，如果非常相似就返回True
def check(text):
    for article in titles:
        # 这里使用切片，是因为有的网站在转发公众号文章时标题不完整
        # 例如把 "使用Python+pillow绘制矩阵盖尔圆" 的前两个字 "使用" 给漏掉了
        if article[2:-2].lower() in text.lower():
            return True
    return False

def getLinks():
    global total
    # 查找当前页面上所有的链接
    for link in browser.get_current_page().select('a'):
        # 链接的文本
        text = link.text
        # 只输出密切相关的链接
        if check(text):
            #链接地址
```

```python
            url = link.attrs['href']
            if not url.startswith(r'http://www.baidu.com/link?'):
                continue
            try:
                # 模拟使用Chrome浏览器打开链接,获取真实URL
                chrome.get(url)
                # 有的网站设置为登录之后才能访问站内网页,忽略这样的网站
                if 'login' not in chrome.current_url:
                    url = chrome.current_url
                    print(total, ':', link.text, '-->', url)
                    total = total+1
            except:
                continue

def main():
    currentPageNum = 1
    while True:
        # 查找下一页链接地址
        for link in browser.get_current_page().select('a'):
            if link.text == str(currentPageNum+1):
                nextPageUrl = r'http://www.baidu.com' + link.attrs['href']
                break
        # 打开下一页,控制尝试次数,超过3次不成功,认为已结束
        tryTimes = 1
        while True:
            try:
                browser.open(nextPageUrl)
                break
            except:
                # 超过3次不成功,认为已结束
                if tryTimes > 3:
                    print('已超过3次访问下一页失败,程序结束。')
                    return
                print('访问下一页失败,5秒钟后重试。')
                tryTimes = tryTimes + 1
                sleep(5)
        getLinks()
        currentPageNum = currentPageNum+1

# 模拟打开百度首页,模拟输入并提交关键字
browser = mechanicalsoup.StatefulBrowser()
browser.open(r'http://www.baidu.com')
```

```
browser.select_form('#form')
browser['wd'] = 'Python小屋'
browser.submit_selected()

# 创建Chrome浏览器对象
options=webdriver.ChromeOptions()
# 添加无头参数
options.add_argument('--headless')
options.add_argument('--disable-gpu')
options.add_argument('--no-sandbox')
options.add_argument('lang=zh_CN.UTF-8')
# 允许不安全的证书
options.add_argument('--allow-running-insecure-content')
# 忽略认证错误信息
options.add_argument('--ignore-certificate-errors')
options.add_argument("user-agent='Mozilla/5.0 (Windows NT 10.0; Win64; x64)'"
                    ' AppleWebKit/537.36 (KHTML, like Gecko)'
                    "' Chrome/70.0.3538.77 Safari/537.36'")
chrome = webdriver.Chrome(options=options)

titles = getTitles()
main()
chrome.quit()
```

（5）运行上面的程序并观察结果。

例 4-24　编写网络爬虫程序，使用 Python+selenium 操控 Chrome 浏览器，实现百度搜索自动化。

```
from time import sleep
from selenium import webdriver
from selenium.webdriver.support.select import Select

# 启动浏览器
driver = webdriver.Chrome()
driver.implicitly_wait(30)
# 最大化窗口
driver.maximize_window()
# 打开指定URL
driver.get('http://www.baidu.com')
sleep(2)
```

```python
# 模拟输入关键字
driver.find_element_by_name('wd').send_keys('董付国 Python小屋')
# 模拟单击"百度一下"按钮
driver.find_element_by_id('su').click()

# 连续爬取20页
for page in range(1, 21):
    # 查找页面上所有搜索结果的链接
    xpath_selector = ('//div[contains(@class,"result") and'
                      + ' contains(@class,"c-container") and'
                      + ' contains(@class,"new-pmd")]/h3/a')
    result = driver.find_elements_by_xpath(xpath_selector)
    # 获取链接的文本和链接地址
    links = [(link.text,link.get_attribute('href')) for link in result]
    # 下一页链接地址在class="n"的<a>中，注意上一页和下一页的<a>都是class="n"
    next_url = (driver.find_elements_by_css_selector('a.n')[-1]
                .get_attribute('href'))
    # "上一页"的链接地址最后是rsv_page=-1
    # "下一页"的链接地址最后是rsv_page=1
    # 第一页没有"上一页"，最后一页没有"下一页"
    # 如果已经到达最后一页，结束循环
    if next_url.endswith('rsv_page=-1'):
        break

    print(f'第{page}页搜索结果：')
    # 模拟打开每个链接，获取真实地址
    for text, href in links:
        driver.get(href)
        url = driver.current_url
        print(text, url, sep=':')

    # 进入搜索结果下一页
    driver.get(next_url)

# 关闭浏览器
driver.quit()
```

运行程序，会自动打开 Chrome 浏览器并自动打开百度搜索引擎，自动输入关键字，然后提取并输出每个搜索结果的文本和链接地址。使用这种方式打开浏览器时，窗口上会显示浏览器正被软件控制，如图 4-14 所示。

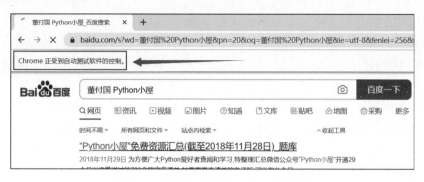

图 4-14　使用程序操控 Chrome 浏览器

本章知识要点

（1）HTML 标签用来描述和确定页面上内容的布局，标签名本身不区分大小写。

（2）在动态网页中，用户提交参数，然后服务器根据具体的参数值来获取相应的资源或进行必要的计算，把结果反馈给客户端，最后客户端浏览器进行渲染并显示。参数提交方式有 OPTIONS、GET、HEAD、POST、PUT、DELETE、TRACE、CONNECT，其中 GET 和 POST 使用最多，在网页源代码中通过 `<form>` 标签的 method 属性来设置，另外还需要通过参数 action 设置用来接收并处理参数的程序文件路径。

（3）Python 3.x 标准库 urllib 提供了 urllib.request、urllib.response、urllib.parse、urllib.error 和 urllib.robotparser 五个模块，很好地支持了网页内容读取所需要的功能。结合 Python 字符串方法和正则表达式，必要的时候再结合多线程/多进程编程技术，可以完成采集网页内容的工作，也是理解和使用其他爬虫库的基础。

（4）Python 标准库 urllib.request 中的 urlopen() 函数可以用来打开一个指定的 URL 或 Request 对象，打开成功之后，可以像读取文件内容一样使用 read() 方法读取网页源代码。要注意的是，读取到的是二进制数据，需要使用 decode() 方法进行正确的解码得到字符串，再提取其中的内容。

（5）用户在客户端向服务器请求资源时，会携带一些客户端的信息（例如操作系统、IP 地址、浏览器版本、从何处发出的请求等），服务器在响应和处理请求之前会对客户端信息进行检查，如果不符合要求就会拒绝提供资源，这也是常用的反爬机制。另外，服务器也可以检查同一个客户端发来请求的频繁程度，如果过于密集也认为是爬虫程序在采集数据，然后拒绝。

（6）如果 URL 中包含中文、空格或其他特殊字符，需要使用标准库模块 urllib.parse 中的函数进行处理。

（7）正则表达式由元字符及其不同组合来构成，通过巧妙地构造一类规则匹配符合该规则的字符串，完成查找、替换、分隔等复杂的字符串处理任务。

（8）在编写爬虫程序时至少需要考虑以下几个方面的内容：①是否涉及著作权及机

密；②采集的信息中是否包含个人隐私或商业机密；③对方是否同意或授权采集这些信息；④对方是否同意公开或授权转载这些信息，不可擅作主张转载到自己的平台；⑤采集到的信息如何使用，公开展示时是否需要脱敏处理，是否用于营利；⑥网络爬虫程序运行时是否会对对方服务器造成伤害，例如拖垮死机、影响正常业务。

（9）使用标准库 urllib 和 re 编写网络爬虫对程序员要求比较高，并且容易出错，尤其是正则表达式的编写要求非常严格，有时候多一个或者少一个空格都会导致运行结果不正确。扩展库 Requests 使得获取网页源代码的代码更加简单，扩展库 bs4 解析网页源代码也比正则表达式简单很多。

（10）BeautifulSoup 是一个非常优秀的 Python 扩展库，可以用来从 HTML 或 XML 文件中提取感兴趣的数据，允许使用不同的解析器，可以节约程序员大量的宝贵时间。另外，使用 BeautifulSoup 从网页源代码中提取信息不需要对正则表达式有太多了解，降低了对程序员的要求。

（11）Scrapy 是一套基于 Twisted 的异步处理框架，是纯 python 实现的开源爬虫框架，支持使用 XPath 选择器和 CSS 选择器从网页上快速提取指定的内容，用户只需要定制开发几个模块就可以轻松的开发一个爬虫程序，使用非常简单。

（12）Selenium 是一个用于 Web 应用程序自动化测试的工具，支持 Chrome、Firefox、Safari 等主流界面浏览器和 phantomJS 无界面浏览器。Selenium 测试直接运行在浏览器中，支持与 HTML 元素交互，支持表单填写和提交，支持 JavaScript，可以非常逼真地模拟用户在浏览器界面上的操作。Mechanicalsoup 也是一款非常成熟的爬虫扩展库，功能与 selenium 类似，但不支持 JavaScript。

习 题

一、选择题

1．在网页源代码中，用来定义表格中单元格的标签是（　　）。

  A．<table> B．<tr>   C．<td>   D．<cell>

2．使用标准库函数 urllib.request.urlopen(url) 成功打开 url 指定的页面后，返回的对象可以支持使用 read() 方法获取（　　）形式的内容。

  A．字符串 B．字节串 C．csv 格式 D．json 格式

3．正则表达式模块 re 中能够使得圆点可以匹配包括换行符在内的任意字符的标志是（　　）。

  A．M   B．S   C．U   D．I

4．使用 Scrapy 的 XPath 选择器时，下面（　　）可以用来选择当前节点下面的所有 div 节点。

  A．div   B．//div   C．/div   D．.div

5. 已知 text = '<p>A</p><p>B</p>',已导入 scrapy,并且 selector = scrapy.Selector(text=text),下面表达式的值不为 'B' 的是（　　）。

　　A. selector.css('p:last-child::text').get()
　　B. selector.css('p:nth-child(1)::text').get()
　　C. selector.css('p:nth-child(2)::text').get()
　　D. selector.css('p:nth-child(2n)::text').get()

6. 已知 text = '<p>A</p><p>B</p>',已导入 scrapy,并且 selector = scrapy.Selector(text=text),下面表达式的值不为 'B' 的是（　　）。

　　A. selector.xpath('//p[2]/text()').get()
　　B. selector.xpath('//p[last()]/text()').get()
　　C. selector.xpath('//p[position()=2]/text()').get()
　　D. selector.xpath('//p[position()>0]/text()').get()

7. 使用 Scrapy 编写网络爬虫项目时,如果想修改同时处理请求的数量,需要修改爬虫项目中 settings.py 中的（　　）变量的值。

　　A. BOT_NAME　　　　　　　　B. ITEM_PIPELINES
　　C. ROBOTSTXT_OBEY　　　　D. CONCURRENT_REQUESTS

二、判断题

1. 在网页源代码中,<html> 和 </html> 是一个 HTML 文档的最外层标签,分别用来限定文档的开始和结束,告知浏览器自己是一个 HTML 文档。

2. 在网页源代码中,<p> 标签不会直接出现在 <body> 标签中,一定会出现在 <div> 标签中。

3. 在同一个网页中,不同标签的 id 属性必须是唯一的,互不相同。

4. 在网页源代码中,<p> 标签用来定义段落,如果同一个段落内有不同格式的文本,可以使用 <span>、<strike>、<strong>、<i>、<u>、<sub> 类似的标签来修饰和定义。

5. 在网页源代码中,<a> 标签的属性 target="_blank" 表示单击链接时在新的浏览器窗口中打开。

6. 如果一个 URL 是 https://www.baidu.com/s?wd=%E8%91%A3%E4%BB%98%E5%9B%BD,那么基本可以断定该页面使用 GET 方式提交参数。

7. 对于保存任意网页地址的变量 url,导入标准库 urllib 之后执行语句 with urllib.request.urlopen(url) as fp: content = fp.read().decode() 总能成功获取网页源代码。

8. 如果服务器发现一个请求不是浏览器发出的（这时头部信息的 User-Agent 字段会带着 Python 的字样或者是空的）或者不是从资源所在的网站内部发起的,可能会拒绝提供资源,爬虫程序运行时会提示 HTTP Error 403 错误、HTTP Error 502 错误或 Remote end closed connection without response。

9. 在使用 urllib.request.Request 类请求访问页面时,使用参数 headers 自定义头部只能提供 User-Agent 字段假装自己是浏览器,没有别的用途了。

10. 标准库函数 re.findall(pattern, string, flags=0) 列出字符串 string 中所有能够匹配模式 pattern 的子串，返回包含所有匹配结果字符串的列表。如果参数 pattern 中包含子模式，返回的列表中只包含子模式匹配到的内容。

11. 在使用标准库 urllib 编写网络爬虫程序，通过参数 headers 自定义头部模拟浏览器时，例如 headers = {'User-Agent': 'Chrome/70.0.3538.110 Safari/537.36'}，其中的 'User-Agent' 严格区分大小写，不能写作 'user-agent'。

12. 编写网络爬虫程序时，为了避免爬取速度太快被服务器拒绝，可以在程序中适当位置使用标准库函数 time.sleep() 暂停一定时间降低爬取速度。

13. 使用标准库对象 urllib.request.Request 请求网络文件时，如果自定义头部为 headers = {'Range':'bytes=0-0'}，可以用于获取网络文件总大小。

14. 使用扩展库 Requests 的 get() 函数获取指定 URL 时，如果返回的 Response 对象的属性 status_code 值为 200，表示访问成功。

15. 使用扩展库 Requests 的 get() 函数成功访问指定的网络文件并返回 Response 对象后，把 Response 对象的 text 属性内容写入本地以 'wb' 模式打开的文件对象中，即可实现网络文件的下载。

16. 在编写网络爬虫程序时，如果获取到的网页源代码不标准，例如某些标签不闭合，就没有办法提取想要的信息了，只能放弃这个页面。

17. 使用 Python 扩展库 Scrapy 编写网络爬虫程序时，根据 response 对象创建的选择器对象的 getall() 返回列表，即使提取结果只有一项。

18. Python 扩展库 Scrapy 的 XPath 选择器语法中，'/div' 只能选择根节点 div，无法选择嵌套在内层的 div 节点。

19. Python 扩展库 Scrapy 的 XPath 选择器语法中，'//div' 只能选择根节点 div，无法选择嵌套在内层的 div 节点。

20. Python 扩展库 Scrapy 的 XPath 选择器语法中，'//div/@id' 可以选择所有 div 节点的 id 属性。

21. Python 扩展库 Scrapy 的 XPath 选择器语法中，'//title/text()' 可以选择所有 title 节点的文本。

22. Python 扩展库 Scrapy 的 XPath 选择器语法中，'//div/span[2]' 可以选择 div 节点中的第 3 个 span 节点，因为下标是从 0 开始的。

23. Python 扩展库 Scrapy 的 XPath 选择器语法中，'//div/a[last()]' 可以选择 div 节点内部的最后一个 a 节点。

24. Python 扩展库 Scrapy 的 CSS 选择器语法中，'ul>li' 只能选择 ul 节点中的第一个 li 节点。

25. Python 扩展库 Scrapy 的 CSS 选择器语法中，'[href$=".html"]' 可以选择所有 href 属性以 ".html" 结束的节点。

26. 使用 Python 扩展库 Scrapy 编写网络爬虫时，必须创建爬虫项目，不能只编写一个爬虫程序文件。

三、填空题

1. 在网页源代码中，<form> 和 </form> 标签用来创建供用户输入内容的表单，可以用来包含按钮、文本框、密码输入框、单选按钮、复选框、下拉列表、颜色选择框、日期选择框等组件，使用 action 属性指定用户提交数据时执行的代码文件路径，使用 _____ 属性指定用户提交数据的方式。

2. 在网页源代码中，<a> 标签的 _____ 属性用来定义超链接的跳转地址。

3. Python 标准库 urllib.request 中的 _____ 函数可以用来打开一个指定的 URL 或 Request 对象，打开成功之后，可以像读取文件内容一样使用 read() 方法读取网页源代码。

4. 在使用 urllib.request.Request 类请求访问页面时，可以使用 _____ 参数来自定义头部信息，可用于对抗服务器检查请求对象头部信息并拒绝为爬虫程序提供信息的简单反爬机制。

5. 已知 text = 'a12,b3cc4d3.14e9.8fgh'，且已导入模块 re，那么表达式 sum(map(float, re.sub('[^\d\.]', ' ', text).split())) 的结果为_____。

6. 已知 text = 'a12,b3cc4d3.14e9.8fgh'，且已导入模块 re，那么表达式 sum(map(float, re.findall('\d+', text))) 的值为_____。

7. 已知 p = r'C:\Windows\notepad.exe'，且已导入标准库 os.path，那么表达式 os.path.basename(p) 的值为_____。

8. 使用标准库对象 urllib.request.Request 请求网络文件时，如果需要指定请求资源字节范围，可以自定义头部并指定_____字段（单词首字母大写，其余小写）。

9. 已知 page_content = '{"press": "清华大学出版社", "author": "董付国", "bookname": "Python 网络程序设计 "}'，且已导入标准库 json，那么表达式 json.loads(page_content).get('press') 的值为_____。

10. 已知 rel_url = '2020121201.jpg' 和 start_url = r'http://www.cae.cn/cae/html/main/col48/column_48_1.html'，且已导入标准库 urllib.parse 和 os.path，那么表达式 os.path.basename(urllib.parse.urljoin(start_url, rel_url)) 的值为_____。

11. 使用扩展库 Requests 的函数 get() 成功访问指定 URL 后返回的 Response 对象，可以通过 Response 对象的_____属性来查看字节串形式的网页源代码。

12. Python 扩展库 Scrapy 的子命令_____用来创建爬虫项目。

13. Python 扩展库 Scrapy 的子命令_____用来运行爬虫项目。

14. Python 扩展库 Scrapy 的子命令_____用来运行单个爬虫程序文件。

15. 在 Scrapy 爬虫程序中，爬虫类的数据成员_____用来指定要爬取的页面 URL，必须为列表，即使只有一个页面 URL。

四、编程题

1. 修改本章例 4-11 代码，实现网络断开又重新联网之后能够自动重传文件，直到文件全部下载完成。

2．修改本章例 4-16 代码，只采集 2020 年 1 月 1 日之后的新闻，之前日期的新闻不再采集。

3．修改本章例 4-21 采集山东省各地市 7 天天气预报信息的案例代码，改为采集各地市 8~15 天的天气预报信息。

4．修改本章例 4-24 的代码，取消 20 页的最大限制，改为采集和输出所有搜索结果。

5．修改本章例 4-20 的代码，优化写入文本文件的部分。

五、简答题

1．在例 4-12 代码中，如果不为每个线程／进程下载的不完整文件设置编号，会对结果有什么影响？

2．简单描述动态网站提交参数的 GET 和 POST 方式的区别。

3．简单描述常见的反爬机制和对抗方法。

第 5 章

电子邮件客户端编程

▲ **本章学习目标**

（1）熟练掌握标准库 email 构造和解析电子邮件的用法。
（2）了解 SMTP、MIME、POP3、IMAP4 协议的基本工作原理。
（3）熟练掌握标准库 smtplib 使用 SMTP 协议发送邮件的用法。
（4）熟练掌握标准库 poplib 使用 POP3 协议接收电子邮件的用法。
（5）熟练掌握标准库 imaplib 使用 IMAP4 协议接收和处理电子邮件的用法。

5.1 构造和解析电子邮件实战

即使是在 QQ、微信等各种即时通信软件已经成为主流应用的现在，电子邮件（E-mail）仍是一种重要的互联网应用，尤其是与工作相关的场景。

电子邮件发送后暂存于服务器中，收件人可在任意时间接收和处理。电子邮件由信封（envelope）和内容（content）两部分组成，信封主要为电子邮件传输程序提供地址信息，与现实世界中邮局投递邮件的过程类似。

5.1.1 标准库email常用函数

本节重点演示如何使用 Python 标准库 email 创建和解析电子邮件对象，后面几节通过实战案例演示如何使用 smtplib、poplib、imaplib 等标准库发送、接收和处理电子邮件，相关协议的原理和细节请参考《计算机网络》之类的书籍或官方文档。

Python 标准库 email 提供了构造和解析电子邮件所需要的全部功能，电子邮件对象是一个树状结构，其中每个节点都提供了 MIME（Multipurpose Internet Mail Extensions）接口。标准库 email 顶层函数（可以通过 email 直接调用的函数）message_from_bytes()、message_from_string()、message_from_file()、message_from_binary_file() 可以根据字符串、字节串或文件的内容快速创建 EmailMessage 电子邮件对象，也可以使用模块 email.message 中的 Message、MIMEPart 和 EmailMessage 类手工创建电子邮件对象（MIMEPart 是 Message 的派生类，EmailMessage 是 MIMEPart 的派生类，重写了 set_content() 方法用来设置属性 'MIME-Version'，MIMEPart 作为子部件不需要有自己的 'MIME-Version' 头部信息）。另外，模块 email.parser 中提供了解析电子邮件对象序列化结果字节串和字符串并还原为树状结构 EmailMessage 对象的接口，模块 email.generator 中提供了把 EmailMessage 对象序列化为字节串或字符串并直接写入文件的接口，模块 email.iterators 中提供了用来迭代 EmailMessage 对象内容的接口，模块 email.policy 定义了解析和序列化电子邮件对象的几种不同行为，模块 email.utils 中提供了 localtime()、make_msgid()、quote()、parsedate()、parsedate_to_datetime()、formatdate()、format_datetime() 等常用函数。

5.1.2 电子邮件对象常用方法和属性

标准库 email 及其子模块的核心是电子邮件类 EmailMessage，其主要方法和属性如表 5-1 所示。完整列清单可以创建 EmailMessage 对象之后使用内置函数 dir() 查看，或者阅读官方文档，也可以阅读模块 email.message 的源文件，该文件位于 Python 安装目录中的 Lib\email\message.py，在同一个文件夹中的很多其他模块源文件也建议阅读一下。EmailMessage 对象的头部类似于 Python 字典，除了表 5-1 中列表的方法，还支持 keys()、values()、items() 方法。

表 5-1　EmailMessage 对象的常用方法和属性

方法或属性	功能简介
__getitem__(name)	用来支持下标运算，返回头部中特定的"键"对应的"值"，功能等价于 get() 方法。如果有多个"键"与参数 name 同名，get() 方法只返回第一个"值"，建议使用 get_all(name) 方法返回所有的"值"
__len__()	支持内置函数 len()，返回头部元素的数量。邮件头部类似于 Python 的字典对象，但是"键"允许重复
__setitem__(name, val)	用来支持下标运算，设置头部中特定的"键"对应的"值"
add_alternative(*args, **kw)	必要时自动创建一个 multipart/alternative 邮件对象，把所有参数传递给该对象的 set_content() 方法，然后使用 attach() 方法添加到当前邮件的 multipart。该方法常用来实现纯文本和超文本共存于邮件体，当客户端无法显示超文本时，显示纯文本内容
add_attachment(*args, **kw)	必要时自动创建一个 multipart/mixed 邮件对象，把所有参数传递给新对象的 set_content() 方法，然后使用 attach() 方法添加到当前邮件的 multipart。常用于给邮件添加附件
add_header(_name, _value, **_params)	类似于 __setitem__() 方法，但支持以关键参数形式提供附加的头部参数。例如，支持 add_header('content-disposition', 'attachment', filename='bud.gif') 或 add_header('content-disposition', 'attachment', filename=('utf-8', '', 董付国教学课件.ppt')) 这样的用法
add_related(*args, **kw)	必要时自动创建一个 multipart/related 邮件对象，把所有参数传递给新邮件对象的 set_content() 方法，并使用 attach() 方法添加到当前邮件的 multipart。常用来添加邮件体中的内嵌资源
as_bytes(unixfrom=False, policy=None)	把整个电子邮件对象转换为字节串
as_string(unixfrom=False, maxheaderlen=None, policy=None)	把整个电子邮件对象转换为字符串
del_param(param, header='content-type', requote=True)	从 Content-Type 头部中删除指定的参数
epilogue	实例属性，表示最后一个边界字符串到邮件结束之前的文本

续表

方法或属性	功能简介
get(name, failobj=None)	返回头部中 name 字段的"值",不存在时返回参数 failobj 的值
get_all(name, failobj=None)	返回头部中 name 字段所有的"值"组成的列表
get_body(preferenceli=('related', 'html', 'plain'))	返回邮件体中最佳匹配的 MIMEPart 对象,按参数 preferencelist 指定的顺序进行搜索
get_boundary(failobj=None)	返回电子邮件 Content-Type 头部中参数 boundary 的值
get_content(*args, content_manager=None, **kw)	获取邮件体内容
get_content_charset(failobj=None)	返回 Content-Type 头部中参数 charset 的值
get_content_disposition()	返回电子邮件的 content-disposition 头部,可能的值有 'inline'、'attachment' 或 None
get_content_type()	返回邮件对象的内容类型,返回 'maintype/subtype' 形式的字符串。另外,也可以直接使用 get_content_maintype() 和 get_content_subtype() 分别返回 maintype 和 subtype
get_filename(failobj=None)	返回电子邮件 Content-Disposition 头部中参数 filename 的值,如果不存在就返回 Content-Type 头部中参数 name 的值,如果都不存在就返回参数 failobj 的值(默认为 None)
is_attachment()	如果电子邮存在 Content-Disposition 头部且值为 'attachment' 就返回 True,否则返回 False
is_multipart()	如果当前对象包含其他的 EmailMessage 子部件就返回 True,否则返回 False
iter_attachments()	遍历电子邮件中所有直接子部件中的附件,跳过每个 text/plain、text/html、multipart/related 或 multipart/alternative 的首次出现(除非通过 Content-Disposition:attachment 明确标记为附件),当作用于 multipart/related 部件时返回除根部件之外的其他所有 related 部件,返回迭代器对象
iter_parts()	返回包含邮件所有直接子部件的迭代器对象
preamble	实例属性,表示邮件头部后面的空行与第一个 multipart 边界字符串之间的文本
replace_header(_name, _value)	替换头部中第一个"键"为 _name 的元素对应的"值"为 _value,保持原来的头部元素顺序和大小写
set_boundary(boundary)	设置电子邮件 Content-Type 头部中参数 boundary 的值
set_content(*args, **kw)	设置邮件体内容

续表

方法或属性	功能简介

set_param(param, value,
          header='Content-Type',
          requote=True,
          charset=None,
          language='',
          replace=False)
	设置或替换 Content-Type 头部的值

walk()	按深度优先的顺序遍历电子邮件中的所有部件和子部件，返回迭代器对象，每次迭代返回下一个子部件

5.1.3 构造与解析电子邮件

例 5-1 编写程序，构造一封简单的电子邮件。

```python
from email.policy import SMTP
from email.message import EmailMessage
from email.utils import formatdate, make_msgid

# 创建电子邮件对象
message = EmailMessage(policy=SMTP)
# 设置头部信息
message['From'] = 'dongfuguo2005@126.com'
message['To'] = 'dongfuguo2005@126.com'
message['Subject'] = '测试邮件-主题'
message['Date'] = formatdate()
# 生成并设置唯一的ID字符串
message['Message-ID'] = make_msgid()
# 邮件内容
message.set_content('测试邮件-内容')
# 转化为字符串表达形式，输出显示
print(repr(message.as_string()))
```

运行结果如下，邮件头部和内容之间使用空行分隔，每行以回车换行符 \r\n 结束，如果某个值中有非 ASCII 字符就使用 BASE64 编码格式进行编码。上面代码最后一行使用内置函数 repr() 把邮件对象的字符串转换为适合 Python 解释器阅读的格式，也是为了方便观察每行最后的结束符。读者可以自行删除 repr() 函数的调用，逐行显示邮件对象的字符串便于阅读。

'From: dongfuguo2005@126.com\r\nTo: dongfuguo2005@126.com\r\nSubject: =?utf-8?b?5rWL6K+V6YKu5Lu2LeS4u+mimA==?=\r\nDate: Sun, 03 Jan 2021 03:25:08 -0000\r\

nMessage-ID: <160964430843.39856.7499018668528534311@DESKTOP-OJ1SMKQ>\r\nContent-Type: text/plain; charset="utf-8"\r\nContent-Transfer-Encoding: base64\r\nMIME-Version: 1.0\r\n\r\n5rWL6K+V6YKu5Lu2LeWGheWuuQo=\r\n'

例 5-2　编写程序，构造一封带有普通文本、HTML 代码、图片和多个文件附件的电子邮件，然后解析刚刚创建的邮件对象，提取其中的信息。

```python
from os.path import basename
from email.policy import SMTP
from mimetypes import guess_type
from email.iterators import _structure
from email.message import EmailMessage
from email.utils import formatdate, make_msgid

# 创建电子邮件对象
message = EmailMessage(policy=SMTP)

# 设置头部信息，发件人、收件人、邮件主题
message['From'] = 'dongfuguo2005@126.com'
message['To'] = 'dongfuguo2005@126.com'
message['Subject'] = '复杂测试邮件-主题'
# 日期形式为：'Sun, 03 Jan 2021 08:24:34 -0000'
message['Date'] = formatdate()
# 生成并设置唯一的ID字符串
message['Message-ID'] = make_msgid()

# 邮件内容
html_content = '<p><b><i>一段斜体加粗文本</i></b></p>'
plain_content = '一段加粗文本'
image_content = '<img src="cid:{}" width="360" height="280">'

# 生成唯一的ID字符串，格式为
# '<160965687060.36744.2934190533329057464@DESKTOP-OJ1SMKQ>'
cid = make_msgid()
# 在邮件正文中显示图片，使用ID时要删除两侧的尖括号
message.set_content(html_content+image_content.format(cid[1:-1]),
                    subtype='html')

# 添加要在正文中显示的图片，在邮件中会创建multipart/related段
with open('4Python可以这样学.png', 'rb') as fp:
    content = fp.read()
message.add_related(content, 'image', 'png', cid=cid,
                    filename='4Python可以这样学.png')
```

```python
# 创建multipart/alternative段
# 如果客户端无法显示HTML代码，会自动显示plain_content的内容
message.add_alternative(plain_content)

# 添加文件附件，自动创建multipart/mixed段
# 演示用的两个文件都在配套资源里提供了
filenames = ('chromedriver_win32.zip', '5构造电子邮件2.py')
for fn in filenames:
    # guess_type()用来猜测文件类型，返回元组
    # 对于演示用的两个文件，分别返回：
    # ('application/x-zip-compressed', None)和('text/x-python', None)
    mime_type, encoding = guess_type(fn)
    if encoding or (mime_type is None):
        mime_type = 'application/octet-stream'
    main_type, sub_type = mime_type.split('/')
    if main_type == 'text':
        # 文本文件附件
        with open(fn, encoding='utf8') as fp:
            content = fp.read()
        message.add_attachment(content, sub_type,
                            filename=basename(fn))
    else:
        # 二进制文件附件
        with open(fn, 'rb') as fp:
            content = fp.read()
        message.add_attachment(content, main_type, sub_type,
                            filename=basename(fn))

# 查看邮件对象的结构
_structure(message)
print('='*20)

# 解析邮件对象，邮件头部字段名称不区分大小写
for header in ('From', 'to', 'date', 'Subject'):
    print(f'{header}:{message.get(header)}')
# 输出一个空行
print()

try:
    # 获取邮件体，返回邮件中最佳匹配的MIMEPart对象
    # 先搜索纯文本正文，如果没有就继续搜索HTML格式的邮件体
    # preferencelist参数的默认值为('related', 'plain', 'html')
```

```python
        # 哪个在前就先搜索哪种类型，可以自行交换'plain'和'html'
        # 然后重新运行程序观察结果
        body = message.get_body(preferencelist=('plain','html'))
except:
    print('没有正文。')
else:
    # 使用内置函数repr()转换，是为了显示最后的换行符
    print(repr(body.get_content()))

# walk()方法深度优先遍历邮件对象树的所有部件，包括子孙部件
for part in message.walk():
    print('='*20)
    content_type = part.get_content_type()
    # Python 3.8语法，低版本可以删除花括号内最后的等号
    print(f'{content_type=}')
    print(f'{part.is_multipart()=}')
    # 下载附件文件
    if part.is_attachment():
        content = part.get_content()
        new_fn = '1new_' + part.get_filename()
        if content_type.startswith('text'):
            # 写入本地文本文件
            with open(new_fn, 'w', encoding='utf8') as fp:
                fp.write(content)
        else:
            # 写入本地二进制文件
            with open(new_fn, 'wb') as fp:
                fp.write(content)
        print('created file:', new_fn)

# 下载邮件直接子部件中的附件，不包括正文中插入的图片
print('直接下载附件'.center(30, '='))
for part in message.iter_attachments():
    content_type = part.get_content_type()
    content = part.get_content()
    new_fn = '2new_' + part.get_filename()
    if content_type.startswith('text'):
        # 写入本地文本文件
        with open(new_fn, 'w', encoding='utf8') as fp:
            fp.write(content)
    else:
        # 写入本地二进制文件
        with open(new_fn, 'wb') as fp:
```

```
                fp.write(content)
        print('created file:', new_fn)

print('使用iter_parts()遍历邮件'.center(30, '='))
def download_related(message):
    for part in message.iter_parts():
        if part.is_multipart():
            # 如果包含子部件，递归进去
            download_related(part)
        else:
            # 不是附件，直接跳过
            if not part.is_attachment():
                continue
            new_fn = '3new_' + part.get_filename()
            content_type = part.get_content_type()
            if content_type.startswith('text'):
                with open(new_fn, 'w', encoding='utf8') as fp:
                    fp.write(content)
            else:
                with open(new_fn, 'wb') as fp:
                    fp.write(part.get_content())
            print('created file:', new_fn)
download_related(message)
```

运行结果为

```
multipart/mixed
    multipart/alternative
        multipart/related
            text/html
            image/png
        text/plain
    application/x-zip-compressed
    text/x-python
====================
From:dongfuguo2005@126.com
to:dongfuguo2005@126.com
date:Sun, 03 Jan 2021 11:15:05 -0000
Subject:复杂测试邮件-主题

'一段加粗文本\n'
====================
content_type='multipart/mixed'
```

```
part.is_multipart()=True
====================
content_type='multipart/alternative'
part.is_multipart()=True
====================
content_type='multipart/related'
part.is_multipart()=True
====================
content_type='text/html'
part.is_multipart()=False
====================
content_type='image/png'
part.is_multipart()=False
created file: 1new_4Python可以这样学.png
====================
content_type='text/plain'
part.is_multipart()=False
====================
content_type='application/x-zip-compressed'
part.is_multipart()=False
created file: 1new_chromedriver_win32.zip
====================
content_type='text/x-python'
part.is_multipart()=False
created file: 1new_5构造电子邮件2.py
============直接下载附件============
created file: 2new_chromedriver_win32.zip
created file: 2new_5构造电子邮件2.py
======使用iter_parts()遍历邮件======
created file: 3new_4Python可以这样学.png
created file: 3new_chromedriver_win32.zip
created file: 3new_5构造电子邮件2.py
```

5.2 SMTP发送电子邮件实战

发送电子邮件主要使用SMTP（Simple Mail Transfer Protocol），但SMTP存在一些不足，MIME（Multipurpose Internet Mail Extensions）协议是对SMTP的重要补充和辅助（并不是替代SMTP），使得非ASCII字符能够通过SMTP进行传输。

5.2.1 smtplib.SMTP对象常用方法

Python 标准库 smtplib 提供了发送电子邮件所需要的全部功能,其中核心是 SMTP 类和 SMTP_SSL 类,两者支持同样的接口,后者适用于支持并要求 SSL 连接的服务器,本节重点以 SMTP 类为例进行演示。SMTP 类支持上下文管理关键字 with,创建对象的方法完整语法为

```
SMTP(host='', port=0, local_hostname=None,
    timeout=<object object at 0x000002D8D5254E80>,
    source_address=None)
```

表 5-2 列出了 smtplib.SMTP 对象的常用方法(不包含隐式调用的方法),可以使用 help(smtplib.SMTP) 查看完整方法清单和详细用法。

表 5-2　SMTP 对象的常用方法

方　　法	简　要　说　明
close()	关闭到 SMTP 服务器的连接
login(user, password, *, 　　initial_response_ok=True)	登录需要身份认证的 SMTP 服务器,需要提供用户名和授权码(早期支持使用邮箱密码,现在推荐使用更安全的授权码)
starttls(keyfile=None, 　　certfile=None, 　　context=None)	切换 SMTP 连接为 TLS(Transport Layer Security)模式,从此之后所有 SMTP 命令都将被加密。使用该方法时优先推荐使用 context 参数
sendmail(from_addr, to_addrs, msg, 　　mail_options=(), 　　rcpt_options=())	发送电子邮件,其中参数 from_addr 为发件人电子邮箱地址,参数 to_addrs 为收件人电子邮箱地址列表(也可以是表示单个收件人地址的字符串),参数 msg 为要发送的电子邮件字符串或字节串。如果邮件被成功发送给至少一个收件人,该方法正常返回,否则会抛出异常。如果该方法没有抛出异常,表示至少有一个收件人收到了电子邮件,此时该方法返回一个字典,其中每个元素表示一个没有成功发送的收件人信息
send_message(msg, from_addr=None, 　　to_addrs=None, 　　mail_options=(), 　　rcpt_options=())	发送电子邮件,参数 msg 为 email.message.Message 对象,其他参数的含义与 sendmail() 方法的参数相同
quit()	退出 SMTP 会话

5.2.2 设置电子邮箱开启SMTP服务

如果要使用程序来登录电子邮箱进行发送和接收邮件,需要首先对电子邮箱账号进行设置。本节以 126 邮箱和 QQ 邮箱为例进行介绍,其他邮箱的设置方式与此类似,可以参

考官方网站说明。如果是 126 邮箱，可以使用浏览器登录之后，依次单击"设置"→ POP3/SMTP/IMAP，然后开启 POP3/SMTP 服务并得到授权码。126 邮箱设置界面如图 5-1 中箭头 1 和图 5-2 所示。

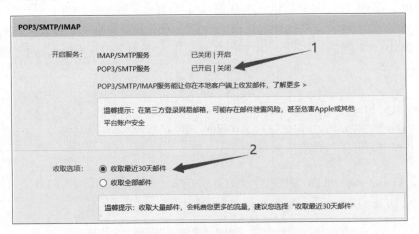

图 5-1　设置 126 邮箱开启 POP3/SMTP 服务（一）

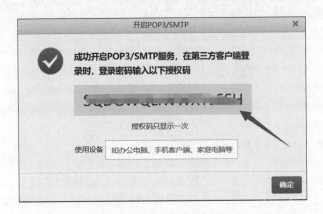

图 5-2　设置 126 邮箱开启 POP3/SMTP 服务（二）

如果是 QQ 邮箱，使用浏览器登录之后，依次单击"设置"→"账户"，然后开启 POP3/SMTP 服务并记住授权码，程序运行之后使用授权码作为密码来登录。QQ 邮箱设置界面如图 5-3 和图 5-4 所示。

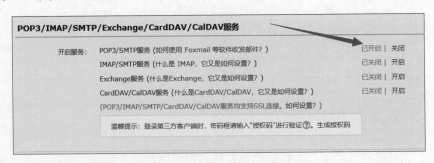

图 5-3　设置 QQ 邮箱开启 POP3/SMTP 服务（一）

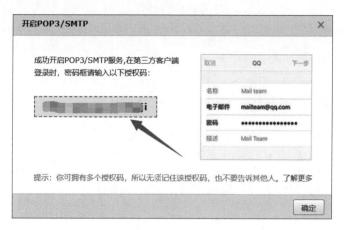

图 5-4　设置 QQ 邮箱开启 POP3/SMTP 服务（二）

5.2.3　群发电子邮件案例实战

可以参考 5.1 节的内容来创建电子邮件对象，也可以使用本节例题演示的代码来创建电子邮件对象。

例 5-3　编写程序，登录 126 邮箱或 QQ 邮箱自动群发电子邮件。首先需要按照前面的描述对邮箱进行设置，开启 POP3/SMTP 服务，然后运行程序并输入邮箱地址、授权码和收件人电子邮箱地址，即可自动群发电子邮件。代码中用到的附件文件已经包含在配套资源中，也可以替换为自己的本地文件。请自行运行和测试程序。

例 5-3 讲解

```
from getpass import getpass
from smtplib import SMTP
from email.encoders import encode_base64
from email.utils import formatdate, make_msgid
from email.mime.text import MIMEText
from email.mime.base import MIMEBase
from email.mime.image import MIMEImage
from email.mime.audio import MIMEAudio
from email.mime.multipart import MIMEMultipart
from email.mime.application import MIMEApplication

sender = input('请输入一个电子邮箱地址（126/QQ）：')
username, domain = sender.split('@')
if domain == '126.com':
    host = 'smtp.126.com'
elif domain == 'qq.com':
    host = 'smtp.qq.com'
else:
```

```python
        print('当前代码只识别126和QQ邮箱，请检查邮箱地址或修改代码。')
        exit()
port = 25

body = '''这是Python系列畅销图书作者董付国发来的测试信息。'''

# 输入密码，无回显，需要在cmd或PowerShell运行程序
userpwd = getpass('输入电子邮箱密码/授权码：')
# 要群发的电子邮件地址
recipients = input('收件人（多个的话使用半角分号分隔）：')

# 登录邮箱服务器
with SMTP(host, port) as server:
    server.starttls()
    server.login(username, userpwd)

    # 如果发给每个收件人的内容一样，可以不用循环
    # 如果发给每个收件人的内容有所不同，可以使用循环
    # for recipient in recipients.split(';'):
    # 如果使用循环，下面的所有代码需要再缩进一层
    # 创建邮件
    msg = MIMEMultipart()
    msg.set_charset('utf-8')
    # 回复地址与发信地址可以不同，但是大部分邮件系统在回复时会提示
    msg['Reply-to'] = sender
    # 设置发信人、收信人和主题
    msg.add_header('From', sender)
    # 如果改为循环，需要把下面的recipients改为recipient
    msg.add_header('To', recipients)
    msg.add_header('Subject', '这是一个测试')
    msg['Date'] = formatdate()
    msg['Message-Id'] = make_msgid()
    # 设置邮件文字内容
    msg.attach(MIMEText(body, 'plain', _charset='utf-8'))

    # 添加图片
    fn = '测试图片.jpg'
    with open(fn, 'rb') as fp:
        attachment = MIMEImage(fp.read())
        attachment.add_header('content-disposition',
                              'attachment', filename=fn)
        msg.attach(attachment)

    # 添加文本文件
```

```python
fn = '测试附件.txt'
with open(fn, 'rb') as fp:
    attachment = MIMEBase('text', 'txt')
    attachment.set_payload(fp.read())
    encode_base64(attachment)
    attachment.add_header('content-disposition',
                          'attachment', filename=fn)
    msg.attach(attachment)

# 添加可执行程序
fn = 'python-3.8.7-amd64.exe'
with open(fn, 'rb') as fp:
    attachment = MIMEApplication(fp.read(),
                                 _encoder=encode_base64)
    attachment.add_header('content-disposition',
                          'attachment', filename=fn)
    msg.attach(attachment)

# 添加音乐文件
fn = '爱是你我.mp3'
with open(fn, 'rb') as fp:
    attachment = MIMEAudio(fp.read(), 'plain',
                           _encoder=encode_base64)
    attachment.add_header('content-disposition',
                          'attachment', filename=fn)
    msg.attach(attachment)

# 发送邮件
server.send_message(msg)
```

5.3 接收与处理电子邮件实战

广义上讲，编写程序从电子邮箱中采集信息或下载附件也属于网络爬虫的范畴。本节通过实战案例演示如何使用标准库 poplib 结合 POP3 协议和标准库 imaplib 结合 IMAP 4 协议接收和处理电子邮件。

5.3.1 使用POP3协议接收与处理电子邮件

Python 标准库 poplib 提供了使用 POP3 协议接收和处理电子邮件所需要的全部功能，其核心是 POP3 和 POP3_SSL 这两个类，创建对象的方法分别为

```
POP3(host, port=110, timeout=<object object at 0x000002D8D5254E80>)
```

和

```
POP3_SSL(host, port=995, keyfile=None, certfile=None,
         timeout=<object object at 0x000002D8D5254E80>, context=None)
```

这两个类支持同样的接口，都是对 POP3 命令进行的封装，区别在于 POP3_SSL 通过 SSL 加密套接字连接服务器，关于套接字编程和 SSL 的内容请参考本书第 3 章，设置电子邮箱开启 POP3 服务的方法参考 5.2 节。

POP3 类对象支持的常用方法如表 5-3 所示，另外还有 sock（表示当前连接的套接字）、encoding（编码格式）、host（当前正在连接的服务器地址）和 welcome（服务器的欢迎信息）等属性。

表 5-3　POP3 类对象支持的常用方法

方　　法	简　要　说　明
apop(user, password)	使用更加安全的 APOP 认证方式登录 POP3 服务器
capa()	以字典形式返回服务器的功能列表
close()	关闭连接
dele(which)	删除编号为 which 的邮件
getwelcome()	返回服务器发送的欢迎字符串
list(which=None)	不带参数时返回邮件清单，形式为 ['response', ['mesg_num octets', ...], octets]，带参数时返回编号为 which 的邮件的信息
noop()	空操作，可用于服务器保持存活
pass_(pswd)	登录服务器时发送登录密码，返回邮件数量和邮箱大小，同时锁定服务器，直到调用 quit()
quit()	提交修改，解锁邮箱，关闭连接
retr(which)	返回编号为 which 的邮件，形式为 ['response', ['line', ...], octets]
rpop(user)	使用 RPOP 认证方式登录 POP3 服务器
rset()	取消所有标记为删除的邮件的删除标记
set_debuglevel(level)	设置调试级别，用来控制输出的调试信息的数量。默认值 0 不输出调试信息，设置为 1 时适当输出调试信息（一般每个请求一行），设置为 2 或更大值时输出最大数量的调试信息（包括发送和接收的每行信息）
stat()	返回邮箱状态，结果形式为 (message count, mailbox size)
stls(context=None)	在活动连接上启动一个 TLS 会话，必须在用户认证之前调用该方法
top(which, howmuch)	返回编号为 which 的邮件头部和前 howmuch 行邮件体
uidl(which=None)	返回邮件摘要（唯一 ID）清单，不带参数时返回形式为 ['response', ['mesgnum uid', ...], octets] 的全部邮件信息，指定参数 which 时返回形式为 'response mesgnum uid' 的单个邮件信息
user(user)	登录服务器时发送用户名

为了理解本节后面的案例代码，作者使用自己的邮件给自己发送一封邮件，标题为333，内容为空，然后在 IDLE 交互模式中使用标准库 poplib 登录邮箱并获取这封邮件的内容，结果如下，可以参考 5.1 节内容帮助理解邮件输出格式。

```
>>> from poplib import POP3_SSL
>>> server = POP3_SSL('pop.126.com', timeout=3)
>>> server.user('dongfuguo2005@126.com')
b'+OK core mail'
>>> server.pass_('***********')              # 这里隐藏了授权码
b'+OK 123 message(s) [435633802 byte(s)]'
>>> _, mails, _ = server.list()
>>> mails[-1]
b'123 1415'
>>> message = server.top(123, 1)              # 主要为了获取编号123的邮件头部
>>> server.quit()
b'+OK core mail'
>>> print(*message, sep='\n')
b'+OK 1415 octets'
[b'Received: from dongfuguo2005$126.com ( [223.104.190.249] ) by', b' ajax-webmail-wmsvr55 (Coremail) ; Sat, 9 Jan 2021 10:48:23 +0800 (CST)', b'X-Originating-IP: [223.104.190.249]', b'Date: Sat, 9 Jan 2021 10:48:23 +0800 (CST)', b'From: dongfuguo2005 <dongfuguo2005@126.com>', b'To: =?GBK?B?ztI=?= <dongfuguo2005@126.com>', b'Subject: 333', b'X-Priority: 3', b'X-Mailer: Coremail Webmail Server Version XT5.0.13 build 20201118(ab4b390f)', b' Copyright (c) 2002-2021 www.mailtech.cn 126com', b'X-CM-CTRLDATA: dIS/4mZvb3Rlcl9odG09MTExOjU2', b'Content-Type: multipart/alternative; ', b'\tboundary="----=_Part_6746_1130036451.1610160503786"', b'MIME-Version: 1.0', b'Message-ID: <52726cdd.73e.176e50b7beb.Coremail.dongfuguo2005@126.com>', b'X-Coremail-Locale: zh_CN', b'X-CM-TRANSID:N8qowAD3Ia13Gflf5IcNAQ--.11167W', b'X-CM-SenderInfo: pgrqwwpxjx0jqqqvqiyswou0bp/1tbiOxsVrVpEB86NWAABsb', b'X-Coremail-Antispam: 1U5529EdanIXcx71UUUUU7vcSsGvfC2KfnxnUU==', b'', b'------=_Part_6746_1130036451.1610160503786']
938
>>> print(*(message[1]), sep='\n')
b'Received: from dongfuguo2005$126.com ( [223.104.190.249] ) by'
b' ajax-webmail-wmsvr55 (Coremail) ; Sat, 9 Jan 2021 10:48:23 +0800 (CST)'
b'X-Originating-IP: [223.104.190.249]'
b'Date: Sat, 9 Jan 2021 10:48:23 +0800 (CST)'
b'From: dongfuguo2005 <dongfuguo2005@126.com>'
b'To: =?GBK?B?ztI=?= <dongfuguo2005@126.com>'
b'Subject: 333'
b'X-Priority: 3'
b'X-Mailer: Coremail Webmail Server Version XT5.0.13 build 20201118(ab4b390f)'
```

```
b' Copyright (c) 2002-2021 www.mailtech.cn 126com'
b'X-CM-CTRLDATA: dIS/4mZvb3Rlcl9odG09MTExOjU2'
b'Content-Type: multipart/alternative; '
b'\tboundary="----=_Part_6746_1130036451.1610160503786"'
b'MIME-Version: 1.0'
b'Message-ID: <52726cdd.73e.176e50b7beb.Coremail.dongfuguo2005@126.com>'
b'X-Coremail-Locale: zh_CN'
b'X-CM-TRANSID:N8qowAD3Ia13Gflf5IcNAQ--.11167W'
b'X-CM-SenderInfo: pgrqwwpxjx0jqqqvqiyswou0bp/1tbiOxsVrVpEB86NWAABsb'
b'X-Coremail-Antispam: 1U5529EdanIXcx71UUUUU7vcSsGvfC2KfnxnUU=='
b''
b'------=_Part_6746_1130036451.1610160503786'
```

例 5-4 编写程序，输入 126 邮箱地址和授权码，每隔一分钟检查一次新增邮件数量。如果没有新增邮件就继续检查，如果有新增邮件就输出数量。

```python
from time import sleep
from poplib import POP3_SSL
from datetime import datetime

popServerAddress = 'pop.126.com'
emailAddress = input('请输入126邮箱地址：')
pwd = input('请输入密码/授权码：')

lastNumber = 0
while True:
    # 建立连接
    server = POP3_SSL(popServerAddress)
    # 不显示与服务器之间的交互信息
    server.set_debuglevel(0)
    # 登录
    server.user(emailAddress)
    server.pass_(pwd)
    newestNumber, _ = server.stat()
    # 退出
    server.quit()

    if newestNumber != lastNumber:
        print('{}——您有{}封新邮件'.format(str(datetime.now())[:19],
                                        newestNumber-lastNumber))
        lastNumber = newestNumber
    # 一分钟后重新检查
    sleep(60)
```

运行结果如图 5-5 所示。

```
请输入126邮箱地址：dongfuguo2005@126.com
请输入密码/授权码：S▓▓▓▓▓▓▓▓▓▓H
2021-01-09 10:41:04——您有122封新邮件
2021-01-09 10:49:08——您有1封新邮件
```

图 5-5 定时检查 126 邮箱新增邮件数量

例 5-5 编写程序，读取 126 邮箱最新的 500 封邮件日期，然后统计每个月份的邮件数量，绘制柱状图。代码中绘制柱状图的部分使用到了扩展库 matplotlib，这不是本书的重点，可以参考作者其他书籍或查阅 matplotlib 官方文档。另外，设置邮箱开启 POP3 服务的界面上还有另外一项，就是可以接收的邮箱数量，默认是只接收最近 30 天的邮件，可以根据需要修改为接收全部邮件，如图 5-1 中箭头 2 所示。

```python
from poplib import POP3_SSL
from base64 import b64decode
from collections import Counter
from email.utils import parsedate_to_datetime
import matplotlib.pyplot as plt

popServerAddress = 'pop.126.com'
emailAddress = input('请输入126邮箱地址：')
pwd = input('请输入密码/授权码：')

# 连接服务器，如果3秒连不上服务器就退出
server = POP3_SSL(popServerAddress, timeout=3)
server.set_debuglevel(0)
# 登录服务器
server.user(emailAddress)
server.pass_(pwd)

# 获取最新500封邮件的编号，mails的格式为['mesg_num octets', ...]
_, mails, _ = server.list()
mailNums = map(lambda item: int(item.split()[0]), mails[-500:])

# 存放每封邮件日期的列表
dates = []

# 遍历所有邮件
for num in mailNums:
    server.noop()
    try:
```

```python
            # lines是一个字节串列表，存放了该邮件的所有行
            _, lines, _ = server.retr(num)
        except:
            # 个别邮件读取失败，直接跳过
            continue

        recieveTime, subject = None, None
        # 获取邮件日期和主题
        for line in lines:
            line = line.strip()
            if line.startswith(b'Date:'):
                recieveTime = line.decode()[5:]
            if line.startswith(b'Subject:'):
                # 主题编码后可能分为多行，这里只取一行，输出可能会不完整
                subjectT = line.decode()[8:].strip()
                # 可以解除下一行代码注释，观察输出结果，帮助理解后面的代码
                # print(subjectT)
                subjectTT = subjectT.split('?')
                if len(subjectTT) > 3:
                    subject = subjectTT[3]
                else:
                    subject = subjectT

                # 确定邮件主题使用的编码格式
                if 'utf-8' in subjectT.lower():
                    encoding = 'utf8'
                else:
                    encoding = 'gbk'

                try:
                    subject = b64decode(subject).decode(encoding)
                except:
                    pass
                print(subject)
            if recieveTime and subject:
                break
        else:
            continue
        # 只保留年份和月份，格式为'2021-01'
        yearmonth = str(parsedate_to_datetime(recieveTime))[:7]
        dates.append(yearmonth)

# 退出服务器，关闭连接
```

```
server.quit()

# 统计每个月份的出现次数
freq = Counter(dates)

# 绘制柱状图
plt.bar(freq.keys(), freq.values())

# 显示图形
plt.show()
```

上面代码演示的是直接解析邮件字节串数据的方法，难度较大。也可以使用函数 message_from_bytes() 并指定参数 policy=SMTP 把读取到的字节串数据转换为电子邮件对象，可以大幅度简化解析过程，下面的代码演示了这种用法，可以重点阅读"dates = []"这一行之后的代码。在例 5-7 的代码中也用到了类似的方法。

```
from poplib import POP3_SSL
from base64 import b64decode
from email.policy import SMTP
from collections import Counter
from email import message_from_bytes
from email.utils import parsedate_to_datetime
import matplotlib.pyplot as plt

popServerAddress = 'pop.126.com'
emailAddress = input('请输入126邮箱地址：')
pwd = input('请输入密码/授权码：')

server = POP3_SSL(popServerAddress, timeout=3)
server.set_debuglevel(0)
server.user(emailAddress)
server.pass_(pwd)

_, mails, _ = server.list()
mailNums = map(lambda item: int(item.split()[0]), mails[-500:])

# 存放每封邮件日期的列表
dates = []

# 遍历所有邮件
for num in mailNums:
    server.noop()
    try:
```

```
            # lines是一个字节串列表，存放了该邮件的所有行
            _, lines, _ = server.retr(num)
        except:
            # 个别邮件读取失败，直接跳过
            continue

        message = message_from_bytes(b'\r\n'.join(lines), policy=SMTP)
        # 没有日期时返回空值
        recieveTime = message['Date']
        if not recieveTime:
            continue
        print(message['Subject'])
        yearmonth = str(parsedate_to_datetime(recieveTime))[:7]
        dates.append(yearmonth)

server.quit()

freq = Counter(dates)
plt.bar(freq.keys(), freq.values(), )
plt.show()
```

例 5-6　编写程序，自动批量下载 126 邮箱中指定日期之后包含特定关键字的附件。在代码中，首先输入电子邮箱地址和授权码并登录，然后逐条获取电子邮件并创建 Message 对象，检查日期和附件文件名称，如果符合要求就下载。

例 5-6 讲解

```
from time import sleep
from poplib import POP3_SSL
from datetime import datetime
from os import mkdir, listdir
from os.path import isdir, isfile
from email.parser import Parser
from email.message import EmailMessage
from email.utils import parsedate_to_datetime

def getAttachments():
    '''批量下载邮件附件'''
    popServerAddress = 'pop.126.com'
    emailAddress = input('请输入邮箱地址：')
    pwd = input('请输入密码/授权码：')
```

```python
# 连接服务器
server = POP3_SSL(popServerAddress)
# 不显示与服务器之间的交互信息
server.set_debuglevel(0)
# 登录
server.user(emailAddress)
server.pass_(pwd)

# 获取全部邮件的编号，mails的格式为['mesg_num octets', ...]
_, mails, _ = server.list()

# 用来存放邮件附件的文件夹
dstDir = 'mailsAttachments'
if not isdir(dstDir):
    mkdir(dstDir)
# 创建解析器对象
parser = Parser()

# 遍历所有邮件
for item in mails[::-1]:
    server.noop()
    sleep(5)
    # 邮件编号
    num = int(item.split()[0])
    # 输出邮件编号，以便观察运行过程和进度
    print(num)
    # 获取编号为num的邮件内容
    _, lines, _ = server.retr(num)
    # 也可以使用message_from_bytes()函数直接创建邮件对象
    msg = b'\r\n'.join(lines).decode('utf8')
    # 创建邮件对象，后面用于解析其中内容
    msg = parser.parsestr(msg)
    # 获取邮件日期，解析为Python的datetime对象
    date = parsedate_to_datetime(msg.get('Date'))
    # 只下载特定日期之后的邮件附件
    if date < datetime(2021, 1, 9):
        break
    # 下载邮件
    for part in msg.walk():
        fileName = part.get_filename()
        # 如果文件名中不包含'python'，直接跳过
        if not (fileName and 'python' in fileName.lower()):
```

```python
                continue
            content_type = part.get_content_type()
            fileName = rf'{dstDir}\{num}_{fileName}'
            content = part.get_payload(decode=True)
            if content_type.startswith('text'):
                with open(fileName, 'w', encoding='utf8') as fp:
                    fp.write(content)
            else:
                with open(fileName, 'wb') as fp:
                    fp.write(content)
            print(fileName, 'downloaded.')
    # 退出服务器,关闭连接
    server.quit()

getAttachments()
```

5.3.2 使用IMAP4协议接收与处理电子邮件

IMAP4协议使得用户可以在自己计算机上操作邮件服务器上的邮箱和电子邮件,支持创建分类管理的层次式邮件文件夹,支持按条件对邮件进行查找,并且允许收件人只读取邮件中的任意指定部分。

Python标准库imaplib提供了对IMAP4协议的支持,实现了IMAP4rev1客户端协议的绝大部分内容,该模块的核心是IMAP4、IMAP4_SSL、IMAP4_stream这三个类,前两个使用较多。IMAP4和IMAP4_SSL类的对象支持上下文管理关键字with,二者具有相同的接口,创建对象的语法形式分别为

```
IMAP4(host='', port=143)
```

和

```
IMAP4_SSL(host='', port=993, keyfile=None, certfile=None, ssl_context=None)
```

本书以IMAP4为例进行介绍,表5-4列出了IMAP4对象的常用方法,另外还有sock、host、port、debug、is_readonly、welcome、utf8_enabled、PROTOCOL_VERSION、capabilities等属性。其中每个方法的参数都会被转换为字符串(AUTHENTICATE除外),并且会在必要时进行引用编码(quoted),如果不想参数字符串被引用编码,可以把字符串放在圆括号中(例如r'(\Deleted)')。每个方法都会返回元组(typ, [data, ...]),其中typ通常为'OK'或'NO',data是命令执行结果,形式为元组(第一部分是响应的头部,第二部分是数据的字面值)或字符串。

表 5-4　IMAP4 对象的常用方法

方　　法	简 要 说 明
append(mailbox, flags, date_time, message)	把邮件追加到指定的邮件文件夹（简称邮件夹）
authenticate(mechanism, authobject)	认证，参数 mechanism 用来指定使用哪种认证机制（必须以 AUTH=<mechanism> 的形式出现在实例对象的 capabilities 变量中），参数 authobject 必须为可调用对象（参数和返回值都为字节串，形式为 data = authobject(response)）
capability()	返回服务器支持的功能列表
check()	为服务器端已选择的邮件夹设置检查点
close()	关闭当前选择的邮件夹，如果邮箱可写就移除（remove）已删除的邮件（deleted messages）。建议在调用 logout() 方法之前先调用 close() 方法
copy(message_set, new_mailbox)	把邮件复制到目标邮件夹 new_mailbox 的尾部，字符串参数 message_set 表示一个或多个要操作的邮件，可以是表示单个邮件编号（例如 '1'）、邮件编号范围（例如 '2:4'）、使用逗号分隔的多个不连续范围（例如，'1:3,6:9'），范围包含星号时表示不设置上限（例如 '3:*'）。后面其他方法的参数 message_set 的含义与此处相同
create(mailbox)	创建名为 mailbox 的邮件夹
delete(mailbox)	删除参数 mailbox 指定的邮件夹，同时删除其中的所有邮件
deleteacl(mailbox, who)	删除 who 在邮件夹 mailbox 上的所有权限
enable(capability)	启用参数 capability 指定的功能（见 RFC 5161）。大部分功能不需要启用，目前只支持 UTF8=ACCEPT（见 RFC 6855）
expunge()	在不关闭邮箱的情况下永久移除（remove）当前邮件夹中已删除的邮件（deleted items），为每个删除的邮件创建 EXPUNGE 响应，返回元组 (typ, [data])，其中 data 为删除的邮件编号列表
fetch(message_set, message_parts)	取回参数 message_set 指定的邮件，返回 (typ, [data, ...])，其中 data 为包含邮件指定部分的元组。参数 message_parts 用来指定取回邮件中的哪些部分，格式为字符串，并且使用圆括号表示要返回的邮件部分名字，例如 '(UID BODY[TEXT])'，更多可用的值可以查阅 IMAP4rev1 文档（RFC 3501）进行了解
getacl(mailbox)	获取邮件夹的访问控制列表（Access Control List, ACL）
getannotation(mailbox, entry, attribute)	返回邮件夹的注解（ANNOTATION）
getquota(root)	返回配额 root 的资源使用和限制
getquotaroot(mailbox)	返回参数 mailbox 指定的邮件夹的配额根的列表，形式为 (typ, [[QUOTAROOT responses...], [QUOTA responses]])

续表

方　　法	简　要　说　明
list(directory='""', pattern='*')	列出参数 directory 指定的路径中能够匹配参数 pattern 的所有邮件夹名称，参数 directory 默认为顶级邮件文件夹，参数 pattern 默认为匹配所有邮件夹
login(user, password)	登录服务器，参数 password 为明文，但提交给服务器之前会被自动引用编码（quoted）
Login_cram_md5(user, password)	强制使用 CRAM-MD5 认证来保护密码，仅当方法 capability() 返回结果中包含短语 AUTH=CRAM-MD5 时可用
logout()	退出服务器，关闭连接，建议先调用 close() 再调用 logout()
lsub(directory='""', pattern='*')	列出参数 directory 指定的路径中能够匹配 pattern 的已订阅邮件夹名称
myrights(mailbox)	返回当前用户在邮件夹 mailbox 上的权限
noop()	空操作，向服务器发送 NOOP 命令，可用于保持连接存活
open(host='', port=143)	打开指定的套接字，建立连接，返回的连接可以用于 read()、readline()、send() 和 shutdown() 方法。open() 方法会在创建 IMAP4 对象时自动调用，一般不需要显式调用
partial(message_num, message_part, start, length)	返回一个邮件的部分内容
proxyauth(user)	认证为参数 user 指定的用户。允许已认证的管理员进入任意用户的邮箱
read(size)	从远程服务器读取 size 字节
readline()	从远程服务器读取一行
recent()	提示服务器更新，返回最新的邮件，如果没有新邮件就返回空值 None
rename(oldmailbox, newmailbox)	重命名邮件夹
response(code)	返回响应 code 的数据或空值 None，形式为元组 (code, [data])
search(charset, *criteria)	在当前邮件夹中搜索与规则匹配的邮件，返回 (typ, [data])，其中 data 为空格分隔的邮件编号。如果启用了 UTF-8，参数 charset 必须为空值 None，默认值为 'US-ASCII'
select(mailbox='INBOX', readonly=False)	选择一个邮件夹，返回 (typ, [data])，其中 data 为邮件夹中的邮件编号字符串，以空格分隔
send(data)	向服务器发送数据
setacl(mailbox, who, what)	设置邮件夹的访问控制列表
setannotation(mailbox[, entry, attribute]+)	为邮件夹设置注解，加号表示重复多次
setquota(root, limits)	为 root 设置配额限制

续表

方　　法	简　要　说　明
shutdown()	关闭 open() 方法建立的连接，该方法会在调用 logout() 方法退出时自动调用，一般不需要显式调用
sort(sort_criteria, 　　charset, 　　*search_criteria)	search() 方法的变型，对搜索结果进行排序
starttls(ssl_context=None)	在 IMAP4 连接中启用加密
status(mailbox, names)	查看邮件夹状态
store(message_set, 　　command, flags)	修改邮件夹中邮件的属性和标记，其中参数 command 可以是 'FLAGS'、'+FLAGS'、'-FLAGS' 之一，需要时可以带后缀 '.SILENT'。例如，server.store('3', '+FLAGS', '\\Deleted')，其中 server 为 IMAP4 对象
subscribe(mailbox)	订阅参数 mailbox 指定的邮件夹，把参数 mailbox 指定的邮件夹添加到活动列表中
thread(threading_algorithm, 　　charset, 　　*search_criteria)	search() 方法的变型，对应 IMAP4rev1 扩展命令 THREAD
uid(command, *args)	执行命令并提交参数，使用 UID 识别邮件，不使用邮件编号。IMAP4 中，邮箱变化时邮件编号会改变，尤其是删除邮件后剩余的邮件会重新编号，但是 UID 是不会变的，并且是唯一的
unsubscribe(mailbox)	取消订阅参数 mailbox 指定的邮件夹

例 5-7　编写程序，使用 IMAP4 访问 QQ 邮箱中的部分邮件。为了推广自己的邮件客户端，126 邮箱开启 IMAP 服务（参考 5.2 节开启 SMTP/POP3 服务的步骤）之后仍不能使用程序收发电子邮件，还需要一些特殊的设置，所以本节例题以 QQ 邮箱为例进行介绍，可以自行查阅其他邮箱 IMAP 服务的使用方式，设置成功之后用法与本例相同。代码中使用 message_from_bytes() 创建邮件对象时显式指定了 policy 参数，如果不指定默认为 compat32。下面先给出指定 policy 参数值为 SMTP 的实现，后面再给出 policy 参数值为 compat32 的实现，代码中只解析了邮件头部信息，可以参考例 5-2 的内容继续编写代码解析和提取附件文件。

```python
from getpass import getpass
from base64 import b64decode
from imaplib import IMAP4_SSL
from email.policy import SMTP
from email import message_from_bytes
from email.header import decode_header
from email.iterators import _structure

def main():
```

```python
        # IMAP服务器地址,可以根据需要修改为其他邮箱的IMAP服务器地址
        imapServerAddress = 'imap.qq.com'

        emailAddress = input('输入QQ邮箱地址: ')
        password = getpass('输入密码/授权码: ')

        # 连接服务器,登录
        server = IMAP4_SSL(imapServerAddress)
        server.login(emailAddress, password)

        # 查看邮件夹名称列表
        typ, data = server.list()
        if typ == 'OK':
            # 测试用,用于查看邮件夹
            # print(data)
            pass
        else:
            print('获取邮件夹失败。')
            return

        # 选择收件箱,还可以是'"Sent Messages"'、'Drafts'、'"Deleted Messages"'
        # 不同电子邮箱系统的邮件夹名称可能略有不同
        typ, data = server.select('INBOX')
        if typ == 'OK':
            # 搜索还没看过的邮件,可以修改第二个参数搜索其他邮件
            typ, data = server.search(None, 'UNSEEN')
            if typ == 'OK':
                # data中是搜索到的邮件编号字节串,编号之间使用空格分隔
                # 数字越大表示日期越晚,按编号从大到小查看邮件内容
                for msg_num in data[0].split()[::-1]:
                    print('='*30)
                    # 可以修改第二个参数,获取邮件指定部分的内容
                    typ, data = server.fetch(msg_num, '(RFC822)')
                    if typ == 'OK':
                        # 下面两行输出方便理解data的结构
                        print(list(map(len, data[0])))
                        print(data[0][0])
                        # 创建邮件对象,policy参数很重要,默认为compat32
                        message = message_from_bytes(data[0][1],
                                                     policy=SMTP)
                        # 查看邮件结构
                        _structure(message)
                        # 查看邮件头部信息
                        for header in ('From', 'To', 'Date', 'Subject'):
```

```
                        value = message.get(header)
                        print(f'{header}:{value}')
                    # 可以参考例5-2内容继续编写代码解析和提取附件
                else:
                    print(f'{msg_num}号邮件读取失败。')
    else:
        print('选择邮件夹失败,无法搜索邮件。')
        print(typ, data)

    # 退出服务器
    server.logout()

main()
```

下面的代码在使用message_from_bytes()函数把读取到的电子邮件数据转换为电子邮件对象时没有指定policy参数,此时默认使用compat32,解析过程要烦琐一些,前面部分的代码与上面一样,重点阅读"message = message_from_bytes(data[0][1])"这一行以后的代码即可,并与上面指定policy参数值为SMTP的代码进行比较。

```
from getpass import getpass
from base64 import b64decode
from imaplib import IMAP4_SSL
from email import message_from_bytes
from email.header import decode_header
from email.iterators import _structure
from chardet import detect

def main():
    imapServerAddress = 'imap.qq.com'
    emailAddress = input('输入QQ邮箱地址:')
    password = getpass('输入密码/授权码:')
    server = IMAP4_SSL(imapServerAddress)
    server.login(emailAddress, password)

    typ, data = server.list()
    if typ == 'OK':
        # print(data)
        pass
    else:
        print('获取邮件夹失败。')
        return

    typ, data = server.select('INBOX')
```

```python
            if typ == 'OK':
                typ, data = server.search(None, 'UNSEEN')
                if typ == 'OK':
                    for msg_num in data[0].split()[::-1]:
                        print('='*30)
                        typ, data = server.fetch(msg_num, '(RFC822)')
                        if typ == 'OK':
                            print(list(map(len, data[0])))
                            print(data[0][0])
                            # 创建邮件对象
                            message = message_from_bytes(data[0][1])
                            # 查看邮件结构
                            _structure(message)
                            for header in ('From', 'To', 'Date'):
                                value = message.get(header)
                                print(f'{header}:{value}')
                            value = message.get('Subject', 'none')
                            if not isinstance(value, str):
                                # 取到的有可能是Header对象,不是字符串
                                value = decode_header(value)[0][0]
                                try:
                                    # 自动检测字节串的编码格式
                                    encoding = detect(value)['encoding']
                                    value = value.decode(encoding)
                                except:
                                    pass
                            elif '\n' in value:
                                # 主题可能会在编码后分为多行进行传输
                                subjectT = []
                                for line in value.splitlines():
                                    # 测试用,方便理解后面的解码过程
                                    print(line)
                                    s = line.split('?')[3]
                                    if 'utf-8' in line.lower():
                                        encoding = 'utf8'
                                    else:
                                        encoding = 'gbk'
                                    subjectT.append(b64decode(s).decode(encoding))
                                value = ''.join(subjectT)
                            else:
                                valueT = value.split('?')
                                if len(valueT) > 3:
                                    valueT = valueT[3]
```

```
                            if 'utf-8' in value.lower():
                                encoding = 'utf8'
                            else:
                                encoding = 'gbk'
                            value = b64decode(valueT).decode(encoding)
                    print(f'Subject:{value}')
                    # 可以参考例5-2内容继续编写代码解析和提取附件
                else:
                    print(f'{msg_num}号邮件读取失败。')
        else:
            print('选择邮件夹失败，无法搜索邮件。')
            print(typ, data)

    # 退出服务器
    server.logout()

main()
```

本章知识要点

（1）电子邮件由信封（envelope）和内容（content）两部分组成。

（2）Python 标准库 email 提供了构造和解析电子邮件所需要的全部功能，邮件对象是一个树状结构，其中每个节点都提供了 MIME（Multipurpose Internet Mail Extensions）接口。

（3）标准库 email 顶层函数 message_from_bytes()、message_from_string()、message_from_file()、message_from_binary_file() 可以快速创建邮件对象，也可以使用模块 email.message 中的 Message、MIMEPart 和 EmailMessage 类创建邮件对象。

（4）模块 email.parser 中提供了解析电子邮件对象序列化结果并还原为树状结构 EmailMessage 对象的接口，模块 email.generator 中提供了把 EmailMessage 对象序列化为字节串的接口，模块 email.iterators 中提供了用来迭代邮件对象内容的接口，模块 email.policy 定义了邮件解析和序列化的几种不同行为，模块 email.utils 中提供了 localtime()、make_msgid()、quote()、parsedate()、parsedate_to_datetime()、formatdate()、format_datetime() 等常用函数。

（5）发送邮件主要使用 SMTP，但 SMTP 存在一些不足，MIME 协议是对 SMTP 的重要补充和辅助，使得非 ASCII 字符能够通过 SMTP 进行传输。

（6）Python 标准库 smtplib 提供了发送电子邮件所需要的全部功能，其中核心是 SMTP 类和 SMTP_SSL 类，两者支持同样的接口，后者适用于支持并要求 SSL 连接的服务器。

（7）Python 标准库 poplib 提供了使用 POP3 协议接收和处理电子邮件所需要的全部功能，其核心是 POP3 和 POP3_SSL 这两个类。

（8）IMAP4 协议使得用户可以在自己计算机上操作邮件服务器上的邮箱，支持创建分类管理的层次式邮件文件夹，支持按条件对邮件进行查找，并且允许只读取邮件中的特定部分内容。

（9）Python 标准库 imaplib 提供了对 IMAP 协议的支持，实现了 IMAPrev1 客户端协议的绝大部分内容，该模块的核心是 IMAP4、IMAP4_SSL、IMAP4_stream 这几个类。

（10）如果要使用程序来登录电子邮箱进行发送和接收邮件，需要首先对电子邮箱账号进行设置，开启 POP3/SMTP 服务或 IMAP/SMTP 服务。

习　题

一、选择题

1. 标准库 email 的（　　）函数可以用来根据字符串快速创建邮件对象。

　　A. message_from_bytes()　　　　B. message_from_string()
　　C. message_from_file()　　　　　D. message_from_binary_file()

2. 电子邮件 email.message.EmailMessage 类对象的（　　）方法用来返回邮件对象的内容类型，结果是形式为 'maintype/subtype' 的字符串。

　　A. get_content_type()　　　　　B. get_content_maintype()
　　C. get_content_subtype()　　　 D. get_content_disposition()

3. 使用 poplib.POP3 或 poplib.POP3_SSL 对象接收电子邮件之前，需要先登录服务器，首先使用 user() 方法发送用户名，然后使用（　　）方法发送密码。

　　A. password()　　　　　　　　B. pass()
　　C. pass_()　　　　　　　　　　D. password_()

4. 使用 poplib.POP3 或 poplib.POP3_SSL 对象登录 POP3 服务器之后，可以使用（　　）方法获取指定编号的邮件。

　　A. retr()　　　　　　　　　　 B. fetch()
　　C. retrieve()　　　　　　　　 D. get()

5. 使用 imaplib.IMAP4 对象登录服务器并处理邮件和关闭邮件夹之后，下面（　　）方法用来退出服务器关闭连接。

　　A. close()　　　　　　　　　　B. logout()
　　C. quit()　　　　　　　　　　 D. exit()

6. 使用 imaplib.IMAP4 对象登录 IMAP4 服务器之后，可以使用（　　）方法获取指定编号的邮件。

　　A. retr()　　　　　　　　　　 B. fetch()
　　C. retrieve()　　　　　　　　 D. get()

7．使用 poplib.POP3 或 poplib.POP3_SSL 对象登录 POP3 服务器之后，可以使用（   ）方法删除指定的邮件。

  A．dele()   B．delete()

  C．remove()   D．rset()

8．使用 poplib.POP3 或 poplib.POP3_SSL 对象登录 POP3 服务器之后，可以使用（   ）方法取消标记为删除的邮件的删除标记。

  A．undelete()   B．rset()

  C．recall()   D．cancel()

9．某个时刻在北京调用函数 email.utils.formatdate() 时的结果为 'Fri, 15 Jan 2021 07:19:58 -0000'，下面（   ）说法是正确的。

  A．结果中 Fri 是周四英语单词 Friday 的缩写

  B．如果同一时刻调用 email.utils.formatdate(localtime=True)，结果应该为 'Fri, 15 Jan 2021 15:19:58 +0800'

  C．结果中 Jan 是一月英语单词 Januarry 的缩写

  D．结果中的 -0000 表示毫秒的意思

二、判断题

1．调用电子邮件 email.message.EmailMessage 类对象的方法 get_body(preferencelist=('related', 'html', 'plain')) 时，不能为参数 preferencelist 指定其他的值，必须是默认的 ('related', 'html', 'plain')。

2．函数 email.utils.formatdate() 的结果是类似于 'Tue, 12 Jan 2021 14:44:28 -0000' 这样的字符串。

3．'From'、'To'、'Date'、'Subject' 等电子邮件对象头部字段不区分大小写，例如使用 msg['To'] 或 ['to'] 都可以获取收件人地址，假设 msg 是一个 email.message.EmailMessage 类的对象。

4．用于发送电子邮件的协议 SMTP 的全称是 Simple Mail Transfer Protocol。

5．MIME 的全称是 Multipurpose Internet Mail Extensions，是对 SMTP 的重要补充和辅助，使得非 ASCII 字符能够通过 SMTP 进行传输。

6．大部分电子邮箱的 SMTP、POP3、IMAP 服务都是默认开启的，可以直接编写 Python 程序进行收发邮件。

7．Python 标准库 getpass 中的函数 getpass() 可以实现无回显输入，但需要在命令提示符环境中执行程序，如果在 IDLE 中执行程序仍然会显示正在输入的内容。

8．回复电子邮件时只能回复给发信人，不可能回复到别的电子邮箱。

9．poplib.POP3 或 poplib.POP3_SSL 对象调用 set_debuglevel(0) 方法可以使得执行程序时不输出与服务器交互过程信息。

10．登录自己的电子邮箱设置开启 POP3/SMTP 服务之后，就可以编写程序直接读取这个邮箱中的全部电子邮件了。

11．假设已使用语句 from email import utils 导入模块，且 dt = 'Wed, 13

Jan 2021 09:05:14 +0800',那么表达式 str(utils.parsedate_to_datetime(dt))[:19] 的值为字符串 '2021-01-13 09:05:14'。

12．imaplib.IMAP4 类对象的 close() 方法关闭当前选择的邮件夹，如果邮箱可写就移除已删除的邮件。

13．imaplib.IMAP4 类对象的 create() 方法用来创建邮件夹。

14．imaplib.IMAP4 类对象的 delete() 方法用来删除邮件夹。

15．imaplib.IMAP4 类对象的 fetch() 方法用来获取指定编号的邮件中指定部分的内容。

16．imaplib.IMAP4 类对象的 list() 方法用来返回邮箱中全部邮件的编号。

17．imaplib.IMAP4 类对象的 partial() 方法用来返回一个邮件的部分内容。

18．imaplib.IMAP4 类对象的 search() 方法用来在当前邮件夹中搜索特定的邮件。

19．imaplib.IMAP4 类对象的 select() 方法用来选择一个邮件夹。

20．imaplib.IMAP4 类对象的 store() 方法和 expunge() 方法结合可以用来删除电子邮件。

三、填空题

1．Python 标准库_____提供了构造和解析电子邮件所需要的全部功能，电子邮件对象是一个树状结构，其中每个节点都提供了 MIME 接口。

2．电子邮件 email.message.EmailMessage 类对象的_____方法按深度优先的顺序遍历电子邮件中的所有部件和子部件，返回迭代器对象，每次迭代返回下一个子部件。

3．Python 标准库_____提供了发送电子邮件所需要的全部功能，其中核心是 SMTP 类和 SMTP_SSL 类，两者支持同样的接口，后者适用于支持并要求 SSL 连接的服务器。

4．Python 标准库_____提供了使用 POP3 协议接收和处理电子邮件所需要的全部功能，其核心是 POP3 和 POP3_SSL 这两个类。

5．poplib.POP3 或 poplib.POP3_SSL 对象的_____方法返回邮箱状态，结果形式为 (message count, mailbox size)。

6．网易 126 邮箱的 POP3 服务器地址为_____。

7．使用电子邮件 email.message.EmailMessage 类对象的 walk() 方法遍历所有部件时，如果一个部件是附件，那么可以调用部件的_____方法获取附件文件名。

8．Python 标准库_____提供了对 IMAP4 协议的支持，实现了 IMAP4rev1 客户端协议的绝大部分内容，该模块的核心是 IMAP4、IMAP4_SSL、IMAP4_stream 这几个类。

9．imaplib.IMAP4 类对象的_____方法可以在不关闭邮箱的情况下永久删除当前邮件夹中标记为删除的邮件。

10．POP3 默认使用的端口号为_____。

11．SMTP 默认使用的端口号为_____。

12．IMAP4 默认使用的端口号为_____。

四、编程题

1．编写程序，读取 Excel 文件中的内容（xls 格式，第一行为表头，第二行开始是内容，共 3 列，分别为收件人电子邮箱地址、邮件主题、邮件正文文本），然后使用自己的 126、QQ 或其他邮箱群发电子邮件。

2．编写程序，使用 POP3 协议删除 126 邮箱收件箱中来自指定电子邮箱地址的所有邮件。

3．编写程序，使用 IMAP4 协议删除 QQ 邮箱收件箱中来自指定电子邮箱地址的所有邮件。

4．编写程序，使用 IMAP4 协议查找 QQ 邮箱中介于两个日期时间之间的所有邮件，输出标题和发件人。

5．编写程序，使用 IMAP4 协议查找并输出 QQ 邮箱发件箱中发给指定邮箱地址的所有邮件，输出日期和标题。

参考文献

[1] https://python.org/.

[2] https://pypi.org/.

[3] 董付国. Python 程序设计 [M]. 3 版. 北京：清华大学出版社，2020.

[4] 董付国. Python 程序设计基础 [M]. 2 版. 北京：清华大学出版社，2018.

[5] 董付国. Python 程序设计实验指导书 [M]. 北京：清华大学出版社，2019.

[6] 董付国. Python 可以这样学 [M]. 北京：清华大学出版社，2017.

[7] 董付国. Python 程序设计开发宝典 [M]. 北京：清华大学出版社，2017.

[8] 董付国，应根球. 中学生可以这样学 Python（微课版）[M]. 北京：清华大学出版社，2020.

[9] 董付国. Python 数据分析、挖掘与可视化（慕课版）[M]. 北京：人民邮电出版社，2020.

[10] 董付国. Python 程序设计基础与应用 [M]. 北京：机械工业出版社，2018.

[11] 董付国. Python 程序设计实例教程 [M]. 北京：机械工业出版社，2019.

[12] 董付国. 大数据的 Python 基础 [M]. 北京：机械工业出版社，2019.

[13] 董付国，应根球. Python 编程基础与案例集锦（中学版）[M]. 北京：电子工业出版社，2019.

[14] 董付国. 玩转 Python 轻松过二级 [M]. 北京：清华大学出版社，2018.

[15] Cay Horstmann, Rance Necaise. Python 程序设计 [M]. 董付国，译. 北京：机械工业出版社，2018.

[16] 董付国. Python 程序设计实用教程 [M]. 北京：北京邮电大学出版社，2020.

[17] 董付国. Python 程序设计入门与实践 [M]. 西安：西安电子科技大学出版社，2021.

[18] 吴功宜. 计算机网络高级教程 [M]. 北京：清华大学出版社，2007.

图书资源支持

感谢您一直以来对清华版图书的支持和爱护。为了配合本书的使用,本书提供配套的资源,有需求的读者请扫描下方的"书圈"微信公众号二维码,在图书专区下载,也可以拨打电话或发送电子邮件咨询。

如果您在使用本书的过程中遇到了什么问题,或者有相关图书出版计划,也请您发邮件告诉我们,以便我们更好地为您服务。

我们的联系方式:

地　　址:北京市海淀区双清路学研大厦 A 座 714

邮　　编:100084

电　　话:010-83470236　　010-83470237

客服邮箱:2301891038@qq.com

QQ:2301891038(请写明您的单位和姓名)

资源下载:关注公众号"书圈"下载配套资源。

资源下载、样书申请

书圈

获取最新书目

观看课程直播